全国高等院校土建类应用型规划教材
住房和城乡建设领域关键岗位技术人员培训教材

建筑工程质量常见问题与质量事故防治

《住房和城乡建设领域关键岗位
技术人员培训教材》编写委员会 编

主　　编：陈英杰　饶　鑫
副 主 编：梅剑平　李青霞
组编单位：住房和城乡建设部干部学院
　　　　　北京土木建筑学会

中国林业出版社

图书在版编目（CIP）数据

建筑工程质量常见问题与质量事故防治 /《住房和城乡建设领域关键岗位技术人员培训教材》编写委员会编. —北京：中国林业出版社，2018.12

住房和城乡建设领域关键岗位技术人员培训教材

ISBN 978-7-5038-9187-8

Ⅰ．①建… Ⅱ．①住… Ⅲ．①建筑工程－工程质量－质量控制－技术培训－教材 Ⅳ．①TU712

中国版本图书馆 CIP 数据核字（2017）第 172506 号

本书编写委员会

主　编：陈英杰　饶　鑫
副主编：梅剑平　李青霞
组编单位：住房和城乡建设部干部学院　北京土木建筑学会

———————————————————————

国家林业和草原局生态文明教材及林业高校教材建设项目
策　　划：杨长峰　纪　亮
责任编辑：陈　惠　王思源　吴　卉　樊　菲

———————————————————————

出版：中国林业出版社
　　　（100009 北京西城区德内大街刘海胡同 7 号）
网站：http://lycb.forestry.gov.cn/
印刷：固安县京平诚乾印刷有限公司
发行：中国林业出版社
电话：(010)83143610
版次：2018 年 12 月第 1 版
印次：2018 年 12 月第 1 次
开本：1/16
印张：21
字数：330 千字
定价：80.00 元

编写指导委员会

前　言

"全国高等院校土建类应用型规划教材"是依据我国现行的规程规范，结合院校学生实际能力和就业特点，根据教学大纲及培养技术应用型人才的总目标来编写。本教材充分总结教学与实践经验，对基本理论的讲授以应用为目的，教学内容以必需、够用为度，突出实训、实例教学，紧跟时代和行业发展步伐，力求体现高职高专、应用型本科教育注重职业能力培养的特点。同时，本套书是结合最新颁布实施的《建筑工程施工质量验收统一标准》（GB50300—2013）对于建筑工程分部分项划分要求，以及国家、行业现行有效的专业技术标准规定，针对各专业应知识、应会和必须掌握的技术知识内容，按照"技术先进、经济适用、结合实际、系统全面、内容简洁、易学易懂"的原则，组织编制而成。

考虑到工程建设技术人员的分散性、流动性以及施工任务繁忙、学习时间少等实际情况，为适应新形势下工程建设领域的技术发展和教育培训的工作特点，一批长期从事建筑专业教育培训的教授、学者和有着丰富的一线施工经验的专业技术人员、专家，根据建筑施工企业最新的技术发展，结合国家及地方对于建筑施工企业和教学需要编制了这套可读性强，技术内容最新，知识系统、全面，适合不同层次、不同岗位技术人员学习，并与其工作需要相结合的教材。

本教材根据国家、行业及地方最新的标准、规范要求，结合了建筑工程技术人员和高校教学的实际，紧扣建筑施工新技术、新材料、新工艺、新产品、新标准的发展步伐，对涉及建筑施工的专业知识，进行了科学、合理的划分，由浅入深，重点突出。

本教材图文并茂，深入浅出，简繁得当，可作为应用型本科院校、高职高专院校土建类建筑工程、工程造价、建设监理、建筑设计技术等专业教材；也可作为面向建筑与市政工程施工现场关键岗位专业技术人员职业技能培训的教材。

目　　录

第一章 概　　述

第一节　质量问题与事故的界定、特点及分类

一、质量事故的界定

我国原建设部规定：凡工程质量达不到合格标准的工程，必须进行返修、加固或报废，由此而造成的直接经济损失在 10 万元以上的称为重大质量事故；直接经济损失在 10 万元以下，5000 元（含 5000 元）以上的为一般工程质量事故；经济损失不足 5000 元的列为质量问题。

本书所指的质量事故是指建筑工程不符合国家有关法规、技术标准的要求进行勘察、设计和施工，或者设计存在严重的错误；或者施工的工程（分项工程、分部工程和单位工程），按照《建筑工程施工质量验收统一标准》进行检验，评为不合格的工程，在本书中泛称为质量事故。因此，书中所述的质量事故与建设部规定的重大质量事故或一般质量事故的含义是有所不同的。

二、质量事故的特点

1. 复杂性

为了满足各种特定使用功能的要求，适应自然、人文环境的需要，建筑工程的产品种类繁多。同种类型的建筑工程，由于所处地区不同、施工条件不同，也可形成诸多复杂的技术问题。尤其需要注意的是，造成工程质量事故的原因往往错综复杂，同一形态的事故，其原因也可能截然不同，因此对其处理的原则和方法也不相同。此外，建筑物在使用中也存在各种问题，所有这些复杂的影响因素，必然导致工程质量事故的性质、危害和处理都比较复杂。例如高强度的混凝土产生的裂缝的原因，可能是由于干燥、温度、塑性、化学或自收缩等引起的，都具有分析、判断、处理的复杂性。

2. 严重性

工程质量事故有的会影响工程施工的顺利进行，有的会给工程留下隐患，有的会缩短建筑物的使用年限，有的会使建筑物成为危房，影响建筑物的安全使

用,甚至不能使用,最为严重的是使建筑物发生倒塌,造成人员伤亡和巨大的经济损失。如某县建委 3 层办公楼,于 1987 年 9 月 14 日凌晨 4 时 30 分,房屋突然倒塌于湖水中,造成结构严重破坏,住在该房屋中的 41 名施工人员,除 1 人重伤遇救外,其余 40 人全部死亡。

3. 可变性

建筑工程的质量问题,多数是随时间、环境、施工条件等发展变化的。例如,钢筋混凝土大梁上出现的裂缝,其数量、宽度和长度会随着周围环境温度、湿度的变化而变化,或随着荷载大小和持荷时间而变化,甚至有的细微裂缝也可能逐步发展成构件的断裂,以致造成工程的倒塌。

因此,一方面要及时发现工程存在质量问题;另一方面也应及时对工程质量问题进行调查分析,做出正确的判断。对那些不断发生变化,而可能发展成为断裂倒塌的部位,要及时采取应急补救措施;对那些随着时间和温度、湿度条件变化的变形、裂缝,要认真做好观测记录,寻找事故变化的特征与规律,供分析与处理参考,如发现恶化,应及时采取相应的技术措施。

4. 多发性

工程质量事故的多发性有两层含义:一是有些工程质量事故像"常见病""多发病"一样经常发生,被称为工程质量通病。例如混凝土、砂浆强度不足、预制构件裂缝等;二是有些同类型工程质量事故重复发生。例如悬挑结构断裂倒塌事故,近几年在江苏、湖南、贵州、云南、江西、湖北、甘肃、广西、上海、浙江等地先后发生数十次,给国家造成了巨大的经济损失。

三、质量事故的分类

工程质量事故的分类可按造成损失的严重程度,按发生的阶段,按结构类型,也可按产生的部位,还可以按责任原因等进行。国家现行对工程质量事故通常采用按造成损失的严重程度分类,体现了定量定性。其基本分类如下:

1. 一般质量事故

凡属下列情况之一者:

(1)直接经济损失在 5000 元(含 5000 元)以上,不满 5 万元的;

(2)影响使用功能和工程结构安全,造成永久质量缺陷的。

2. 严重质量事故

凡属下列情况之一者:

(1)直接经济损失在 5 万元(含 5 万元)以上,不满 10 万元的;

(2)严重影响使用功能或工程结构安全,存在重大质量隐患的;

（3）事故性质恶劣或造成 2 人以下重伤的。

3. 重大质量事故

凡属下列情况之一者：

（1）工程倒塌或报废；

（2）由于质量事故，造成人员死亡或重伤 3 人以上；

（3）直接经济损失 10 万元以上。

重大质量事故又分为四级：

1）凡造成死亡 30 人以上或直接经济损失 300 万元以上为一级；

2）凡造成死亡 10 人以上 29 人以下或直接经济损失 100 万元以上，不满 300 万元为二级；

3）凡造成死亡 3 人以上 9 人以下或重伤 20 人以上，或直接经济损失 30 万元以上，不满 100 万元为三级；

4）凡造成死亡 2 人以下或重伤 3 人以上 19 人以下，或直接经济损失 10 万元以上，不满 30 万元为四级。

4. 特别重大事故

凡属国务院发布的《特别重大事故调查程序暂行规定》所列情况之一者：

（1）一次死亡 30 人及其以上；

（2）直接经济损失 500 万元及其以上；

（3）其他性质特别严重。

第二节　工程质量问题与事故的成因分析

一、工程质量事故的相关概念

1. 质量的概念

国际标准 ISO9000:2008 将质量定义为：一组固有特性满足要求的程度。其中"要求"是指明示的、通常隐含的或必须履行的需求或期望。满足要求的程度，才能反映质量好与差。不能满足要求的程度，就可以说质量不好。质量的概念应包括三个方面的含义：

（1）产品质量。即产品的使用价值，是指产品能满足国家建设和人民需要所具备的自然属性。一般包括产品的适应性、可靠性、安全性、经济性和使用寿命等。对项目施工而言，产品质量是指施工质量，即项目施工结果符合设计文件规定和建筑工程施工质量验收规范的要求。

（2）工序质量。是指生产中人、机器、材料、方法和环境等因素综合起作用的施工过程的质量。产品的生产过程，也就是质量特性的形成过程。

（3）工作质量。是指企业为了达到（产品）质量标准所做的管理工作、组织工作和技术工作的效率和水平。产品质量、工序质量和工作质量虽是不同的概念，但三者的联系非常紧密。产品质量是企业生产的最终结果，它取决于工序质量及工作质量；工作质量则是工序质量、产品质量和经济效益的保证和基础。

2. 建筑工程质量的概念

工程项目质量是国家现行的有关法律、法规、技术标准、设计文件及工程合同中对工程的安全、使用、经济、美观等特性的综合要求。《建筑工程施工质量验收统一标准》（GB 50300—2013）对建筑工程质量赋予的含义是：反映建筑工程满足相关标准规定或合同约定的要求，包括其在安全、使用功能及其在耐久性能、环境保护等方面所有明显和隐含能力特性总和。

3. 建筑工程质量事故的概念

建筑工程质量事故是指建筑工程在决策、规划、设计、材料、设备、施工、使用、维护等实施所有环节上明确的或隐含的不符合有关规定、规范、技术标准、设计文件和合同的要求，未达到安全、适用的目的的所有过程和行为。

二、质量事故成因分析

1. 质量事故成因四要素

工程质量事故的发生，往往是由于多种因素构成的，最基本的因素有四种：人、物、自然环境和社会条件。

人的最基本问题之一是人与人之间存在的差异，这是工程质量优劣最基本的因素。例如知识、技能、经验、行为特点，以及生物节律所造成的反复无常的表现等。

物的因素对工程质量的影响更加复杂和繁多，例如建筑材料与制品、机械设备、建筑物类别、结构构件形式、工具仪器等，存在着千差万别，这些都是影响工程质量的因素。

建筑工程一般是在露天环境中施工，质量事故的发生与自然环境、施工条件和各级管理机构状况，以及各种社会因素紧密相关。例如大风、大雪、高温、严寒等恶劣气候，施工队伍的综合素质，管理的水平，相关单位的协作配合，施工地区的状态等。

由于工程建设往往涉及设计、施工、建设、使用、监督、监理、管理等许多单位或部门，因此在分析建筑工程质量事故时，必须对以上因素，以及它们之间的关系进行具体的分析和探讨,找出构成质量事故的真正原因,以便采取相应措施进行处理。

2. 建设各阶段事故成因分析

(1)违反基本建设程序

基本建设程序是中国几十年基本建设的经验总结,它正确地反映了客观存在的自然规律和经济规律,是基本建设工作必须遵循的先后顺序。

《中华人民共和国建筑法》第二章中明确指出:"从事建筑活动的建筑施工企业、勘察单位、设计单位和工程监理单位,……,经资质审查合格,取得相应等级的资质证书后,方可在其资质等级许可的范围内从事建筑活动。"但是,有些企业单位不遵守国家法律,超越许可范围承接工程任务,造成重大质量事故。

国家对设计单位的质量责任和设计顺序早就制定了明确的规定,其主要内容有:"所有工程必须严格按照国家标准、规范进行设计""必须符合国家和地区的有关法规、技术标准""设计文件、图纸需经各级技术负责人审定签字后,方可交付施工"等。从大量的质量事故调查证明,不少工程图纸有的无设计人,有的无审核人,有的无批准人,这类图纸交付施工后,因设计考虑不周而造成的质量事故屡见不鲜。此外,设计前不做调查与勘测,盲目进行结构设计,造成的质量事故损失惨重。

从大量质量事故分析中发现,因施工顺序错误造成的事故,不仅次数多、频率高,而且后果比较严重。违反施工顺序的问题有:下部结构未达到强度与稳定的要求,就施工上部结构;地下工程未全部完成,就开始上部结构的施工;结构安装工程与砌墙的先后顺序颠倒;现浇结构尚不能维持其稳定时,就拆除模板;相邻的工程施工先后顺序不当等。

《中华人民共和国建筑法》第六章规定:"建筑工程竣工经验收合格后,方可交付使用;未经验收或者验收不合格的,不得交付使用。"但是,某些使用单位往往未经质量验收就开始使用,使建筑工程存在着重大隐患,以致造成房屋倒塌等严重质量事故,甚至造成巨大的生命财产损失。

(2)勘测设计方面的问题

搞好勘测设计工作,是确保建筑工程质量的基础,必须认真对待。不按国家的有关规范认真地进行地质勘察,盲目估计地基承载力;地质勘测报告不详细、不准确,甚至出现重大错误;勘测精度不足,不能满足设计的要求;有的地质勘测的钻孔间距太大,不能准确反映地基的实际情况,这些是造成工程质量事故非常重要的原因。

礼堂等空旷建筑物,底层为大开间、楼层为小开间的多层房屋的结构方案不正确。这类建筑物的跨度较大,上层墙与钢筋混凝土大梁的荷载很大,若不采用钢筋混凝土框架结构,而设计考虑又不周全,加上缺少抵抗水平力的建筑结构措施,就会在一定的外力作用下(如基础不均匀沉降、大风等),薄弱构件首先遭到破坏,从而使此类建筑发生倒塌。

钢筋混凝土组合屋架节点是较难处理的部位,若施工质量无确实保证,一般不宜采用。

悬挑结构稳定性严重不足,造成整体倾覆坠落。阳台、雨篷、挑檐、天沟、遮阳板等悬挑结构,必须有足够的平衡重和可靠的连接构造,方能保证结构的稳定性。如果设计抗倾覆能力不足,就会造成悬挑结构倒塌。

设计假定与计算简图出现的问题常见的有:静力计算方案假设有误、埋入地下的连续梁设计假定错误、管道支撑设计假定与实际不符等。

建筑构造设计不合理的问题包括沉降缝、伸缩缝设置不当,钢筋混凝土的高跨比不适宜,箍筋间距过大,纵向受力钢筋截断位置不当,局部缺少附加吊筋、箍筋及纵向钢筋。另外,砌体的拐角处、不同材料连接处构造如处理不当,很容易使墙体开裂,甚至倒塌。

设计计算错误出现的问题有:不计算或不进行认真计算。荷载计算工作不够细致,如有的设计漏算结构自重,有的屋面荷载在考虑找坡层的不同厚度时,少算了厚度较大部分的荷载;采用钢筋混凝土挑檐时,未计算对砖墙产生的弯矩;砖混结构采用木屋盖,当屋架跨度较大时,对屋架受荷后,下弦拉伸,屋架下垂对外墙产生的水平推力考虑不周。以上这些荷载计算错误,都会导致墙体出现裂缝和倾斜,甚至破坏倒塌。另外,内力计算错误、结构构件的安全度不足、构件的刚度不足、设计时不考虑施工的可能性等也是常有的现象。

(3)建筑材料及制品的质量问题

建筑材料是构成建筑结构的物质基础,建筑材料的质量好坏,决定着建筑物的质量。因此,在进行建筑工程设计和施工中,正确地选择建筑材料,是极为重要的。

1)水泥。水泥安定性不合格、强度等级不足、袋装水泥重量不足造成水泥用量不足、错用水泥或混用水泥、水泥受潮或存放过期等,结果都会造成混凝土或砂浆强度严重不足。

2)钢材。钢材是建筑工程中三大主材之首,在各类建筑中均有广泛应用。但是,如果在选材、使用、保护不当时,也会发生如下质量问题:

①强度不合格。在钢筋混凝土工程中,所用的钢筋材质证明与材料不配套,进场钢筋不按照施工规范的规定进行检验而被用到工程上。

②钢材出现裂缝。钢材出现裂缝不仅有材质本身的问题,而且还有加工时质量问题。施工规范明确规定有冷弯裂缝的钢筋不予验收,对于出现裂缝的钢

筋应降级使用。

③钢材发生脆断。钢材发生脆断的原因有材质和施工不当等问题。工程实践证明,使用低质钢和沸腾钢,很容易发生脆断,钢筋的脆断经常发生在钢筋电弧点焊后。

3)普通混凝土。普通混凝土是由水泥、砂、石、水和外加剂按一定比例配制而成。在一般情况下,砂、石的强度明显超过混凝土的强度。从混凝土破坏试验中可看出,破裂面主要出现在骨料与水泥石的黏结面上。当水泥石强度较低时,破坏也可能发生在水泥石本身。因此,混凝土的强度通常取决于水泥石强度及其骨料表面的黏结强度。决定这些强度的因素有三个方面:原材料质量、混凝土配合比和混凝土施工质量。

不根据设计要求的强度等级、质量检验标准以及施工和易性的要求确定配合比。不按国家现行标准进行计算确定配合比,还有不少施工企业随意套用经验配合比,这些都是造成混凝土强度不足事故的最常见原因。

不按施工规范进行操作,施工质量控制差。常见的问题有用水量控制不严,水泥用量不足,砂、石料计量不准等,均可能造成混凝土配合比不准甚至错误,其结果会造成混凝土强度不足或其他性能(如和易性、抗渗性、抗冻性等)下降。

有些砂石中含有活性氧化硅,这类骨料若与含碱量较高(超过 0.6%)的水泥发生化学反应,生成不断吸水、膨胀、复杂的碱—硅酸胶体,这种胶体会造成混凝土开裂,并使其强度和弹性模量下降。砂石中含泥量高,更加影响混凝土的质量,其不仅影响混凝土的强度,而且还影响混凝土的抗冻性、抗渗性和耐久性。

4)黏土砖。砖的强度不足、尺寸形状及体积稳定性等问题,会对砌体的承载力、变形等产生不利影响。

5)外加剂。混凝土和砂浆中掺加的外加剂不当,会给其性能带来异常的作用。其掺量不合适,也会带来不同的效果。因此,对掺加混凝土外加剂,应特别注意种类和掺量两个方面。

6)防水、保温隔热及装饰材料。选用的沥青油毡柔韧性较差,将使卷材出现裂缝,导致渗漏;沥青标号太低、耐热度差而发生流淌等。保温隔热材料的密度、热导率达不到设计要求;在运输保管中,保温隔热材料受潮,由于湿度加大,使材料的质量加大,一方面影响建筑保温隔热功能,另一方面导致结构超载,影响结构的安全。装饰材料的质量问题很多,最常见的有石灰膏熟化不透,使抹灰层产生鼓泡;在水泥地面中因砂子太细、含泥量太大、水泥强度等级低,很容易造成地面起灰;抹灰面未干即进行油漆作业,使漆膜起鼓或变色,抹灰面出现泛碱;涂刷漆料太稀,含重质颜料过多,涂漆附着力差,使漆面流坠;木装饰的材质差,含水率高,容易产生翘曲变形等。

7)钢筋混凝土制品。制品的强度尚未达到规定值就出厂。钢筋出现错位,如焊接骨架产生变形,主筋发生移位,预埋钢筋错位等。尺寸、形状、外观问题,如尺寸偏差超过施工验收规范的规定,构件超厚、超重、扭曲、翘曲、缺棱,混凝土出现蜂窝、孔洞、露筋,在预应力空心楼板中,由此而导致预应力值降低,影响钢丝与混凝土共同工作,降低了构件的承载能力,甚至引起楼板突然断塌。混凝土制品出现裂缝,是最常见的一种质量问题,除影响构件的外观外,有相当多的裂缝可能影响构件的承载力和耐久性。

(4)施工质量方面的问题

1)施工顺序方面的错误

①土方与基础工程。在深浅不等、间距较小的基础群施工时,按照错误的施工顺序,先做浅基础,再做深基础,造成在开挖深基础土方时,破坏了浅基础的地基,当无适当的技术措施时,就容易产生此类问题。在已有建筑物附近施工时,缺少保护性措施。有的采用人工降低地下水位的方法,造成已有建筑物地基下沉加大;有的工程打桩振动导致原有建筑物产生裂缝等。在基槽(坑)回填土工程中,往往因单侧回填引起基础倾斜,甚至造成基础断裂等质量事故。

②结构吊装工程。构件吊装顺序发生错误,没有及时吊装与固定支撑构件,下部构件吊装后未经认真检查校正,在误差超过规定值较大的情况下,即进行最后固定,并吊装上部构件,因而造成了事故等。

③结构工程与砌墙顺序发生错误。单层工业厂房中先砌墙,后现浇柱,结果墙被刮倒。先吊装柱,再砌筑砖墙,然后再吊装屋盖,这一错误的施工顺序,导致砖墙突然失稳倒塌,造成砸断楼板。

在混合结构中,先砌墙,后安装踏步板,易使墙身沿预留槽处突然倒塌。

现浇混凝土结构强度未达到拆模的要求,而过早拆模。例如悬挑雨篷的拆模时间,不仅取决于雨篷混凝土的强度,而且还与雨篷板梁上的压重、雨篷的稳定性有关。

预应力张拉过早或偏心张拉,可能造成构件的旁弯或裂缝;双向配筋的构件,如果不交错张拉,也易造成过大变形或裂缝。

房屋的平屋面上常采用架空隔热板,这不仅是为了改善顶层房屋的使用条件,同时对防止顶层砖墙和屋盖结构的裂缝有着明显的作用,但是完成屋面防水层工程后,迟迟不进行架空隔热板的施工,使屋面受到温度的剧烈变化,造成屋盖结构产生较大的变形,最终导致砖墙或钢筋混凝土梁出现裂缝。

在钢筋混凝土烟囱施工中,如果在混凝土浇筑后,不及时施工内衬和隔热层,而且不封堵烟道与囱身的连接处,使空气在烟囱内强烈流动,促使筒壁混凝土的水分加快蒸发,也会导致筒壁产生裂缝。

2)施工结构理论问题

①土压力与边坡稳定问题。单侧回填问题,施工中土方大量集中堆积在已有建筑物附近,使已有建筑物产生附加的不均匀沉降、土方边坡失稳,甚至会造成土方塌方或滑坡等。

②施工阶段钢筋混凝土梁、板类构件受力性质变化,极易造成构件严重裂缝。

③施工阶段的强度问题。现浇钢筋混凝土结构施工各阶段的强度问题,例如,成型阶段各种临时结构的可靠性,拆模时混凝土应达到的最低强度,拆模后结构承受各种荷载的强度等。装配式结构在施工各阶段的强度问题,例如大型构件拆除底模时,混凝土应达到最低强度、构件起吊运输的强度、构件安装后的实际强度等,这些强度如果不能满足一定的要求,均可能导致工程质量事故。砌体的施工强度问题,例如毛石砌体如果砌筑速度过快、一次砌筑高度过高,会造成砂浆无强度并且很容易产生垮塌;砖砌体,特别是灰砂砖砌体一次砌筑高度太大时,同样也会造成砌体变形。又如砖砌体采用冻结法施工后,应重视在解冻期间的砌体的强度问题。

④施工阶段的稳定性问题。柱子吊装后,未设置足够的支撑和缆风绳而产生倒塌;有的山墙未及时施工屋盖,遇到大风而倒塌;有的地下工程用砖墙代替模板,由于施工荷载或土压力失稳倒塌等。

悬挑结构施工中失稳倒塌是常见的一种失稳事故。

屋盖施工中失稳倒塌,有的是施工中临时支撑或缆风绳不足,有的是没有及时安装永久性支撑或安装后未进行最后固定,有的是屋面板或檩条未与屋架焊牢等。近几年,在山西、山东、安徽、江苏、浙江、湖南等地都发生过类似问题。

其他施工原因失稳倒塌事故,例如装配式框架支撑不足和施工顺序错误失稳倒塌;在升板工程施工中,群柱失稳倒塌;在滑模工程施工中,支撑杆失稳而倒塌等。

⑤施工荷载方面的问题。施工荷载不严格进行控制;不了解施工荷载的特点而造成工程事故。

⑥施工临时结构可靠性问题。模板及支架不按照施工规范的要求进行设计与施工,而酿成工程事故。出现事故主要有两个方面的问题:一是模板构造不合理,模板构件的强度、刚度不足,往往造成混凝土裂缝,或产生部分破坏;二是模板的支撑构件强度、刚度不足,或整体稳定性差,往往造成模板工程的倒塌。

脚手架发生垮塌,是一种严重的工程事故,会造成人员伤亡和巨大经济损失。脚手架事故大多数是因为稳定性不足特别是整体稳定性差而造成的。

井架等简易提升机械倒塌,主要原因是有的机械设计计算不过关,稳定性较差,或零件配件质量有问题。例如缆风绳失效,井架拨杆发生折断,或拨杆顶上拉紧的钢丝绳断裂,或出现钢丝绳松脱等。

3)施工技术管理问题

不严格按图纸施工包括无图施工;图纸不进行会审就盲目施工;不熟悉图纸,仓促施工;不了解设计意图,盲目施工;未经设计人员同意,擅自修改设计等。

不遵守施工规范的规定包括不遵守施工规范方面的规定;违反材料使用的有关规定;不按规定校验计量器具,如磅秤、电子秤不定期进行校验,造成配料不准;弹簧测力计不检验,造成钢筋冷拉应力失控;滑模施工的千斤顶油泵油压表不按规定检验等。

施工方案和技术措施不当包括施工方案考虑不周;技术组织措施不当;缺少可行的季节性施工措施;不认真执行施工组织设计等。

技术管理制度不完善包括不建立各级技术责任制;主要技术工作无明确的管理制度;技术交底方面的问题。

(5)使用不当与其他方面的问题

1)使用不当方面的问题

使用时任意加层;荷载加大;积灰过厚;维修改造不当;高温、腐蚀环境影响;碳化的影响等。

2)科研方面存在的问题

从新的科研成果到广泛推广应用,需要一个长期实践的过程。在推广应用的初期,科研成果可能存在着这样或那样的缺陷和不足,并不成熟。例如门式刚架使用的初期,由于对转角处的应力状况不清楚,使刚架结构转角处普遍出现裂缝;由于对横梁铰接点的实际受力状态考虑不周,或铰接点短悬臂受力钢筋锚固长度不够等原因,造成横梁铰接点附近裂缝;对刚架受拉区未进行抗裂验算,刚架使用后普遍开裂,事后进行验算,门式刚架实际的抗裂安全系数在 0.4~0.6 之间。

近几年使用了不少进口钢筋,由于对这些进口钢材的材性研究不够,曾发生了一些工程质量事故。

对结构内力分析研究不够。这方面的问题较多,例如在砖混结构中,当大梁支撑在窗间墙上,在何种条件下不能按铰接计算,这个问题研究不够,曾发生过房屋倒塌的事故。

3)其他方面的问题

①地面荷载过大。中国工程界曾报道过,因地面荷载过大而造成单层厂房柱严重裂缝,起重机出现卡轨,构件变形后影响使用等问题。

②异常环境条件

a. 大风对建筑物的影响。建筑物在施工过程中,因遇到大风天气而使建筑物倒塌的实例较多,近几年来,江苏、辽宁、山西、江西、湖南等地就曾多次发生过。

b.大雪对建筑物的影响。在遇到大雪天气后,雪积于屋顶上,因设计标准较低,雪荷载较大,使屋盖倒塌的实例也时有发生。

c.干燥对建筑物的影响。如果气候异常干燥,混凝土的早期收缩加大,若施工中无适当技术措施,造成产生严重裂缝的实例很多。

第三节 事故分析与处理的一般方法

一、质量事故分析的基本要求

质量事故分析具有对事故进行判别、诊断和仲裁的性质,所以它的基本要求可用 12 个字概括,即"及时、客观、准确、全面、标准、统一"。"及时"是指事故发生后,应尽早调查分析;"客观"是指分析应以各项实际资料数据为基础;"准确"是指事故的性质和原因都要十分明确,不可含糊其辞;"全面"是指事故范围、情况、原因和有关责任者都不能遗漏;"标准"是指事故分析应以当时所用的标准规范为根据;"统一"是指事故分析中的有关内容,各方面应取得一致的或基本一致的认识。

二、质量事故分析的作用

1. 防止事故恶化

建筑工程出现质量缺陷或质量事故,应高度关注,及时停止有质量问题部位及下道工序作业和采取相关措施,防止事故恶化。

例如施工中发现现浇结构的混凝土强度不足,就应引起重视,如尚未拆模,则应考虑何时可拆模,拆模时应采取何种补救措施和安全措施,以防止发生结构倒塌。如已拆模,则应考虑控制施工荷载量,或加支撑,防止结构严重开裂或倒塌,同时及早采取适当的补救措施。

2. 创造正常的施工条件

例如发现预埋件等偏位较大,影响了后续工程的施工,必须在及时分析与处理后,方可继续施工,以保证结构的安全。

3. 排除隐患

例如砌体工程中,砂浆强度不足,砂浆饱满度很差,组砌方法不当等都将降低砌体的承载能力,给结构留下隐患。发现这些问题后,应从设计、施工等方面进行周密的分析和必要的计算,并采取适当的措施,以及时排除这些隐患。

4. 总结经验教训,预防事故再次发生

例如承重砖柱毁坏、悬挑结构倒塌等类事故,在许多地区连年不断,因此应及时总结经验教训,进行质量教育,或作适当交流,将有助于杜绝这类事故的发生。

5. 减少损失

对质量事故进行及时的分析,可以防止事故恶化,及时地创造正常的施工条件,并排除隐患,可以取得明显的经济与社会效益。此外,正确分析事故,找准发生事故的原因,可为合理地处理事故提供依据,达到尽量减少事故损失的目的。

6. 有利于工程交工验收

施工中发生的质量问题,若能正确分析其原因和危害,找出正确的解决方法,使有关各方认识一致,可避免到交工验收时,发生不必要的争议,而延误工程的验收和使用。

7. 为制订和修改标准规范提供依据

例如通过对砖墙裂缝的分析,可为标准规范在制定变形缝的设置和防止墙体的开裂方面提供依据。

三、事故分析的一般步骤

事故分析的一般步骤通常用框图表示,如图 1-1 所示。

1. 事故调查

事故调查内容包括勘察、设计、施工、使用以及环境条件等方面的调查,一般可分为初步调查、详细调查和补充调查三类。

(1)初步调查

初步调查应包括下列内容:

1)工程情况。其内容有建筑物所在场地的特征(如邻近建筑物情况、有无腐蚀性环境条件等),建筑结构主要特征,事故发生时工程的形象进度或工程使用情况等。

2)事故情况。发现事故的时间和经过,事故现况和实测数据,从发现到调查时的事故发展变化情况,人员伤亡和经济损失,事故的严重性(如是否危及结构安全)和迫切性(不及时处理是否会出现严重后果),以及是否对事故做过处置等。

3)图纸资料检查。设计图纸(建筑、结构、水电、设备)和说明书,工程地质和水文地质勘测报告等。

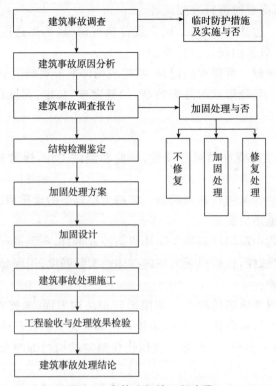

图 1-1 事故分析的一般步骤

4) 其他资料检查

① 建筑材料、成品和半成品的出厂合格证和试验报告。

② 施工中的各项原始记录和检查验收记录：如施工日志、打桩记录、混凝土施工记录、预应力张拉记录、隐蔽工程验收记录等。

5) 使用情况调查：对已交工使用的工程应做此专项调查，其内容包括房屋用途、使用荷载、腐蚀条件等方面的调查。

（2）详细调查

详细调查应包括以下内容：

1) 设计情况。设计单位资质情况，设计图纸是否齐全，设计构造是否合理，结构计算简图和计算方法以及结果是否正确等。

2) 地基基础情况。地基实际状况、基础构造尺寸和勘察报告、设计要求是否一致，必要时应开挖检查。

3) 结构实际状况。包括结构布置、结构构造、连接方式方法、构件状况和支撑系统等。

4) 结构上各种作用的调查。主要指结构上的作用及其效应，以及作用效应组合的调查分析,必要时进行实测统计。

5)施工情况。包括施工方法、施工规范执行情况,施工进度和速度,施工中有无停歇,施工荷载值的统计分析等。

6)建筑变形观测。沉降观测记录,结构或构件变形观测记录等。

7)裂缝观测。裂缝形状与分布特征,裂缝宽度、长度、深度以及裂缝的发展变化规律等。

(3)补充调查

补充调查往往需要补做某些试验、检验和测试工作,通常包括以下五方面内容:

1)对有怀疑的地基进行补充勘测。如持力层以下的地质情况;桩基工程中,原勘探孔之间的地质情况等。

2)测定建筑物中所用材料的实际性能。如取钢材、水泥进行物理试验、化学分析;在结构上取试样,检验混凝土或砖砌体的实际强度;用回弹仪、超声波和射线做非破坏性检验。

3)建筑结构内部缺陷的检查。如用锤轻击结构表面,来检查有无起壳和空洞;向原有的预留洞、预埋管中注水,来检查内部有无大的孔洞或渗漏;凿开可疑部位的表层,检查内部质量;用超声波探伤仪测定结构内部的孔洞、裂缝和其他缺陷等。

4)载荷试验。根据设计或使用要求,对结构或构件进行载荷试验,检查其实际承载能力、抗裂性能与变形情况。

5)较长时期的观测。对建筑物已出现的缺陷(如裂缝、变形等)进行较长时间的观测检查,以确定缺陷是否已经稳定,还是在继续发展,并进一步寻找其发展变化的规律等。

补充调查的内容随着工程与事故情况的不同有很大差别,上述内容是常遇到的一些项目。实践经验表明,许多事故往往依靠补充调查的资料,才可以分析与处理,所以补充调查的重要作用不可忽视。但是补充调查项目,有的既费事,又费钱,只有在已调查资料不能分析、处理事故时,才做一些必要的补充调查。

2. 临时防护措施及实施

有些严重的质量事故可能不断发展而恶化,有的甚至可能造成建筑物倒塌或人员伤亡。在事故调查与处理中,一旦发现存在有这类危险时,应采取有效的防护措施,并立即组织实施。通常有以下两类情况:

(1)防止建筑物进一步损坏或倒塌,常用的措施有卸荷与支护两种。

常见的支护措施如发现承受大梁或屋架的柱、墙承载能力严重不足时,及时在梁或屋架下增设支撑;又如发现悬挑结构存有断塌或整体倾覆的危险时,应在悬出端或悬挑区内加设支撑;其他如砖墙变形过大,高厚比严重超过允许值,屋架安装后垂直度偏差太大等,均应及时采取有效的支护措施。

(2)避免人员伤亡。有些质量事故已达到濒临倒塌的危险程度,在没有充分把握时,切勿盲目抢险支护,导致无谓的人员伤亡。此时应划定安全区域,设置围栏,防止人员进入危险区。

3. 原因分析

事故原因的分析,主要目的是分清事故的性质、类别及其危害程度,同时为事故处理提供必要的依据。因此,原因分析是事故分析与处理中的一项关键工作。在分析大量事故实例后,不难发现不少事故的原因错综复杂,只有经过周详的分析,去伪存真,才能找到事故的主要原因。常见的事故原因有以下几类:

(1)违反基本建设程序,无证设计,违章施工;

(2)地基承载能力不足或地基变形太大;

(3)材料性能不良,构件制品质量不合格;

(4)设计构造不当,结构计算错误;

(5)不按图施工,乱改设计;

(6)不按规范要求施工,操作质量低劣;

(7)施工管理混乱,施工顺序错误;

(8)施工或使用荷载超过设计规定,地面堆载太大;

(9)温、湿度等环境影响,酸、碱、盐等化学腐蚀;

(10)其他外因作用:如大风、爆炸、地震等。

4. 事故处理

事故处理的目的是消除缺陷或隐患,以保证建筑物正常、安全使用,或创造必要的施工条件。

(1)事故核查与评价

事故处理的前提是对事故的情况、性质和原因都已调查分析清楚,满足以下各点要求:

1)事故情况

一般应包括出现事故的时间、事故总的描述,并附有必要的图纸说明、事故的观测记录、事故的发展变化规律和事故是否已经稳定等。

2)事故性质

主要指区分以下三个问题:

①区分属于结构性问题还是一般性的缺陷。如结构裂缝,是因地基或结构构件承载能力不足而产生,还是由于一般温度、收缩而产生;又如变形或挠度,是

施工缺陷还是结构刚度不够(例如钢筋混凝土梁下垂过大,可能是模板支架下沉而造成,也可能是结构刚度不足而造成)等。

②区分是表面性的还是实质性的。如钢筋混凝土表面出现蜂窝麻面,就需要查清内部有无空洞;又如裂缝仅是浅表裂缝还是贯穿裂缝等。

③区分事故处理的迫切程度。如是否需要采取保护性措施,防止事故进一步扩大恶化;又如事故如不及时处理,会不会造成倒塌等。

3)事故原因

除上述内容外,还应包括以下内容:因结构承载能力不足而造成的事故,应该查清是地基问题还是基础问题,是柱、梁,还是板有问题;结构出现较严重的裂缝时,需要查清是结构上的荷载过大,还是地面堆载太大,或是因为临时荷载太大而在施工阶段产生过大的变形或裂缝等。

4)事故评价

对出现事故部分的建筑结构作出评价,主要是指事故对建筑功能、使用要求、结构受力性能,以及施工安全的影响作出评价。常用的方法是以工程实际情况为基础,对建筑结构的使用阶段和施工阶段进行必要的验算、构件或结构荷载试验等。

(2)事故处理的一般原则和所需要的资料

1)事故处理的一般原则

①安全可靠,不留隐患;

②满足使用要求,如净空尺寸等;

③经济合理;

④条件可能,包括设备、材料供应,施工的技术力量等;

⑤施工方便、安全。

2)事故处理必备的资料

一般事故处理时,必须具备以下资料:

①与事故有关的施工图;

②施工中有关的资料,如建筑材料试验报告、各种施工记录、试块强度试验报告等;

③事故调查分析情况报告;

④设计、施工、使用等单位对事故的意见和要求等。事故处理前,一般均应统一各方面的意见,重大的事故处理还必须有协商一致的书面文件。

(3)常用处理方法与适用范围

事故处理常用方法有:建筑修补、封闭保护、复位纠偏、地基加固、结构卸荷、改变结构构造、结构补强及拆除重建等。

四、建筑工程质量事故分析与处理的意义

建筑工程事故的发生,有的会造成工程停工、返工,有的会影响结构的正常使用、降低耐久性,有的会使事故不断恶化,甚至发生建筑物倒塌事件,都会造成国家和人民生命财产严重损失。

在我国进行大规模的社会主义建设时期,特别是实行改革开放政策以来建造的一些建筑物,总建筑面积已超过 60 亿 m^2,发展非常迅速,成绩显著。这些建筑物在时间上虽然没有超过使用年限,但由于设计上的失误、施工质量较差、使用不合理、管理不善、环境因素等原因,使得一些建筑物提前出现了老化等质量问题,不能完成预定的功能。有的建筑物虽为近年来才建成,但也出现了质量事故,存在很多安全隐患,有的已经成为"危房"而无法继续使用,有的甚至倒塌,造成重大人员伤亡,给国家财产和人民生命造成了巨大损失。鉴于这些原因,建筑物存在有一定程度的质量问题和影响正常使用甚至危及安全的问题。因此,运用正确方式进行建筑工程质量事故分析与处理已是当今建筑业发展的一个重要方面。

目前为止,我国基本建设正处在一个蓬勃发展时期,但是有些地方和单位,出现了乱设计、乱施工、乱指挥的混乱现象,以致发生了不少工程事故,给国家和人民生命财产造成严重损失,对此必须引起我们的足够重视。这些用生命和财产换来的深刻教训,必须认真对待,不重视科学就要吃苦头。从很多工程事故的分析中可以看出,非正式设计单位或私人设计,不懂设计而乱套用和乱修改设计,结构计算错误,技术措施不当,诸如地基承载力不够、土质软硬不均、浸水湿陷、构件截面过小、支撑系统不完善、配筋不足及抗倾覆力矩不够等,对建筑工程安全的危害是很大的,是造成事故的直接原因。技术管理混乱,施工质量低劣,如不遵守施工和验收规范,违反操作规程,原材料不做试验,材料以小代大,以劣代好,钢筋漏放和错位,墙体高厚比过大,结构失稳,模板支撑不牢,拆模过早,施工超载堆放,缺乏冬期施工措施,混凝土及砂浆强度严重不足以及赶进度、轻质量、结构强度不够、整体性差等所造成的工程事故也是比较多的。使用单位对建筑工程的维护管理不善,比如地基浸水湿陷造成墙体开裂、柔性屋面踩裂漏水、木结构腐朽虫害、钢结构锈蚀强度过分削弱等造成的工程事故也屡见不鲜。不按基建程序办事,违反客观规律,长官意志,不勘测就设计、无设计就施工、未完工就使用,甚至仍然采取边勘测、边设计、边施工、边使用的错误做法,是造成一些工程事故的主要原因。

"百年大计、质量第一",道出了工程质量的重要性。对于质量问题和安全隐患,我们要防患于未然,将质量问题和隐患扼杀在萌芽状态。但在实际工作中却

存在着对于工程事故分析不清、处理不当,以及所采用的处理技术欠合理等情况。这样不仅会造成不应有的经济损失,也给工程留下了新的隐患。所以,我们要研究恰当的处理方法,探讨预防事故再次发生的措施,使广大建筑业同行了解一些典型事故的分析处理技术,有助于在今后的建设工程中少犯错误。因此,正确分析与处理事故,及时解决质量问题是每个建筑工程技术人员必须掌握的一项专门技能,也是确保工程质量的一项重要工作。

小 结 一 下

本章主要介绍了建筑工程质量问题、质量事故、质量通病等基本概念,建筑工程质量事故的分类、特点、基本分析与处理方法。通过本章内容的学习,可以基本了解建筑工程事故分析和处理的一般知识,为以后章节内容的学习打下基础。

【知识小课堂】

监理一来到　质量就可靠

为了确保建设工程质量,国际上广泛推行建设监理制。早期国内建筑界对这种监督和管理的科学体系还不熟悉,但它的推广势在必行,目前已经广泛实施。所谓建设工程监理,是指具有相应资质的工程监理企业,接受建设单位的委托,承担其项目管理工作,并代表建设单位对承建单位的建设行为进行监控的专业化服务。随着建设事业的发展,工程建设监理事业也取得很大的进展,在工程建设中起到了巨大的作用也给工程建设领域带来了很大的益处。

社会监理单位的一般任务是:从组织和管理的角度采取措施进行投资控制、进度控制、质量控制、信息管理和合同管理,以确保建设项目的总目标——费用目标、工期目标、质量目标的最合理实现。

我国对社会监理的主要工作内容作了如下具体规定:

1. 建设前期阶段

(1)进行建设项目的可行性研究;

(2)参与设计任务书的编制。

2. 设计阶段

(1)提出设计要求,组织评选设计方案;

(2)协助选择勘察、设计单位,商签勘察设计合同并组织实施;

(3)审查设计和概(预)算。

3. 施工招标阶段

(1)准备与发送招标文件,协助评审投标书,提出决标意见;

（2）协助建设单位与承建单位签订承包合同。

4. 施工阶段

（1）协助建设单位与承建单位编写开工报告；

（2）确认承建单位选择的分包单位；

（3）审查承建单位提出的施工组织设计、施工技术方案和施工进度计划，并提出修改意见；

（4）审查承建单位提出的材料和设备清单及其所列的规格与质量；

（5）督促承建单位严格执行合同和技术标准；

（6）调解建设单位与承建单位之间的争议；

（7）检查工程使用的材料、构件和设备的质量，检查安全防护措施；

（8）检查工程进度和施工质量，验收分部分项工程，签署工程付款凭证；

（9）督促整理合同文件和技术档案资料；

（10）组织设计单位和施工单位进行工程竣工验收，并初步提出竣工验收报告；

（11）审查工程结算。

5. 保修阶段

负责检查工程状况，鉴定质量问题责任，督促保修。

每一工程项目，监理的具体内容则根据委托方的要求来确定，可按需要把一个建设项目全过程的管理、组织、协调等工作完全委托给某一监理单位，也可将某些专业的工程项目委托给监理单位。

建设监理制的推行，促进一大批专业技术人员、科研人员和大专院校教师走上为经济建设服务、与生产劳动结合的大舞台。他们走出学校、走出研究所，在更广阔的空间中施展着多方面的才干，同时创造了可观的经济效益和社会效益。

质量监督作为政府行为具有强制力，质量监督机构对工程建设质量起着监督和检查的作用，与他的质量控制目标相一致，具有指导监理工作的作用。因此，监理单位应自觉接受质量监督机构的监督和检查，与质量监督机构一起，共同把工程质量控制好。

第二章 地基与基础工程

第一节 土方与地基事故处理

一、土方工程

(一)土方挖填事故

1. 土方开挖

(1)挖方边坡塌方

1)事故现象

在挖方过程中或挖方后,基坑(槽)边坡土方局部或大面积塌落或滑坡。

2)原因分析

①基坑(槽)开挖较深,放坡坡度不够;或挖方尺寸不够挖去坡脚;或开挖不同土层时,没有根据土的特性分别放成不同的坡度,致使边坡失去稳定造成塌方。为避免塌方,应确定临时性挖方的边坡值(见表2-1)。

表 2-1 临时性挖方

土的类别		边坡值(高:宽)	土的类别		边坡值(高:宽)
砂土(不包括细砂、粉砂)		1:1.25～1:1.50	碎石类土	充填坚硬、硬塑性黏土	1:0.50～1:1.00
一般性黏土	硬	1:0.75～1:1.00			
	硬、塑	1:1.00～1:1.25		充填砂土	1:1.00～1:1.50
	软	1:1.50或更缓			

注:1. 设计无要求时,应符合设计标准;

    2. 如采用降水或其他加固措施,可不受本表限制,但应计算复核;

    3. 开挖深度,对软土不应超过4mm,对硬土不应超过8mm。

②在有地表水、地下水作用的情况下,未采取有效的降水、排水措施,致使土体自重增加,土的内聚力降低,抗滑力下降,在重力作用下失去稳定引起边坡塌方。

③土质松软,开挖次序、方法不当造成塌方。

④边坡坡顶堆载过大或离坡顶过近。如在边坡坡顶堆置弃土或建筑材料，在坡顶附近修建建筑物，施工机械离坡顶过近或过重等，都可能引起边坡下滑力的增加，引起边坡失稳。

3）处理方法

①对沟坑（槽）塌方，可将坡脚塌方清除作临时性支护措施（如堆装土编织袋或草袋、设支撑、砌砖石护坡墙等）。

②对永久性边坡局部塌方，可将塌方清除，用块石填砌或回填 2∶8 或 3∶7 灰土嵌补，与土接触部位做成台阶搭接，防止滑动；或将坡顶线后移；或将坡度改缓。

（2）边坡滑坡

1）事故现象

在斜坡地段，土体或岩体受到水（地表水、地下水）、人的活动或地震作用等因素的影响，边坡的大量土或岩体在重力作用下，沿着一定的软弱结构面（带）整体向下滑动，造成线路摧毁，建筑物产生裂缝、倾斜、滑移，甚至倒塌等现象，危害往往十分严重。

2）原因分析

①边坡坡度不够，倾角过大，土体因自重及地表水（或地下水）浸入，剪切应力增加，黏聚力减弱，使土体失稳而滑动。

②土层下有倾斜度较大的岩层，在填土、堆置材料荷重和地表、地下水作用下，增加了滑坡面上的负担，降低了土与土、土体与岩石面之间的抗剪强度而引起土体顺岩面滑动。

③开垦挖方切割坡脚（图 2-1），或坡脚被地表、地下水冲蚀掏空，或斜坡段下部被冲沟、排水沟所切，地表、地下水浸入坡体；或开坡放炮将坡脚松动破坏等原因，使斜坡坡度加大，破坏了土体（或岩体）的内力平衡，使上部土体（或岩体）失去稳定而向坡脚滑动。

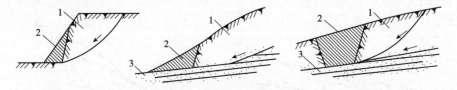

图 2-1　切割坡脚引起的滑坡

1-滑坡土体；2-被切割的坡脚；3-基岩

④岩（土）体本身有倾向相近、层理发达、风化破碎严重的软弱夹层或裂隙（断层）面，内部夹有软泥，或岩层中夹有易滑动的岩层（如云母、滑石等），受水浸后，由于水及外力作用，而使上部岩体沿软弱结构发生滑动。

⑤在坡体上不适当的堆土或填方，或设置土工构筑物（如路堤、土坝），增加了坡体自重，使重心改变，在外力或地表、地下水作用下，使坡体失去平衡而产生滑动。

⑥由于雨水冲刷或潜蚀斜坡坡脚，或坡体地下水位剧烈升降，增大水力坡度，使土体和自重增加，抗剪强度降低，破坏斜坡平衡而导致边坡滑动。

⑦现场爆破或车辆振动影响，产生不同频率的振荡，使岩、土体内摩擦力降低，抗剪强度减小而使岩、土体滑动。

3）处理方法

①对上部先变形挤压下部滑动的推动式滑坡，可采取卸荷减重的方法，在滑坡体上削去一部分土，并辅以做好排水系统，一方面减轻自重，另一方面在坡脚堆土以抵御滑坡体滑动，使其达到平衡。

②对下部先变形滑动，上部失去支撑而引起的牵引式滑坡，可用支挡的办法来整治，如用大直径现浇钢筋混凝土锚固桩（抗滑桩）支挡（图2-2）；如推力不大，下部地基良好，可采取挡土墙或挡土墙与锚桩相结合的办法（图2-3）整治。

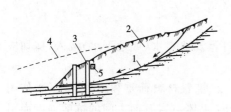 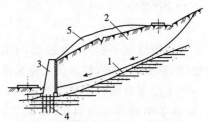

图2-2　用钢筋混凝土锚固桩（抗滑桩）
　　　　　整治滑坡

1-基岩滑坡面；2-滑动土体；3-钢筋混凝
固（抗滑）排桩；4-原地面线；5-排水盲沟

图2-3　挡土墙与锚桩结合整治滑坡

1-基岩滑坡面；2-滑动土体；3-钢筋混凝土
或块石挡土墙；4-锚桩；5-卸去土体

③对深路堑开挖，挖去土体支撑部分而引起的滑坡，可用设涵洞或挡土墙与恢复土体平衡相结合进行整治（图2-4）。

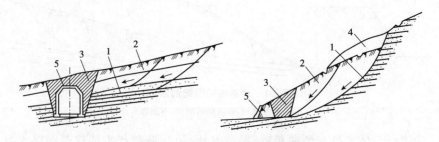

图2-4　恢复土体平衡整治滑坡

1-基岩滑坡面；2-滑动土体；3-恢复土体；4-卸去土体；5-钢筋混凝土涵洞或挡土墙

④对一般挖去坡脚引起的滑坡,可用设挡土墙与岩石锚桩,或挡土板、柱与土层锚杆相结合的办法来整治(图 2-5)。锚桩、锚杆均应设在滑坡体以外的稳定岩(土)层内。

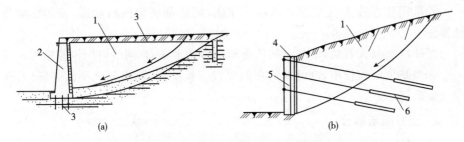

图 2-5　挡土墙、板与锚杆结合整治滑坡

(a)挡土墙与岩石锚杆结合整治滑坡;(b)挡土板、柱与土层锚杆结合整治滑坡

1-滑动土体;2-挡土墙;3-岩石锚杆;4-挡板;5-柱肋;6-土层锚杆

(3)基坑(槽)开挖遇流砂

1)事故现象

当基坑(槽)开挖深于地下水位 0.5m 以下,采取坑内抽水时,坑(槽)底下面的土产生流动状态,随地下水一起涌进坑内,出现边挖、边冒,无法挖深的现象。

2)原因分析

①当坑外水位高于坑内抽水后的水位,坑外水压向坑内流动的动水压等于或大于颗粒的浸水密度,使土粒悬浮失去稳定变成流动状态,随水从坑底或四周涌入坑内,如施工时采取强挖,抽水愈深,动水压就愈大,流砂就愈严重。

②由于土颗粒周围附着亲水胶体颗粒,饱和时胶体颗粒吸水膨胀,使土粒密度减小,因而在不大的水冲力下能悬浮流动。

③饱和砂土在振动作用下,结构被破坏,使土颗粒悬浮于水中并随水流动。

④易产生流砂的条件是:a. 水力坡度较大,流速大,当动水压力超过土粒重量,达到能使土粒悬浮时,即会出现流砂现象;b. 土层中有厚度大于 250mm 的粉砂土层;c. 土的含水率大于 3% 以上或空隙率大于 43%;d. 土的颗粒组成中黏土粒含量小于 10%,粉砂含量大于 75%;e. 砂土的渗透系数很小,排水性能很差。

3)处理方法

①处理方法主要是"减小或平衡动水压力"或"使动水压力向下",使坑底土粒稳定,不受水压干扰。

②安排在全年最低水位季节施工,使基坑内动水压减小。

③采取水下挖土(不抽水或少抽水),使坑内水压与坑外地下水压相平衡或缩小水头差。

④采用井点降水,使水位降至距基坑底 0.5m 以下,使动水压力方向朝下,

坑底土面保持无水状态。

⑤沿基坑外围四周打板桩,深入坑底下面一定深度,增加地下水从坑外流入坑内的渗流路线和渗水量,减小动水压力。

⑥采用化学压力注浆或高压水泥注浆,固结基坑周围粉砂层,使形成防渗帷幕。

⑦往坑底抛大石块,增加土的压重和减小动水压力,同时组织快速施工。

⑧当基坑面积较小,也可采取在四周设钢板护筒,随着挖土不断加深,直至穿过流砂层。

2. 土方回填事故

(1)基坑(槽)回填土沉陷

1)事故现象

基坑(槽)填土局部或大片出现沉陷,造成靠墙地面、室外散水空鼓下陷,建筑物基础积水,有的甚至引起建筑结构不均匀沉降,出现裂缝。

2)原因分析

①基坑(槽)中的积水、淤泥杂物未清除就回填;或基础两侧用松土回填,未经分层夯实;或槽边松土落入基坑(槽),夯填前未认真进行处理,回填后土受到水的浸泡产生沉陷。

②基槽宽度较窄,采用手夯回填夯实,未达到要求的密实度。

③回填土料中夹有大量干土块,受水浸泡产生沉陷;或采用含水量大的黏性土、淤泥质土、碎块草皮作土料,回填质量不符合要求。

④回填土采用水泡法沉实,含水量大,密实度达不到要求。

3)处理方法

①基坑(槽)回填土沉陷造成墙脚散水空鼓,如混凝土面层尚未破坏,可填入碎石,侧向挤压捣实;若面层已经裂缝破坏,则应视面积大小或损坏情况,采取局部(局部处理可用锤、凿将空鼓部位打去,填灰土或黏土、碎石混合物夯实,再作面层)或全部返工。

②因回填土沉陷引起结构物下沉时,应会同设计部门针对情况采取加固措施。

(2)回填土渗透水引起地基下沉

1)事故现象

地基因基槽室外回填土渗漏水而导致下沉,引起结构变形、开裂。

2)原因分析

①建筑场地土表层为透水性强的土,外墙基槽回填仍采用了这种土料,地表水大量渗入浸湿地基,导致地基下沉。

②基槽及附近局部存在透水性较大的土层,未经处理,形成水囊浸湿地基,引起下沉。

③基础附近水管漏水。

3)处理方法

①如地基下沉严重并继续发展,应将基槽透水性大的回填土挖除,重新用黏土或粉质黏土等透水性较小的土回填夯实,也可用 2∶8 或 3∶7 灰土回填夯实。

②如下沉较轻并已稳定,可按上条的处理方法①处理。

(3)基础墙体被挤动变形

1)事故现象

夯填基础墙两侧土方或用推土机送土时,将基础、墙体挤动变形,造成基础墙体裂缝、破裂,轴线偏移,严重地影响墙体受力性能。

2)原因分析

①回填土时只填墙体一侧,或用机械单侧推土压实,基础、墙体在一侧受到土的较大侧压力而被挤动变形。

②墙体两侧回填土设计标高相差悬殊(如暖气沟、室内外标高差较大的外墙),仅在单侧夯填土,墙体受到侧压力作用。

③在基础墙体一侧临时堆土、堆放材料、设备或行走重型机械,造成单侧受力使墙体变形。

3)处理方法

已造成基础墙体开裂、变形、轴线偏移等严重影响结构受力性能的质量事故,要会同设计部门,根据具体损坏情况,采取加固措施(如填塞缝隙、加围套等)进行处理,或将基础墙体局部或大部分拆除重砌。

(4)土方回填质量差

1)事故现象

①土方回填(要求 2∶8 灰土),施工时加入极少量石灰,并且没分层夯实。

②挡墙后抛填现场严重,导致交房后场区地面不均匀沉陷现象较多。

2)原因分析

抢工期,偷工减料、挖掘机随意回填,材料不符合要求,并且未进行分层夯实。

3)处理方法

清除回填土中的杂物,较大的石块应破碎,机械回填厚度应控制每层 0.5m,机械碾压,人工回填厚度应控制在 300mm,分层夯实,碾压密实度不低于 90%。

(5)回填土密实度低

1)事故现象

①回填土密实度达不到设计要求,造成地面空鼓、开裂及下沉。

②灰土回填密实度达不到设计要求,造成室内地面空鼓、开裂及下沉。

2)原因分析

①回填土料粒径过大且含有杂质;未分层摊铺或分层厚度过大;没有达到最优含水率。

②灰土体积控制不严,灰土拌合不均匀。

③夯实机械选择不当。

3)处理方法

①回填土料不得含有草皮、垃圾、有机杂质及粒径大于 50mm 大块块料,回填前应过筛;

②回填必须分层进行,分层摊铺厚度为 200～250mm,其中,人工夯填层厚不得超过 200mm,机械夯填不得超过 250mm;

③摊铺之前,应由试验员对回填土料的含水量进行测定,达到最优含水率时方可夯实;在含水率较低情况下,应根据气候条件预先均匀洒水湿润原土,严禁边洒水边施工;

④通常大面积夯实采用打夯机,小部位采用振冲夯实机,夯实遍数不少于 3 遍,夯填方式应一夯压半夯,夯夯相连,交叉进行;

⑤每层密实度应由试验员现场环刀取样,通过检测达到设计要求后方可进行上层摊铺;

⑥回填土宜优先采用基槽中挖出的土。对湿陷性等级较高的黄土,应采取块填方式;

⑦灰土拌合之前,应复核配比,严格按照设计要求的体积比进行施工,不得随意减少石灰在土中的掺量;

⑧灰土拌合尽可能采用机械拌合,若人工拌合时,翻拌次数不得少于 3 遍,要求均匀一致;

⑨拌合用石灰采用生石灰,使用前应充分熟化过筛,不得含有粒径大于 5mm 的生石灰块料。

(6)基坑(槽)泡水

1)事故现象

基坑(槽)开挖后,地基土被水浸泡,造成地基松软,承载力降低,地基下沉(见图 2-6)。

2)原因分析

①开挖基坑未设排水沟或挡水堤,地表水流入基坑;

②在地下水位以下挖土,未采取降水措施,将水位降至基底开挖面以下;

③施工中未连续降水,或停电影响;

图 2-6 基坑(槽)泡水

④挖基坑时,未准备防雨措施,方便雨水下入基坑。

3)处理方法

①已被水淹泡的基坑(槽),应立即检查排、降水设施,疏通排水沟,并采取措施将水引走、排净。

②对已设置截水沟而仍有小股水冲刷边坡和坡脚时,可将边坡挖成阶梯形,或用编织袋装土护坡将水排除,使坡脚保持稳定。

③已被水浸泡扰动的土,可根据具体情况,采取排水晾晒后夯实,或抛填碎石、小块石夯实;换土(3∶7灰土)夯实;或挖去淤泥加深基础等措施处理。

3. 案例分析

(1)案例 1

1)工程事故概述

某厂跨线桥桥台基础,平面尺寸为 23.78m×25m,基底深 12m。施工时仅参考附近 50m 远处的钻孔资料,推测该地区自地表下 8m 左右为高炉矿渣层,下部为砂质黏土,地下水在地面下 7m 左右。

基坑采用人工开挖,边坡为 1∶0.2~1∶0.5。坡脚距基础底边 1.5m,做明沟排水。当挖至矿渣底部时,发现有一层 300mm 厚的淤泥层,其下才是砂质黏土,矿渣层呈北高南低倾斜,坡度不大,在层底有大量地下水渗出。这时上部矿渣层边坡无失稳现象。于是一面挖沟排水,一面继续向下开挖,至地面下 9~10m 时,水流将淤泥冲走,继而砂质黏土片片剥落,北部和东部矿渣也随之倒塌。

土坡塌方后,改缓边坡坡度为 1∶2,并打入长为 3~4m、φ150mm 的圆木挡土桩,间距 1m,在桩上部钉挡土板(图 2-7)。

经采取上述措施后继续施工,但挖土不久,桩被土压倒,于是将桩改为长6m、φ180mm,间距缩小为 50cm,桩上仍钉挡土板,并在挡土桩前加打了撑固桩(图 2-8)。

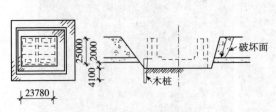

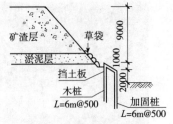

图 2-7　基坑平、剖面图　　　　图 2-8　边坡处理示意图

由于土压力太大,这些挡土桩也被压垮了。于是第三次改打桩长为 6m,断面为 220mm×250mm 的木方,楔口密打,桩后用草袋装土加固边坡,并在坡上作截水沟。经过第三次加固处理后,边坡较稳定。当基坑开挖至基底附近时,又出现部分板桩倾斜。最后采取分块突击施工的办法浇灌桥台底层混凝土。

2)原因分析

造成基坑塌方的主要原因有以下几点:

①没有准确掌握地质资料,对新出现的淤泥层的影响考虑不足;

②边坡太陡,片面追求减少开挖量,特别是下面 4m 厚的砂质黏土边坡定为 1∶0.5,上面有 8m 余高的矿渣层,压力很大,必然产生塌方;

③对地面水和地下水处理不当,大量的排水通过矿渣层渗入基坑,冲刷淤泥层,基坑底部被掏空,造成大量矿渣层滑塌;

④施工顺序欠妥。如果先开挖桥下的铁路线,再开挖桥墩基础,开挖深度分两次降低,基坑边坡稳定状况就可以大大改善;

⑤处理措施不够慎重。当出现塌方以后,采取改缓边坡,加打挡土板桩,这些是正确的。但对于桩长的选择没有足够的估计,以至于造成一而再、再而三的失败。

(2)案例 2

1)工程事故概述

某工程基坑深 6.5m,坑底宽 12m,坑底以下土层特点是黏性土及砂土两层,有承压水存在。施工方案采用 1∶1.25 边坡放坡开挖,采用二级轻型井点。挖至设计标高以后,逐渐出现坑底隆起现象,24h 以后隆起量约为 20cm,1d 以后又隆起 30cm,3d 以后隆起量累计达到 1.5m,随隆起量的加大,最终导致坑底开裂,产生流砂。由于坑底失稳破坏,使得边坡滑动,坡顶地面下陷,边坡失稳破坏。

2)原因分析

由于坑底以下有承压水存在,随着基坑的开挖,其上覆土重量逐渐减小,而井点降水深度不够,使下面土层承压水向上的压力将坑底土层顶起,坑底土层开裂,继而发生流砂。由于出现流砂,周围地基土被掏空,土的抗剪强度下降,所以产生了边坡滑动及坡顶地面下沉。

3)处理方法

根据以上原因分析,采用改变降水深度的办法,把井点加深到坑底以下某一深度土层中,使该土层中的承压水所产生的向上的压力 P_w 小于该深度以上土层的覆土重量,即

$$P_w < \sum_{i=1}^{n} \gamma_i t_i$$

经过处理以后,土方开挖顺利完成。

(3)案例 3

1)工程事故概述

一幢三单元六层商品住宅楼,砖混结构,长 41.04m,宽 9.78m,高 18.00m,建筑面积 2259.56m²。该工程在竣工验收后,住户陆陆续续搬入,使用三四个月后,住在一楼的住户发现地面大面积出现了下沉、开裂。有些住户在装修中更改厨房、卫生间的下水管道,随意敲凿混凝土,破坏硬性地面。另外,在室外的道路处,同时出现了多处下陷、路面开裂,散水坡多处脱空、断裂。

2)原因分析

造成室内一楼住户地面下沉事故和室外道路、散水下陷、开裂、脱空的主要原因是由于土方回填不当引起的,据当时参与施工的施工人员、现场监理、开发商反映的情况得出主要原因如下:

①填方土质差。回填的土方内以强风化砂土为主,并掺入场地平整时大量的原稻田的有机质土、杂填土等,根本不符合填土的土质要求。

②填方质量差。在基槽回填土和室内房心回填土采用挖土机回填,没有做到分层夯实,回填一步到位,后靠土体自重压实,密实度远远达不到规范的要求。

③回填时,没有控制好土的含水率(砂土最佳含水率为 8%～12%)。

(二)有支护土方工程

1. 深基坑支护

(1)支护结构事故的常见种类及原因分析

1)支护结构的强度不足

在桩后的土压力作用下,支护桩体内产生很大的内力,如果支护结构的强度不足,即当结构的荷载效应大于结构构件的抗力时,结构构件发生破坏,对圆形截面的支护桩体而言,当满足下式时,桩体断裂。

$$M \geqslant \frac{2}{3} f_{cm} \cdot A \cdot r \cdot \frac{\sin^3 \pi\alpha}{\pi} + f_y \cdot A_s \cdot r_s \cdot \frac{\sin\pi\alpha + \sin\pi\alpha_t}{\pi}$$

式中：A——构件截面面积；

　　　A_s——全部纵筋截面面积；

　　　r——圆形截面的半径；

　　　r_s——纵向钢筋所在圆周的半径；

　　　α——对应于受压区混凝土截面面积的圆心角（rad）与 2π 的比值；

　　　α_t——纵向受拉钢筋截面面积与全部纵向钢筋截面面积的比值。

对板桩而言，当 $\sigma=\dfrac{M}{W}>[\sigma]$ 时，板桩破坏。

另外，当坑底土发生强度破坏时，也会由于入土桩体的强度不足而使基坑底部产生隆起。

2）支护桩的埋深不足

支护结构的埋深不足，不仅会造成支护结构倾覆或出现超常变形，而且会在坑底产生隆起，并且出现流砂。

当从最下段支撑开始，支护桩的桩后主动土压力产生的力矩大于桩前被动土压力产生的力矩时，即 $E_a \cdot L_a > E_p \cdot L_p$ 时，桩将产生较大位移，如图 2-9 所示。

在重力或挡土墙及悬臂式挡土墙中，埋深的不足可以引起墙体的倾覆。

另外，当基坑开挖以后，由于受到降水的影响，地下水形成水头差，如图 2-10 所示，引起地下水由高向低处渗流，当由下向上的渗流力 $\rho_\omega \cdot I$ 大于土的有效重度 γ_0，即 $\rho_\omega I > \gamma_0$ 时，坑底土颗粒处于浮动状态，发生流砂。该式中的 ρ_ω 为水的天然密度，I 为水头梯度 $I=\dfrac{\Delta H}{L}$，L 为支护桩的埋深，所以桩体埋深不足时，会使地下水的渗透力增加，坑底出现流砂。

图 2-9　桩体埋深计算简图

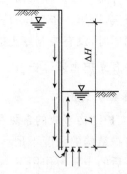

图 2-10　地下水影响造成流砂

3）支撑体系设计不合理

对带用内支撑的支护结构，由于支撑设置的数量、设置的位置不合理，或设置支撑、施加预应力不够及时，支护结构的变形会很大，而引起基坑事故。

4）基底土失稳

由于基坑的开挖使支护结构内外土重量的平衡关系被打破,桩后土重量超过坑内基底土的承载力时,会发生坑底隆起现象。

如果设由桩后土重及地面堆载产生的绕 O 点的转动力矩为:

$$M_\mathrm{d}=(q+\gamma H)\cdot x$$

由土体所提供的稳定力矩为

$$M_\mathrm{r}=x\int_0^x \tau(x\cdot\mathrm{d}\theta)$$

则当 $M_\mathrm{d}>M_\mathrm{r}$ 时,坑底土失稳产生隆起,如图 2-11 所示。式中 τ 为土体不排水剪切抗剪强度。

如果假定坑底土发生强度破坏,设破坏时的滑移线为 bed,如图 2-12 所示,ab 面上的荷载为:

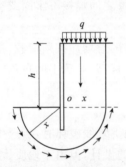

图 2-11　坑底隆起验算

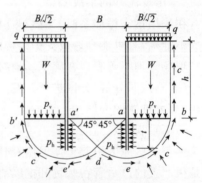

图 2-12　坑底强度破坏验算

$$p_\mathrm{v}=(\gamma h+q)-\frac{\sqrt{2}\cdot c\cdot h}{B}$$

设作用在坑底板桩侧面单位面积上的压力为 p_h,取 abe 作为脱离体,并对 a 点取力矩,则根据平衡条件,则有下式:

$$p_\mathrm{h}\cdot\frac{B}{\sqrt2}\cdot\frac{B}{2\sqrt2}+c\cdot\pi\cdot\frac{B}{2\sqrt2}\cdot\frac{B}{\sqrt2}=p_\mathrm{v}\cdot\frac{B}{\sqrt2}\cdot\frac{B}{2\sqrt2}$$

即 $p_\mathrm{h}=p_\mathrm{v}-c\cdot\pi$

则作用在桩及桩前土上的总压力为 P_h:

$$P_\mathrm{h}=(p_\mathrm{v}-c\cdot\pi)\frac{B}{\sqrt2}$$

若设 q_n 为坑底以下土体的无侧限抗压强度,则 P_h 中由桩和入土部分承受的荷载 P_r 为:

$$P_\mathrm{r}=P_\mathrm{h}-q_\mathrm{n}\cdot t=P_\mathrm{h}-2c\cdot t$$

如板桩强度不足,则板桩入土部分在 P_r 作用下受弯破坏,坑底以下土体发生隆起变形。

另外,当基坑底下有薄的不透水层,且其下有承压水时,基坑底会出现由于土重不足以平衡下部承压水向上的顶力而产生隆起。当基坑底部为挤密的桩群时,孔隙水压力不能排出,待基坑开挖以后,也会出现坑底隆起。

5)施工质量差和现场管理不善

支护结构的桩体是在现场就地制作,大多采用水下浇筑混凝土,如果操作人员技术水平差,就无法保证桩体的质量而产生事故隐患。例如一般桩的垂直度允许偏差为 1%,但如果两根桩之间出现的偏差方向相反,则会在桩体之间出现漏洞;另外,如果在桩体未达到养护龄期时就开始挖土施工,则在桩内外水压力的作用下,在未形成 100% 强度的桩体内出现流水通道。这些均是导致桩间水土流失,出现流砂的事故隐患。

在采用钢支撑体系时,支撑与立柱、支撑与支撑之间焊接不牢固或支撑构件安放不准确,有可能会造成支护结构的过大变形。

现场管理不善表现在施工场地材料堆放混乱,随意增加桩顶荷载;挖土方案不合理,不按照分层、分区进行开挖,一次挖至设计标高,导致土的自重应力释放过快,加大桩体的变形。

6)不重视现场监测

由于某些原因引起土体坍塌、周围建筑物及地下管线破坏时,所产生的后果均是很严重的。尽管在基坑开挖以前进行了周密的设计,但由于地质、水文条件较复杂,设计人员手上的设计参考数据与实际土体的各种物理力学指标有一定的出入,所以应该采用现场监测手段,随时监测桩体、坑底、周围建筑物及地下管线等关键部位的变形情况。

但是,在很多深基坑的施工中,对监测技术不够重视。有的根本不设监测点,盲目施工,导致事故发生;有的虽然设了监测点,但对监测结果不进行分析反馈,不根据监测结果对下一步基坑开挖方案、基坑支护体系的设置作进一步的调整、优化,或对周围建筑物、地下管线等进行保护性加固。实践证明,很多基坑事故都是忽视了现场监测,没有随时掌握地基与支护结构的变形、内力情况,从而不可避免地造成事故的发生。

7)降水措施不当

降水开挖基坑时,由于降水措施不当,也会在基坑开挖时造成事故。在容易产生流砂的土质中,如果采用深井降水,降水井的滤层、滤料与该地层的土颗粒分布不相适应,则在抽水过程中会抽出大量的粉、细砂,使周围地下水土流失,造成地表沉降。采用井点降水可以避免坑底出现流砂,但由于降水,加大了土体的自重应力,容易使基坑外土层发生固结沉降,引起地表沉降,这种情况应采用回灌措施。

8)基坑暴露时间过长

大量实际数据表明,基坑暴露时间愈长,支护结构的变形也愈大,这种变形直到基坑被回填才会停止。所以在基坑开挖至设计标高以后,基础的混凝土垫层应随挖随浇,快速组织施工,减少基坑暴露时间。

从造成基坑失稳、桩体断裂、地表沉降及坑底隆起、管涌等事故的原因分析中可以得知,不合理的设计方案、不良的施工技术和施工管理是造成基坑事故的主要原因,但一个事故的出现往往是诸多不利因素的综合表现。所以设计、施工人员均应对基坑开挖工程谨慎从事,以防止事故的发生。

(2)支护工程的常用处理方法

1)支挡法

当基坑的支护结构出现超常变形或倒塌时,可以采用支挡法,加设各种钢板桩及内支撑。加设钢板桩与断桩连接,可以防止桩后土体进一步塌方而危及周围建筑物的情况发生;加设内支撑可以减少支护结构的内力和水平变形。在加设内支撑时,应注意第一道支撑应尽可能高;最下一道支撑应尽可能降低,仅留出灌制钢筋混凝土基础底板所需的高度。有时甚至让在底部增设的临时支撑永久地留在建筑物基础底板中。

2)注浆法

当基坑开挖过程中出现防水帷幕桩间漏水,基坑底部出现流砂、隆起等现象时,可以采用注浆法进行加固处理,防止事态的进一步发展,俗话说"小洞不补,大洞吃苦",一些严重的工程事故都是由于在事故刚出现苗头时没有及时处理,或处理不到位造成的。注浆法还可以用作防止周围建筑物、地下管线破坏的保护措施。总之,注浆法是近几年来广泛地用于基坑开挖中土体加固的一种方法。该法可以提高土体的抗渗能力,降低土的孔隙压力,增加土体强度,改善土的物理力学性质。

注浆工艺按其所依据的理论可以分为渗入性注浆、劈裂注浆、压密注浆、电动化学注浆。渗入性注浆所需的注浆压力较小,浆液在压力作用下渗入孔隙及裂隙,不破坏土体结构,仅起到充填、渗透、挤密的作用,较适用于砂土、碎石土等渗透系数较大的土。

劈裂注浆所需的注浆压力较高,通过压力破坏土体原有的结构,迫使土体中的裂缝或裂隙进一步扩大,并形成新的裂缝或裂隙,较适用于像软土这样渗透系数较低的土,在砂土中也有较好的注浆效果。

注浆法所用的浆液一般为在水灰比 0.5 左右的水泥浆中掺水泥用量10%～

30％的粉煤灰。另外还可以采用双液注浆,即用两台注浆泵,分别注入水泥浆和化学浆液,两种浆液在管口三通处汇合后压入土层中。

注浆法在基坑开挖中的应用有以下几种用途:

①用于止水防渗、堵漏。当止水帷幕桩间出现局部漏水现象时,为了防止周围地基水土流失,应马上采用注浆法进行处理;当基坑底部出现管涌现象时,采用注浆法可以有效地制止管涌。当管涌量大不易灌浆时,可以先回填土方与草包,然后进行多道注浆。

②保护性的加固措施。当由监测报告得知由于基坑开挖造成周围建筑物、地下管线等设施的变形接近临界值时,可以通过在其下部进行多道注浆,对这些建筑设施采取保护性的加固处理。注浆法是常用的加固方法之一。但应引起注意的是,注浆所产生的压力会给基坑支护结构带来一定的影响,所以在注浆时应注意控制注浆压力及注浆速度,以防对基坑支护带来新的危害。

③防止支护结构变形过大。当支护结构变形较大时,可以对支护桩前后土体采用注浆法。对桩后土体加固可以减少主动土压力;对桩前土体的加固可以加大被动土压力,同时还可以防止基坑底部出现隆起,增加基底土的承载能力。

3)隔断法

隔断法主要是在被开挖的基坑与周围原有建筑物之间建立一道隔断墙,该隔断墙承受由于基坑开挖引起的土的侧压力,必要时可以起到防水帷幕的作用。隔断墙一般采用树根桩、深层搅拌桩、压力注浆等筑成,形成对周围建筑物的保护作用,防止由于基坑的坍塌造成房屋的破坏。

4)降水法

当坑底出现大规模涌砂时,可在基坑底部设置深管井或采用井点降水,以彻底控制住流砂的出现。但采用这两种方法时应考虑周围环境的影响,即考虑由于降水造成周围建筑物的下沉,地下管线等设施的变形,所以应在周围设回灌井点,以保证不会对周围设施造成破坏。

5)坑底加固法

坑底加固法主要是针对基坑底部出现隆起、流砂时所采取的一种处理方法。通过在基坑底部采取压力注浆、搅拌桩、树根桩及旋喷桩等措施,提高基坑底部土体的抗剪强度,同时起到止水防渗的作用。

6)卸载法

当支护结构顶部位移较大,即将发生倾覆破坏时,可以采用卸载法,即挖掉桩后一定深度内的土体,减小桩后主动土压力。该法对制止桩顶部过大的位移,防止支护结构发生倾覆有较大作用,但必须在基坑周围场地条件允许的情况下才可以采用。

（3）案例分析

1）案例1

①工程事故概述

某商场改建一期工程位于建筑物密集地区，施工现场平面图如图 2-13 所示。基坑深 5.35～6m，地表以下工程地质概况为：a. 杂填土，厚度为 2.3～3.8m；b. 粉土，厚度为 1.2～2.8m；c. 粉土夹粉细砂与淤泥质粉土，厚度为 3.4～5.3m；d. 淤泥质粉土与粉质黏土，厚度为 4.0～11.0m。基坑支护结构系采用内侧混凝土灌注排桩，桩长 15～20m，外侧为单头单排粉喷水泥土搅拌桩，桩长 10m，以形成全封闭的止水帷幕。

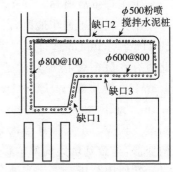

图 2-13　某商场基坑平面布置

但在施工过程中，由于存在地下障碍物，所以有三处采用注浆代替搅拌桩，并且粉喷搅拌桩的龄期仅 15d 就开始土方开挖，土方开挖没有按分区分层进行，而是一次挖至设计标高。由于上述的失误，导致在基坑开挖以后多处出现坑壁漏水、坑底管涌现象，使附近配电站、医院、酒店发生不均匀沉降，墙体产生严重开裂，裂缝宽度达到 1.5cm，酒店停业进行抢险加固。

②原因分析

a. 在设计、施工前未对周围场地及地下情况进行充分调查分析，由于存在地下障碍物，而造成粉喷水泥搅拌止水桩沿基坑四周不封闭，尽管在缺口处采用了压密注浆，但在砂土中形成的压密注浆止水帷幕的止水效果很差，产生流水缺口；

b. 粉喷水泥土搅拌桩施工质量差，桩身存在缺陷，桩的垂直度没有严格控制，形成桩间流水通道；

c. 为了增加施工速度，粉喷桩龄期 15d 时就开始挖土，并且采取一次挖至设计标高的挖土施工方法，使土应力一次性释放，而此时桩身的强度还较低，在土压力作用下，很容易在柱体内部形成渗水路径。

由于上述原因的综合作用，最终导致基坑坑壁、坑底大量涌水、涌砂，造成周围地面沉降，房屋严重裂缝，下水道破裂，产生重大事故。

③事故处理

对漏水地段采用正插、斜插、反插手段进行双液、单液及单双液交替注浆，在注浆效果不好的部位，采用旋喷桩加多道注浆。基坑内已挖至设计标高处，采用 15～20cm 厚现浇钢筋混凝土矮墙；坑角局部采用钢支撑；并改变挖土工艺，放慢挖土速度。通过采用种种抢险措施,使基坑的险情得到控制,基坑加固费用达29万多元,工期拖延2个月。

2)案例2

①工程事故概述

某工程位于繁华地段,占地面积2118m²,地下为2层,局部地下3层,埋深约11m。东边1m远有一层民宅,南边2～3m远为一条小巷,西临一主要马路,北边有6层宿舍楼等其他建筑物。地表以下工程地质概况为:a. 杂填土,厚2.3m;b. 粉质黏土,厚8.1m;c. 淤泥质粉质黏土,厚4.5m;d. 粉质黏土,厚4.1m。地下水位为－2.0m。支护结构采用钻孔灌注桩,压密注浆止水,桩顶设圈梁及预应力土层锚杆结构方案,桩长16m。在土方开挖一段以后,由于支护结构变形,导致基坑边局部位移,周围地面下沉,路面严重开裂。

②原因分析

通过对事故的调查,发现位于马路边基坑西侧的锚杆由于地下排水管道渗漏、古河道的影响、锚杆的施工质量不好,造成锚杆不起作用,支护结构实际上成为悬臂结构(图2-14);由于受力性能的改变,使桩体后面由主动土压力绕桩底所产生的力矩大于桩前由被动土压力绕桩底产生的力矩,即 $E_a \cdot \frac{1}{3}(h+t) > E_p \cdot \frac{1}{3}t$,使支护结构发生过大的变形,周围地表出现下沉、开裂现象。

③事故处理

为了保证周围建筑物的安全,道路的正常行驶,决定采用在基坑内设内支撑的方式,对基坑出现的险情进行加固。加固方案为双道内支撑,第一层标高为－5.5m,第二层为－8.0m。在挖土时注意支护桩基脚土方不得一次性挖除,留出2.5m高、4.0m宽的土体,待整个基坑支撑施工完毕以后,用人工挖除。如图2-15所示。

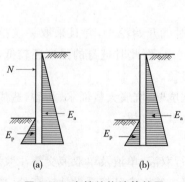

图2-14 支护结构计算简图

(a)理论计算简图;(b)实际计算简图

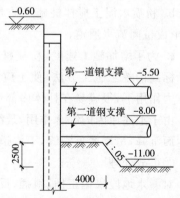

图2-15 采用内支撑加固支护结构

3）案例 3

①工程事故概况及原因分析

某大厦西侧有旧民房，北侧为一商店，南面为 8m 宽的道路，路另一侧有电影院、饭店及一幢 5 层民住楼。工程建筑面积 25050m²，地下 2 层，局部为 3 层，坑底标高为−10.04m，电梯井为−12.04m。地质条件非常复杂，地表以下不仅有旧河床、石驳岸、老房基及废弃的排水管、暗井，且在基坑周围地表下 0.8～1.0m 处有煤气管和自来水管，距基坑最近处仅 0.8m。基坑的支护结构采用直径 800mm 的悬壁桩，桩距为 1.2m，桩与桩之间没有设置止水桩，并且由于煤气、自来水管的影响，有 6 根桩无法施工，使基坑四周没有形成封闭的止水帷幕。另外，约有三分之一的桩没有达到规定的标高−3.0m，桩顶钢筋伸出长度未能满足锚固长度，圈梁的联系作用丧失。随着基坑的不断开挖，地下水不断涌入坑内，并伴有流砂，与此同时，支护桩逐渐向坑内倾斜，最大位移达 80mm。随着桩间水土不断流失，附近建筑物墙面及道路路面严重开裂，周围地表下沉，地下 φ1000mm 的排污水管因超过极限变形值而断裂，污水四溢，严重影响了市民的正常生活及公共设施的安全。

②处理方法

由于该工程事故影响面大，建设单位重新委派技术力量较雄厚的建筑公司，采取了一系列的处理措施。

a. 将煤气管道改道、架空到地面，派专人监护，设钢管支撑，对自来水管进行加固，以防止煤气管、自来水管由于地面变形产生断裂。

b. 在围护桩−3.5m 处增设地圈梁，并在地圈梁上架设方钢水平内支撑，使支护桩的水平位移得到控制。

c. 在支护桩之间空隙处用素混凝土逐级斜向封堵，以防桩内水土进一步流失；同时利用废弃窨井和暗井作回灌水井，在基坑降水的同时进行回灌。由于采取了上述有效措施，控制了地面沉降。

d. 在基坑底部设 6 只滤网管井，井深超过 2m，较好地控制住了流砂。由于及时采取上述有效措施，险情得到缓解。

2. 降(排)水工程

(1)降(排)水质量事故的常见种类及原因分析

1)地下水位降低深度不足

①事故现象

降低地下水位如果没有达到施工组织设计的要求，水就会不断渗进坑内；基坑内土的含水量较大，基坑边坡极易失稳；还有可能造成坑内流砂现象出现。

②原因分析

a. 水文地质资料有误，影响了降水方案的选择和设计。

b. 降水方案选择有误，井管的平面布置、滤管的埋置深度、设计的降水深度不合理。

c. 降水设备选用或加工、运输不当，造成降水困难或达不到所需的要求。

d. 施工质量有问题，如井孔的垂直度、深度与直径，井管的沉放，砂滤料的规格与粒径，滤层的厚度，管线的安装等质量不符合要求。

e. 井管和降水设备系统安装完毕后，没有及时试抽和洗井，滤管和滤层被淤塞。

2）地面沉陷过大

①事故现象

在降水过程中，在基坑外侧的降低地下水位影响范围内，地基土产生不均匀沉降，导致受其影响的邻近建筑物或构筑物或市政设施发生不同程度的倾斜、裂缝，甚至断裂、坍塌。

②原因分析

a. 降水漏斗曲线范围内的土体压缩、固结，造成地基土沉陷，这一沉陷是随降水深度的增加而增加，沉陷的范围随降水范围的扩大而扩大。

b. 采用真空降水的方法，不仅使井管内的地下水抽汲到地面，而且在滤管附近和土层深处产生较高的真空度，即形成负压区；各井管共同的作用，在基坑内外形成一个范围较大的负压地带，使土体内的细颗粒向负压区移动。当地基土的孔隙被压缩、变形后，会造成地基土的沉陷。真空度愈大，负压值和负压区范围也愈大，产生沉陷的范围和沉降量也愈大。

c. 由于井管和滤管的原因，土中的细颗粒不断随水抽出，地基土中的泥沙不断流失，引起地面沉陷。

d. 降水的深度过大，时间过长，扩大了降水的影响范围，加剧了土体的压缩和泥沙的流失，引起地面沉陷增大。

3）轻型井点、喷射井点、电渗井点、深井井管常见的质量事故现象及原因分析

①事故现象

a. 轻型井点。井点管不出水或总管出水少，连续出现混水。

b. 喷射井点。井管周围边侧出现流砂。

c. 电渗井点。水位降不到设计深度。

d. 深井井管。降水效果达不到设计要求。

②原因分析

a. 轻型井点。井管埋设深度不足，管壁四周封闭不严密，漏气；井管四周砂

砾滤料厚度不够,滤管被泥沙堵塞;井点管与总管连接不密封;真空泵的真空度小于 55kPa。

b. 喷射井点。工作浑浊度超标或工作水压力太大。

c. 电渗井点。电渗井点降水是利用井点管作阴极,用钢管(ϕ50～ϕ70mm)或钢筋(ϕ25mm 以上)作阳极,埋设在井点管周围环圈内侧 0.8～1.25m 处,对阴阳极通以直流电,应用电压比降使带负电荷的土粒向阳极方向移动,使带正电荷的孔隙水向阴极方向集中,产生电渗与真空的双重作用下,使土中的水流入井点管附近,由井点管快速排出。此方法适用于渗透系数 0.1～0.002m/d 的黏土、淤泥质黏土。但如果土层导电率高,不宜采用电渗法。电渗井点耗用电较多,限于特殊情况下使用。阴阳极数量不等或用钢管(钢筋)入土深度浅于井点 0.5～1.0m;没有采用间接通电法,电解产生的气体增大土体电阻。

d. 深井井管。井管沉管前清孔不彻底,滤网孔被堵或洗井管不及时造成护壁泥浆老化。

(2)常用处理方法

1)基坑边坡失稳的处理,可参见"挖方边坡塌方"的处理方法。

2)坑内有流砂现象出现的处理可参见"基坑(槽)开挖遇流砂"的处理方法。

3)对于地下水位降深与要求相差不大的工程,可以根据降深差异的大小,分别采取减少井管之间距离的方法,即在原相邻的井管中间增加井管;也可以在基坑内增设井管,以增加地下水位的降低深度。

4)对于井点管或滤层淤塞而引起的降水失效,可以通过洗井处理(即向管内用压力水或压缩空气反复冲洗、疏通),破坏成孔时有孔壁形成的泥皮,并恢复土层透水和井管的降水性能。

对于地下水位降低深度与要求相差较大的工程,需要在原降水系统之外,再重新考虑比较合理的降水方法和设备,重新施工。

对于降水而引起的地面沉陷,造成周围建筑物、构筑物、市政设施的有关质量问题,可分别根据工程情况进行处理,可参见"地基不均匀下沉"的处理方法。

(3)案例分析

1)工程事故概述

某大厦,基坑底标高-16.8m,室外地坪-0.90m,基坑净深 15.90m。基坑支护采用-3.0m 以上为组合挡土墙,以下为 ϕ800 间距为 1600mm 钢筋混凝土护坡桩,设置三层锚杆,位置分别是-3.90m,-8.40m,-13.70m。

该工程地质由上而下分别为人工填土、粉砂、粉质黏土、细砂、粉质黏土。地下有三层含水层,第一层为潜水含水层,水位埋藏较浅,位于地面下-2.40～-1.60m,含水层厚度为 3～4.5m,渗透系数为 2.6×10^{-3}cm/s;第二含水层位于地面下一19～一16.5m,厚度1～3.2m;第三含水层为承压含水层,含水层顶面埋深一28.01～一22.03m。

本工程从3月初开始降水,但在4月份基坑开挖过程中,仍有地下水涌出,并伴有流砂。经补充勘察,发现在第四层细砂、粉质黏土的下面有一层严密的黏土隔水层,使地下水无法完全降低。在以后的基坑开挖过程中,发现相邻的三幢住宅楼(整体刚度较好)出现不同程度的开裂。这些裂缝一些是平行于基坑方向的,贯通墙体与楼板。7月,在3幢宿舍前面邻基坑一侧隐约可见一条平行于基坑贯通的微裂缝,8月初一场大雨后突然变成一条大裂缝,裂缝最大宽度达20mm,在1号楼和2号楼之间也出现一条裂纹,工地围墙旁的车棚已同墙体脱开约20mm。房屋内的开裂和门前的大裂缝以靠近东侧的1号楼和2号楼的东侧较为严重,根据现场监测房屋的下沉量,在7月中旬达到最大值16mm,在基坑开挖过程中出现流砂,以靠近东侧较为严重。

2)原因分析

①住宅楼开裂和基础下沉属于整体性问题,相邻建筑处在降水影响半径之内,相邻基坑降水不当是造成该事故的主要原因。

②施工中出现的流砂。施工中地下水降低不完全,砂层又较厚,流砂加剧了相邻建筑的变形和沉降。

③在拆除原建筑过程中,汽锤锤击引起的强烈振动使相邻建筑基础下原本就比较敏感的砂性土受到扰动,当地居民反映此时房屋内已出现微细裂缝。

④原建筑的拆除和基坑的开挖造成的卸载引起基坑回弹,对相邻建筑也有一定影响。

⑤靠近基坑东侧的相邻建筑开裂较严重的原因:

a. 东侧砂层较厚,所以流砂现象较严重。

b. 靠近基坑东侧的相邻建筑原来地基较差。

二、地基工程

(一)地基事故种类与主要原因

1. 地基事故常见种类

建筑物地基常见的有天然地基、换土地基以及复合地基。这三类地基可能产生的事故有以下几类:

(1)地基承载力不足事故。这类事故大量表现为基础底面压力超过地基承载力设计值,给建筑物的安全使用留下隐患,其中最严重的是地基发生剪切破坏,造成建筑物垮塌或倾倒。

(2)地基变形过大事故。绝大多数表现为不均匀沉降,过大的不均匀地基变形常使上部结构产生附加应力,轻则导致结构构件开裂,严重的可能导致建筑物垮塌。过大的均匀的地基沉降也可能影响建筑功能和建筑物的正常使用。

(3)地基失稳事故。由于对地基变形要求较严,因此,地基失稳事故与地基变形事故相比相对较少。但地基失稳的后果是很严重的,有时甚至是灾难性的破坏。所以,我们要了解这一事故,在下文中将会详细介绍。

(4)斜坡失稳。常见的是滑坡,建筑物在滑坡区内或附近均可受到影响,严重的导致建筑物倒塌。

(5)人工地基事故。由于施工人员的疏忽大意、不规范施工和材料与环境的影响而造成的质量事故。

(6)特殊土地基事故。特殊土地基种类较多,有软土地基、湿陷性黄土地基、液化土、膨胀土地基和杂填土地基、采空区等。比如湿陷性黄土、膨胀土地基、盐渍土等都是工程中常见的特殊土,他们的危害不容小视。

2. 地基事故常见原因分析

(1)地质勘察问题。诸如不经地质勘察任意乱估地基承载力;勘察失误,提供的资料不准确;勘察精度不够,有钻孔间距过大,钻孔深度不足等问题;勘察报告不详细、不准确甚至错误等。

(2)设计计算问题。常见的有地基基础与上部结构的设计方案不合理;设计计算错误;乱套用其他工程的图纸,又不经过验算等。

(3)施工管理问题。最常见的是不按图施工,偷工减料;违反施工及验收规范的有关规定;地基长期暴露;地基浸水甚至长期泡水等。

(4)临近建筑物影响。常见的有:邻近已有建筑物处新建高大建筑,使原有建筑的地基应力或变形加大;邻近工程施工的影响,如打桩震动和土体挤压,基础开挖影响原有建筑的地基基础,施工中降低地下水位,导致原有建筑地下水变化而加大地基变形等。

(5)使用条件变化所引起的地基土应力分布和性状变化。建筑物用途改变,导致上部结构荷载加大;给水排水管道损坏造成地基浸水;使用后产生的污水腐蚀地基基础等。

(6)软弱地基不处理。软弱地基是指压缩层主要由淤泥、淤泥质土、冲填土、杂填土或高压缩性土层构成的地基。由于它的压缩模量很小,在荷载作用下变形较大。因此,在软弱地基上建造房屋就必须注意减小基础的沉降,使之控制在允许范围内。

(7)忽视寒冷地区地基土的冻胀。在寒冷地区,基础埋置的最小深度要根据地基土的冻胀深度来确定,以免基础遭受冻害。如某县中学校教室基础埋置深度太浅,只有50cm厚,遭到冻害,后墙鼓出,致使倒塌。

(二)地基变形事故

1. 软土地基的不均匀沉降

(1)事故现象

软土为一种天然含水量大、压缩性高、承载力低的从软塑到流动状态的饱和黏性土,包括淤泥、淤泥质土、泥炭质土等。它具有沉降量大而不均匀,沉降速度快,沉降稳定时间长等特性,易造成建筑物不均匀沉降,使房屋墙身开裂、倾斜破坏,管道断裂,污水不能排出等情况发生。

(2)原因分析

软土是在静水或缓慢流水环境中沉积的,经生物化学作用而形成。它的特征为:天然含水量高,一般大于液限 $\omega_L(40\%\sim90\%)$;天然孔隙比大(一般大于 1);压缩性高,压缩系数 a_{1-2} 大于 0.5MPa^{-1};承载力低,不排水抗剪强度小于 30kPa;渗透系数小($K=1\times10^{-6}\sim1\times10^{-8}\text{cm/s}$);它的工程性质为具有触变性、高压缩性、低透水性,不均匀性、流变性以及沉降速度快等。施工中应根据这些特征和工程性质,采取预防处理措施,以防出现结构物开裂倾斜破坏。

(3)处理方法

对已产生裂缝的建筑物,应迅速修复断沟漏水,堵住局部渗漏,加宽排水坡。做渗、排水沟,以加快稳定。对裂缝进行修补加固,如加柱墩、抽砖加扒钉配筋、压(喷)浆、拆除部分砖墙重新砌筑等,在墙外加砌砖垛和加拉杆,使内外墙连成整体,防止墙体局部倾斜。

2. 湿陷性黄土地基的变形

(1)事故现象

湿陷性黄土地基上的建(构)筑物,在使用过程中受到水(雨水,生产、生活废水)的不同程度的浸湿后,地基常产生大量不均匀下沉(陷),造成建(构)筑物裂缝、倾斜甚至倒塌。

(2)原因分析

湿陷性黄土又称大孔土,与其他黄土同属于黏性土,但性质有所不同,它在天然状态下,具有很多肉眼可见的大孔隙,并常夹有由于生物作用所形成的管状孔隙,天然剖面呈竖直节理,具有一定抵抗移动和压密的能力。它在干燥状态下,由于土质具有垂直方向分布的小管道,几乎能保持竖直的边坡。但它受水浸湿后,土的骨架结构迅速崩解破坏产生严重的不均匀沉陷,因此使建筑物也随之产生变形甚至破坏。

(3)处理方法

1)如建筑物变形已基本稳定,只需做好地面排水工作,对受损部位进行必要的修补加固。

2)如变形较严重,尚未稳定,除做好排水外,可采取在基础周围或一侧设石灰桩、灰砂桩加固,起到挤密加固地基的作用,或用化学注浆或注碱液加固地基,以改善黄土湿陷性质,提高地基承载力。

3)如基础、墙开裂系因基底部有墓坑下沉造成,则应重新回填灰土夯实空虚墓坑,并加大基底面尺寸。

4)对结构物出现倾斜,可采取浸水矫正,即在结构物倾斜的相反方向钻孔(或挖沟)注水而产生湿陷,使倾斜得到矫正,必要时适当加压,以加快矫正速度。浸水法适于土层含水量较低的情况,加压矫正则用于含水量较高的情况。

3. 膨胀土地基膨胀或收缩

(1)事故现象

膨胀土为一种高塑性黏土,一般承载力较高,具有吸水膨胀、失水收缩和反复胀缩变形、浸水承载力衰减、干缩裂隙发育等特性,性质极不稳定。常使建筑物产生不均匀的竖向或水平的胀缩变形,造成位移、开裂、倾斜甚至破坏,且往往成群出现,尤以低层平房严重,危害性很大,裂缝特征有外墙垂直裂缝,端部斜向裂缝和窗台下水平裂缝,内、外山墙对称或不对称的倒八字形裂缝等;地坪则出现纵向长条和网格状的裂缝。一般于建筑物完工后半年到五年出现。

(2)原因分析

主要是膨胀土成分中含有较多的亲水性强的蒙脱石(微晶高岭土)、伊利石(水云母)、硫化铁和蛭石等膨胀性物质,土的细颗粒含量较高,具有明显的湿胀干缩效应。遇水时,土体即膨胀隆起(一般自由膨胀率在10％以上),产生很大的上举力,使房屋上升(可高达10cm);失水时,土体即收缩下沉,由于这种体积膨胀收缩的反复可逆运动和建筑物各部挖方深度、上部荷载以及地基土浸湿、脱水的差异,使建筑物产生不均匀的升、降运动,造成建筑物出现裂缝、位移、倾斜甚至倒塌。

(3)处理方法

参见"软土地基的不均匀沉降"的处理方法。

4. 季节性冻土地基冻胀

(1)事故现象

土在冻结状态时,有较高的承载力和较小的压缩性,甚至无压缩性,但冻融后承载力大大减弱,压缩性增高,产生大量融沉,对地基的稳定性影响很大,常造成建筑物裂缝、倾斜、倒塌。

(2)原因分析

在寒冷地区,当温度等于或低于0℃时,含有水的土,其孔隙中水结成冰使土体积产生膨胀；当气温升高，冰融化后体积缩小而下沉，由于融化、冻胀深浅不一，导致建筑物不均匀下沉造成裂缝、倾斜甚至倒塌。这种冻胀融沉与土的颗粒大小和含水量有关，土颗粒愈粗，含水量愈小，冻胀融沉就愈小（如砂类土基本不冻胀），反之就愈大（如粉砂黏性土）。冻土按冻结状态又分季节性冻土和永冻土两类，前者有周期性的冻结融化过程，后者冻结状态持续多年或永久不融。

（3）处理方法

参见"软土地基的不均匀沉降"的处理方法。

（三）地基失稳事故

对于一般地基，在局部荷载作用下，地基的失稳过程，可以用荷载试验的 P−S 曲线来描述。图 2-16 表示由静荷载试验得出的荷载 P 和沉降 S 的关系曲线。当荷载大于某一数值时，曲线 1 有比较明显的转折点，基础急剧地下沉。同时，在基础周围的地面有明显的隆起现象，基础倾斜，甚至建筑物倒塌，地基发生整体剪切破坏。图 2-17 为国外一个水泥厂料仓的地基破坏情况，是地基发生整体滑动、建筑物丧失稳定性的典型例子。曲线 2（见图 2-16）没有明显的转折点，地基发生局部剪切破坏。软黏土和松砂地基属于这一类型（见图 2-18），它类似于整体剪切破坏，滑动面从基础的一边开始，终止于地基中的某点。只有当基础发生相当大的竖向位移时，滑动面才发展到地面。破坏时，基础周围的地面也有隆起现象，但是不会出现基础明显倾斜或建筑物倒塌。

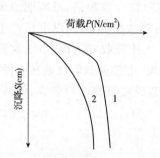

图 2-16　静荷载试验的 P−S 曲线

1-曲线 1 荷载明显转折点；2-曲线 2
无明显转折点

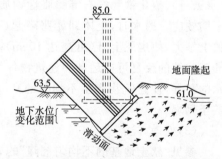

图 2-17　某国一个水泥厂料仓地基事故

对于压缩性比较大的软黏土和松砂，其 P−S 曲线也没有明显的转折点，但地基破坏是由于基础下面弱土层的变形使基础连续地下沉，产生了过大的不能容许的沉降，基础就像"切入"土中一样，故称为冲切剪切破坏，如图 2-19 所示。如建在软土层上的某仓库，由于基底压力超过地基承载力近一倍，建成后，地基发生冲切剪切破坏，造成基础过量的沉降。

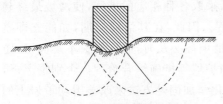

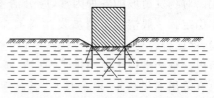

图 2-18 地基局部剪切破坏　　　　　　图 2-19 地基冲切剪切破坏

地基究竟发生哪一种形式的破坏,除了与土的种类有关以外,还与基础的埋深、加荷速率等因素有关。如当基础埋深较浅,荷载为缓慢施加的恒载时,将趋向于形成整体剪切破坏;若基础埋深较大,荷载是快速施加的,或是冲击荷载,则趋向于形成冲切或局部剪切破坏。

(四)斜坡失稳引起的地基事故

1. 斜坡失稳的特征

特征如下:

(1)斜坡失稳常以滑坡形式出现,滑坡规模差异很大,滑坡体积从数百立方米到数百万立方米,对工程危害很大。

(2)滑坡可以是缓慢的、长期的,也可以是突发的,以每秒几米甚至每秒几十米的速度下滑。古滑坡可以因外界条件变化而激发新滑坡。例如某工程,1954年扩建于江岸边转角处的一个古滑坡体上,由于江水冲刷坡脚,以及工厂投产后排水和堆放荷载的影响,先后在古滑坡体上发生了 10 个新滑坡,严重影响了该厂的正常生产,迫使铁路改线重建。该厂经过十多年的整治滑坡工作,耗费大量人力、物力和资金,整治工作才结束。

2. 斜坡上房屋稳定性破坏类型

由于房屋位于斜坡上的位置不同,因此斜坡出现滑动时,对房屋产生的危害也不同,大致可分为以下三类:

(1)房屋位于斜坡顶部时,顶部形成滑坡,土从房屋下挤出,地基土移动(见图 2-20),地基出现不均匀沉降,房屋将出现开裂损坏或倾斜。

(2)房屋位于斜坡上,在滑坡情况下,房屋下的土发生移动,部分土绕过房屋基础移动(见图 2-21)。在这种情况下,无论是作用在基础上的土压力,还是单独基础在平面上的不同位移,都可引起房屋所不允许的变形,导致房屋破坏。

(3)房屋位于斜坡下部,房屋要经受滑动土体的压力。其对房屋所造成的危害程度与滑坡规模、体积有关,常常是灾难性的。

3. 滑坡整治

滑坡整治前,首先应深入了解形成滑坡的内、外部条件以及这些条件的变化。对诱发滑坡的各种因素,应分清主次,采取各种相应的措施,使滑坡最终趋于稳定。一般情况下滑坡发生总有个过程。因此,在其活动初期,如能立即整治,就比较容易,收效也较快。所以,整治滑坡务必及时,而且要根本解决,以防后患。整治滑坡主要用排水、支挡、减重和护坡等措施综合治理。个别情况下,也有采用通风疏干、电渗排水、爆破灌浆、化学加固等方法来改善滑动带岩土的性质,以稳定边坡。

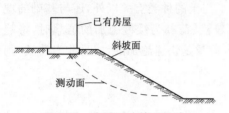

图 2-20　房屋下地基土松动

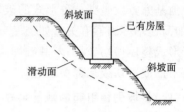

图 2-21　房屋下土移动

(五)人工地基事故

人工地基质量事故有以下几类:

1. 砂石垫层的质量事故

(1)砂垫层与砂石垫层不密实引起质量事故。

(2)砂石垫层属于浅层加固方法。对位于深厚软土层上,且有荷载差异的建筑物来说,使用该法并不能消除不均匀沉降,反而会适得其反。由于砂石垫层的存在,使得软土的变形速率加大,而且差异沉降发展也较快,对上部结构的危害甚至比天然地基大。

(3)寒冷地区冬季砂石垫层施工,因砂石被冰所包裹,造成砂石垫层不密实,到春天砂石垫层中冰融化,造成垫层迅速下沉。

2. 生石灰桩质量事故

生石灰桩质量事故可能由以下原因引起:

(1)生石灰质量与每根桩生石灰用量、桩长等不符合设计要求。

(2)每根生石灰桩施工结束,未及时封顶或过早开挖基坑,使得生石灰桩径向约束大大降低,以致基底有大面积隆起和混凝土垫层开裂,从而增加建筑物的非正常不均匀沉降,造成建筑物开裂损坏。

3. 灰土桩的质量事故

灰土桩质量事故的产生原因有以下几种:

(1)桩标高不符合设计要求。

(2)放线漏放,使得桩数不够。

(3)桩内只有松散灰土或上部为松散灰土,下部才见灰土层。

(六)地基工程事故处理

1. 事故调查

地基事故处理前必须进行周密的调查,并对收集的资料进行分析和作必要的验算,为选择处理方案提供依据。调查的主要内容有以下三方面:

(1)工程与事故情况。包括建筑场地特征、地基基础工程与上部结构的概况与特点;事故发生时工程的实际状况,如已经完工,或已使用,或正在施工,其形象进度情况等;发现事故的时间与经过,有关事故的实测资料,事故是否作过处置等。

(2)现有工程技术资料的收集与分析。包括查阅并核对勘察资料,复查有关施工图,收集施工技术资料,如隐蔽工程验收记录、沉降观测记录、变形和裂缝检查资料等。

(3)补充做一些勘察、试验和测试工作。例如补做一些地质勘察工作,以获得分析与处理事故必需的资料;对原设计图纸进行必要的验算;对地基变形和建筑物裂缝、变形等做补充的观测等。

2. 地基工程事故常用的处理方案与注意事项

(1)常用的地基工程质量事故的处理方案

地基工程质量事故出现在基础和上部结构施工前,处理方案很多,如换填法、预压法、强夯法、振冲法、深层搅拌法、高压喷射注浆法等,也可选择适用于已有建筑物地基加固的下述的一些方法。

1)扩大基础法。一般采用混凝土或钢筋混凝土扩大基础,用来减小地基应力和地基变形。

2)墩式托换。在发生事故的基础下挖坑至要求的持力层,然后从坑底浇筑混凝土到基底,用新浇筑的混凝土墩分担或全部承担上部建筑的荷载。

3)桩式托换。当上部建筑荷载较大、地质条件复杂、地下水位较高时,采用墩式托换常会遇到不少困难,此时可采用桩基础对发生事故的建筑物进行托换法加固。桩式托换可分为坑式静压桩托换、锚杆静压桩托换、灌注桩托换和树根桩托换等。

4)灌浆托换。采用气压或液压将各种无机或有机化学浆液注入土中,使地基固化,起到提高地基土强度、减小地基变形的一种加固方法。常用的灌浆托换法有:水泥灌浆法、硅化法和碱液法等。

5)复合地基法。采用砂、石、石灰等材料做成挤密桩,或采用高压喷射注浆等方法与天然地基一起形成复合地基共同承受上部建筑的各种作用,也是一种可供选择的地基事故处理的方法。

6)纠偏法。当地基不均匀沉降造成建筑物偏离垂直位置发生倾斜而影响正常使用时,可以采取某些措施,人为地调整基础不均匀沉降,达到纠正偏斜的目的。

7)滑坡事故处理方法。常采用的是排水、支挡、减重和护坡等综合治理的方法。

(2)选择地基事故处理方案的注意事项

1)防止误判。地基问题造成的事故与上部结构自身的缺陷往往有类似的形态特征,因此事故处理前,首先应排除上部结构缺陷这种可能,确认为地基事故后,才可考虑选择处理方案。

2)查清地基事故的范围、类型,正确找出事故的主要原因。

3)掌握全部地质、水文资料。

4)调查需处理建筑物的现状,如结构和基础类型、完整程度、荷载大小等。

5)周围建筑物的情况,如密集程度、有无高精密仪器设备等。

6)当地的施工条件如设备、技术力量、有无处理技术的专项经验。

7)处理方案的造价。

三、案例分析

1. 案例 1

(1)工程事故概述

某银行营业综合楼地处长江三角洲,经地质勘探揭示,场地在埋深 30mm 深度以内地层主要为填土、粉质黏土、粉砂、黏质粉土、淤泥质黏土等。

综合楼由主楼和裙房组成,主楼为十七层,地下两层。基础为天然地基上的箱形基础,底平面尺寸为 $25.8m \times 17.4m$,基础外尺寸为 $27.8m \times 19.4m$,底面积为 $539.32m^2$。

主楼西部与南部连有两幢二层裙房,框架结构,建筑面积一幢为 $544m^2$,另一幢 $514m^2$。裙房为半地下室,地上 1.2m,地下 4.5m,筏板基础,综合楼总荷载 152869kN。主楼以土层灰粉砂层为持力层,设计取 $f=190kPa$,埋深为 4.73m,箱形基础基底相对标高为 -5.930,附房以土层灰粉砂加黏土为持力层,设计取 $f_s=120kPa$,埋深为 2.43m,基底相对标高为 -3.630,± 0.000 相当于标高 1.400,主楼箱基础混凝土为 C50。

综合楼沉降观测点布置及沉降发展情况如图 2-22 所示,综合楼建设过程沉降观测表明:主体结构完成后,1996 年 6 月 21 日最大沉降点为东南角 2 号测点,沉降量为 314.87mm,最小沉降点为西北角 1 号测点,沉降量为 256.43mm。两点不均匀沉降为 97.81mm,综合楼已产生明显倾斜,并呈发展趋势,各观测点的沉降速率尚未减小,也在发展中。为了有效制止沉降和不均匀沉降进一步发展,经研究决定进行加固纠倾。

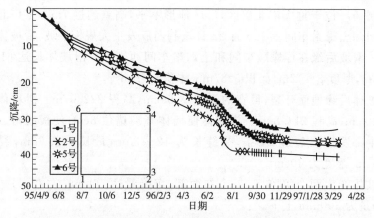

图 2-22　观测点布置及沉降时间曲线

(2)原因分析及处理方法

采用综合加固纠倾方案,主要包括以下几个方面:

1)采用锚杆静压桩加固,以形成复合地基,提高承载力,减小沉降。桩断面取 200mm×200mm,桩长计划取 26m,单桩承载力取 220kN。布桩密度视各区沉降量确定,沉降较大一侧多布桩,沉降较小一侧少布桩。沉降较大一侧先压桩,并立即封桩,沉降较小一侧后压桩,并在掏土纠倾后再封桩。计划采用钢筋混凝土方桩,后因施工困难,部分采用无缝钢管桩。共压 117 根。

2)在沉降量较大、沉降速率较快的东南角外围基础 20m 范围内加宽底板,与原基坑水泥土围护墙联成一体,减少底板接触压力。

3)在沉降量相对较小、沉降速率较慢的西南、西北角,采用钢管内冲水掏土,在地基深部掏土,适当加大沉降速率。掏土量根据每天的沉降观测资料决定,掏土过程中有专人负责,详细记录。定期会诊分析,原则上沉降量每天控制在 2.0mm 以内。

在加固纠倾过程中加强监测。在进行地基基础加固过程中 2 天观测 1 次,在掏土纠倾过程中 1 天观测 2 次。

在地基加固过程中,附加沉降应予以重视。从图 2-22 中可以看到,在施工初期不均匀沉降发展趋势加快。在加固和纠倾后期,沉降发展趋势得到有效遏制,不均匀沉降明显减小,原先沉降较大的东南角,沉降已稳定。加固纠倾完成后,不均匀沉降进一步减小,沉降观测资料表明所采用综合加固纠倾方案是合理有效的。

2. 案例 2

（1）工程事故概述

某制药厂位于重庆市北碚区，厂区地形不平，高差超过 7m。工厂北部为柠檬酸车间和土霉素车间。于 6 月 22 日该制药厂发生大规模滑坡，滑坡体外形近似箕形。滑坡后缘在柠檬酸车间和土霉素车间西半部。滑坡体长达 61m，宽为 70～105m，厚度 8～12m，面积 5287m²，体积 5 万 m³。

滑坡体后缘地面开裂，最宽的裂缝达 50cm，高程 222.07m。滑坡体前缘高出地面 32cm，高程 214.80m。滑坡体使墙体开裂错位 8cm，使板脱落。滑坡体后缘与中部发生大裂缝 14 条，裂缝长为 12～35m，最长一条 70m，裂缝宽为 0.2～15cm，最宽为 40cm。

滑坡体产生两个沉陷区：一个在西部，沉降量达 500mm 左右；另一个在东部，沉降量为 300mm 上下。

（2）原因分析

该制药厂大滑坡的原因，有自然环境因素和人为因素两方面。

1）厂区位于明家溪东岸顺向斜坡带上。地形坡度约 15°。地表为入填土卵砾石，粒径为 20～130mm，松散，厚度 1.0～2.66m，最厚达 5.41m。第二层为残坡积粉质黏土，可塑状态，厚薄不均，一般厚 0.15～2.19m，最厚达 4.0m。第三层为泥岩，泥质，抗风化能力差，吸水后易软化，强度低。

2）柠檬酸车间排放工业废水，排水管年久失修，管道破裂，大量废水由地表拉裂缝渗入地下，侵蚀与软化土体，使土与泥岩的抗剪强度降低。

3）滑坡体前缘位于空气压缩站。因建房平基切坡，造成临空面。虽然修筑 7m 的挡土墙，但挡土墙的基础未达基岩，不能阻挡滑坡体滑动。

4）3～6 月当地降雨多，雨水大量入渗，地下水位抬高，土体有效应力降低，并产生动水力。因此，于 6 月 22 日发生大滑坡。

（3）处理方法

该制药厂发生滑坡事故后，首先进行 5 个钻孔勘察，根据实际情况采用锚挡桩方案。

在滑坡体通过柠檬酸车间北段外墙与南段外墙等部位，进行钻孔灌注钢筋混凝土锚挡桩。直径为 300mm，间距 1m。每根桩要求深入滑动面以下 2～3m，混凝土浇筑 195m³，于当年 6 月 26 日动工，8 月 31 日完工。

与此同时，对柠檬酸车间排水管全部改建更新。地面裂缝用混凝土抹面填塞，使雨水不再渗入，避免新的滑坡发生。

此外，还采取减重与反压两项工程措施：在滑坡体上部主滑地段拆迁危房，包括库房与传达室，还搬走锅炉与堆放的钢材。在滑坡体下部堆放千吨砂石与条石对滑坡体进行反压,以阻挡滑动。

经上述处理方法,通过 5 个观测点实测,效果良好。

3. 案例 3

(1)工程事故概述

某水电车间为空旷砖混结构,钢筋混凝土屋面梁、板、毛石基础,其顶部设钢筋混凝土圈梁,地处水塘边。完工后不久,由于基础不均匀沉降,在靠近水塘一角的山墙、拐角及纵墙一段的墙体,开裂严重,且在继续发展。经开挖坑槽检查,墙体开裂部位下的钢筋混凝土圈梁及毛石基础也有明显裂缝。

(2)原因分析

由于屋面梁传给壁柱的是集中荷载,故对于软弱地段,应将壁柱下基础宽度加大。但由于设计疏忽,采用了与窗间墙下的基础同宽的处理办法,因而形成纵墙下基底压力的分布不均,加之该工程上部结构刚度差,不具备调整基底压力和变形的能力,因此,在壁柱间被门窗洞口削弱的墙体上发生了斜向裂缝。

(3)处理方法

根据事故原因,选择基础扩大托换方案。分别对墙体开裂部位两个壁柱、一个拐角及山墙中段等四处基础进行加固处理(见图 2-23)。

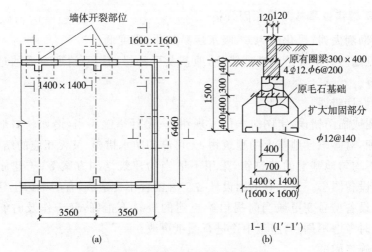

图 2-23　基础扩大托换实例图

(a)基础扩大平面图;(b)基础扩大剖面图

施工时先在屋面梁底加设临时支撑,卸除加固部位基础上的部分荷载。然后从基础两侧开挖坑槽,并将扩大加固部位基底下的基土掏出,按设计长、宽、厚度浇捣混凝土。于其底部布置 $\phi12mm$、间距 140mm 双向受力钢筋。浇筑的混凝土高出毛石基础底面。原基础要凿毛,以保证新旧基础连接牢固。待加固部分的混凝土达到规定强度后,对旧基础及上部墙体的裂缝用水泥砂浆嵌补,个别开裂严重的墙体做了局部拆砌,最后拆除临时支撑。托换处理后,经数年观测,没有发现问题,效果较好。

第二节 基 础 工 程

一、基础错位事故处理

1. 基础错位事故常见现象

(1)建筑物方向错误。这类事故是指建筑物位置符合总图要求,但是朝向错误,常见的是南北向颠倒。

(2)基础平面错位。基础平面错位包括单向或双向错位两种。

(3)基础标高错误。基础标高错误包括基底标高、基础各台阶标高以及基础顶面标高错误。

(4)预留洞和预埋件的标高、位置错误。

(5)基础插筋数量、方位错误。

2. 基础错位事故常见原因分析

(1)勘测失误

常见原因有滑坡造成基础错位,地基及下卧层勘探不清所造成的过量下沉和变形等。

(2)设计错误

制图或描图错误,审图时未能发现纠正;设计措施不当,诸如软弱地基未作适当处理,对湿陷性地基上的建筑物,无可靠的防水措施,又无相应的结构措施;对软硬不均匀地基上的建筑物,采用不适当的建筑结构方案等;土建施工图与水、电或设备图不一致。有的因设计各工种配合不良造成,有的则因土建施工图发出后,设备型号变更或当时提供给土建的资料不正确,又未作及时纠正而造成;设计时考虑不周到,施工中途进行图纸更改。

(3)施工问题

1)测量放线错误

①看图错误。错位事故很大一部分是看错图,最常见的是把基础中心线看成轴线而出错。在建筑和结构的施工图中,并不是所有的轴线都与中心线重合。这对设计图纸不熟悉、施工中又马虎的人来说容易发生这类事故。

②测量错误。最常见的是读错尺,这种偏差数值往往较大,施工中更应注意。

③测量标志移位。如控制桩埋设浅、不牢固或位置选择不当等,车压和碰撞使控制桩发生位移而造成测量放线错误。又如基础施工中把控制点设在模板或脚手架上,导致出错等。

④施工放线误差大及误差积累。此种误差可造成基础位移或标高误差过大。

2)施工工艺不良

①场地平整及填方区碾压密实度差。例如用推土机平整场地,并进行压实,而填土厚度又较大时,往往产生这类质量问题。建造在这种地基上的基础,常会产生过大沉降或倾斜变形。

②单侧回填基础工程完成后进行土方回填,若不是两侧均匀回填,往往造成基础移位或倾斜,有的甚至导致基础破裂。

③模板刚度不足或支撑不良。在混凝土振捣力及其他施工外力作用下,造成基础错位或模板变形过大,基础中杯口采用的是挂吊模法、活络模板等,也可能造成杯口产生较大的偏差。

④预埋件错位。常见的有预埋螺栓、预留洞(槽)等预埋件固定不牢固而造成水平移位,标高偏差或倾斜过大等事故。

⑤混凝土浇筑工艺和振捣方法不当。

3)施工中地基处理不当

①地基长期暴露,或浸水、或扰动后,未作适当处理。

②施工中发现的局部不良地基未经处理或处理不当,而造成基础错位或变形。

(4)其他原因

①相邻建筑影响。例如在已有房屋附近新建房屋,造成原有房屋基础位移变形等。

②地面堆载过大。国外曾报道称,某仓库未经处理或处理不当而造成原有房屋基础位移达 4.66m。

3. 基础错位处理方法与选择

(1)吊移法

将错位基础与地基分离后,用起重设备将基础吊离原位。然后,一方面按照正确的基础位置处理好地基,另一方面清理基础底面。在这两项工作都完成后,再将基础吊装到正确位置上。为了确保基础与地基的接触紧密,可采用坐浆安装。必要时,还可进行压力灌浆。此法通常适用于上部结构尚未施工、现场有所需起重设备、基础有足够的强度和抗裂性能的情况。

(2)顶推法

用千斤顶将错位基础推移到正确位置,然后在基底处作水泥压力灌浆,保证基础与地基之间接触紧密。此方法适用于上部结构尚未施工、有适用的顶推设备、顶推后坐力所需的支护设施较简单的情况。

（3）顶推牵拉法

当基础与上部结构同时产生错位时，常采用千斤顶将基础推移到正确位置，同时，在上部结构适当位置设置钢丝绳，用花篮螺栓或手动葫芦进行牵拉，使上部结构与基础整体复位。

（4）扩大法

将错位基础局部拆除后，按正确位置扩大基础。此方法适用于错位的基础不影响其他地下工程、基础允许留设施工缝的情况。

（5）托换法

当上部结构完成后，发现基础错位严重时，可用临时支撑体系支托上部结构，然后分离基础与柱的连接，纠正基础错位。最后，再将柱与处于正确位置的基础相连接。此类方法的施工周期较长，耗资较大，且影响正常生产。

（6）其他方法

1）拆除重做。基础事故严重者只能拆除重做。

2）结构验算。基础错位偏差既不影响结构安全和使用要求，又不妨碍施工的事故，通过结构验算，并经设计单位同意时，可不进行处理。

3）修改设计。基础错位后，通过修改上部结构的设计来确保使用要求和结构安全。

4. 案例

（1）工程事故概述

某测试中心楼第一单元为五层框架结构，有 12 个钢筋混凝土柱基础。混凝土基础上为简支基础梁。基础梁上砌筑框架房屋外墙，西侧走廊外墙为条形砂垫层砖基础。室内有一地下储粪坑，在安装 2 层框架梁、板的钢模时，发现建筑物轴线偏移。经复测，混凝土基础普遍错位，偏位最大值 690mm，房屋轴线已成平行四边形。

基础及柱构造如图 2-24 所示，地基为黏土，承载力 $[R] = 180\text{kPa}$。

（2）原因分析

经调查事故纯属施工放线有误，不需加固地基，仅纠正偏位基础。

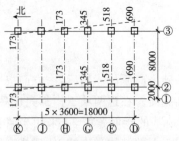

图 2-24 基础设计轴线及偏位情况

（3）处理方法

经过多种方案比较，选择用千斤顶平移办法纠偏。其要点如下：

1)确定所需顶推力。由基础和柱的构造图可知,其重 $G=39t$,重心位于底面上 609mm 处的中心线上。

根据原设计图得知,该混凝土基础下有 10cm 左右的碎石垫层,因而取摩擦系数 $\mu=0.8$,即顶推力 $P=\mu G=324kN$。本工程用一台 200t 油压千斤顶,两台丝杆千斤顶,200t 千斤顶是顶推主机,回落行程用两台丝杆千斤顶,阻止基础反弹回来。

2)顶推着力点和后背设计。顶推着力点位于基础重心以下,作用在底盘侧壁立面二分之一高度处。

推力 P 取 324kN,顶推时的倾覆力矩为

$$Ph_1=97.2kN \cdot m$$

自重力 $G=399kN$,顶推时的稳定力矩为

$$Gh_2=877.8kN \cdot m$$

显然,稳定力矩远大于倾覆力矩,千斤顶顶推时基础只会平移向前。

后背着力面积 $P/[R]=1.8m^2$,而实际达 $4.8m^2$,后背土体没有发生破坏。千斤顶及顶铁必须置于水平木板上,如基础底盘侧壁无垂直面则必须加工。

3)纠偏操作步骤

①正确基础轴线的重新施测。为此需打控制桩,并在桩子相邻的两面上吊垂直线标出列、行线,检查柱子原有的垂直度。由于②轴与①轴的基础交点 J2 与储粪池墙壁相距仅 9cm,不能架设千斤顶,征得设计同意,①轴的两个基础不能作顶推,只推其余 10 个。图 2-25 为推后基底处理。

②顶推顺序的确定。先顶推②轴线,后推③轴线。挖土、顶推纠偏均按此顺序,保证了都有坚固的后背土体。

③纠偏控制。根据控制桩位拉出轴线,用它检查顶推情况,测量顶推后柱子是否已到达正确位置,并作出记录。②轴线的 5 个基础顶推到预

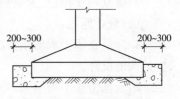

图 2-25　推后基底处理

定位置,统一检查验收后,即着手对基础下面的脱空部位进行处理。基础下被牵动的松土全部挖除,灌注坍落度 8～10cm 的 C20 混凝土,并采用二次振捣法使其充满密实,如图 2-25 所示。然后进行③轴线上 5 个基础的挖土、顶推及基础下灌注混凝土。

二、基础变形事故处理

1. 钢筋混凝土基础变形事故常见特征

(1)沉降量。指单独基础的中心沉降。

(2)沉降差。指两相邻单独基础的沉降量之差。对于建筑物地基不均匀、相

邻柱与荷载差异较大等情况,有可能会出现基础不均匀下沉,导致起重机滑轨、围护砖墙开裂、梁柱开裂等现象的发生。

(3)倾斜。指单独基础在倾斜方向上两端点的沉降差与其距离之比。越高的建筑物,对基础的倾斜要求也越高。

(4)局部倾斜。指砖石承重结构沿纵向 6~10m 以内两点沉降差与其距离的比值。在房屋结构中出现有平面变化、高差变化及结构类型变化的部位,由于调整变形的能力不同,极易出现局部倾斜变形。砖石混合结构墙体开裂,一般是由于墙体局部变形过大引起的。

2. 基础变形事故的原因分析

(1)地质勘测问题

1)未经勘测即设计、施工。

2)勘测资料不足、不准或勘测深度不够,勘测资料错误。

3)勘测提供的地基承载能力太高,导致地基剪切破坏形成倾斜。

4)土坡失稳导致地基破坏,造成基础倾斜。

(2)地下水条件变化

1)施工中人工降低地下水位,导致地基不均匀下沉。

2)地基浸水,包括地面水渗漏入地基后引起附加沉降,基坑长期泡水后承载力降低而产生的不均匀下沉,形成倾斜。

3)建筑物使用后,大量抽取地下水,造成建筑物下沉。

(3)设计问题

1)建造在软土或湿陷性黄土地基上,设计没有采取必要的措施,造成基础产生过大的沉降。

2)地基土质不均匀,其物理力学性能相差较大,或地基土层厚薄不匀,压缩变形差大。

3)建筑物的上部结构荷载差异大,建筑物体形复杂,导致不均匀下沉。

4)建筑物上部结构荷载重心与基础底板形心的偏心距过大,加剧了偏心荷载的影响,增大了不均匀沉降。

5)建筑物整体刚度差,对地基不均匀沉降较敏感。

6)整板基础的建筑物,当原地面标高差很大时,基础室外两侧回填土厚度相差过大,会增加底板的附加偏心荷载。

7)挤密桩长度差异大,导致同一建筑物下的地基加固效果明显不均匀。

(4)施工问题

1)施工顺序及方法不当,例如建筑物各部分施工先后顺序错误;在已有建筑物或基础底板基坑附近,大量堆放被置换的土方或建筑材料,造成建筑物下沉或倾斜。

2）人工降低地下水位影响。

3）施工时扰动和破坏了地基持力层的土壤结构，使其抗剪强度降低。

4）打桩顺序错误，相邻桩施工间歇时间过短，打桩质量控制不严等原因，造成桩基础倾斜或产生过大沉降。

5）施工中各种外力，尤其是水平力的作用，导致基础倾斜。

6）室内地面大量的不均匀堆载，造成基础倾斜。

3. 基础变形事故处理方法及选择

（1）常用处理方法

1）通过地基处理，矫正基础变形。所用方法有沉井法；浸水法；降水法；掏土法；振动局部液化法；注入外加剂使地基土膨胀法；地基应力解除法；水平挤密桩法等。

2）顶升纠偏法。包括从基础下加千斤顶顶升纠偏；地面上切断墙、柱进行顶升纠偏等。

3）预留纠偏法。包括抽砂法、预留千斤顶顶升法等。

4）顶推或吊移法。包括用千斤顶或其他机械设备将变形基础推移到正确位置，以及用吊装设备将错位基础吊移纠正变形等。

5）卸荷法。通过局部卸荷调整地基不均匀下沉，达到矫正变形的目的。

6）反压法。通过局部加荷调整地基不均匀沉降而实现纠偏。

7）加固基础法。包括抬墙梁法；沉井、沉箱法；锚桩静压桩法；压入桩法等。

（2）选择处理方法的注意事项

选择纠正基础变形的方法时应注意以下几点：

1）准确查清基础变形原因。除要认真查阅原设计图纸、地质报告和施工记录等有关资料外，还应深入了解施工中的实际情况。必要时补做勘测，彻底查明地基土质及基础状况，找出基础变形的准确原因，为正确选择处理方案提供可靠的依据。

2）优选处理方案。通过技术经济比较，选用合理、经济方案。

3）认真做好矫正变形前的准备工作。在纠偏施工前，要根据方案做现场试验，用来验证所选用方案的可行性和确定施工参数。

4. 案例

（1）工程事故概况

某小区 8 号砖混住宅楼，高 18m（6 层），平面示意及桩基布置见图 2-26。该楼建筑面积为 3247m²，按抗震设防烈度 8 度设计。楼板为预制预应力混凝土空心板，每层纵横墙均有钢筋混凝土圈梁。每两开间在纵横墙交接处设有构造柱。

基础为混凝土灌注桩,地基为湿陷性黄土,土层平坦。该楼 1987 年 11 月竣工,1988 年 1 月开始使用。使用不久便发生向北倾斜,见图 2-27,顶层处最大倾斜值为185mm,超过原建设部《危险房屋鉴定标准》(JGJ 25—1999)关于建筑物墙体的最大倾斜不得超过墙体总高度 0.7％的限值,已属于危险房屋范畴,必须进行处理。

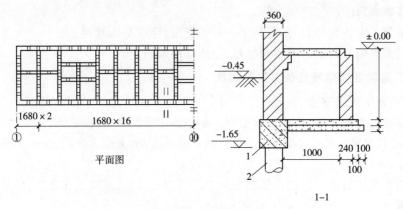

图 2-26　建筑平面及桩基示意图

1-承台梁;2-φ325 灌注桩

图 2-27　房屋倾斜情况

由于房屋不均匀倾斜,使顶层横墙、首层和第二层北纵横墙多处出现裂缝(裂缝宽度最大不超过 3mm)。但是建筑物整体性仍然很好,圈梁未见裂缝,主体结构未遭破坏。这证明结构设计中所采取的抗震措施,在房屋不均匀沉降时,能起到保证建筑物整体性的良好作用。

(2)事故原因

造成建筑物倾斜的原因主要是施工管理差。施工时东单元和中单元之间的下水道未予接通。在房屋使用后,下水管道外溢渗入地基,造成湿陷。此外,设计也有不足之处,如该楼地基为 II 级湿陷性黄土,厚度为 12m,设计虽采用了桩基础,但桩长仅 7m,未穿透全部湿陷性黄土层,因而不能防止地基浸水后引起的建筑物湿陷。

(3)事故处理方案设计

为确定桩基房屋的纠偏扶正方案,首先应了解渗水后建筑物地基的含水量和相对湿陷系数变化情况。根据勘察资料,黄土的含水量为 8.3％～23％,相对湿陷系数为 0.0004～0.0898,受渗水影响较大的区域含水量较大,系数较小,因此,具有采用人工注水法纠偏的可能性。其次,总结了以往在该地区湿陷性黄土地基上的片筏基础和条形基础住宅楼用人工注水法纠偏扶正成功的设计和施工经验,并将注水法与其他可能采用的纠偏方法进行比较。结果证明人工注水法仍是湿陷性黄土地基上的桩基房屋纠偏的最佳方法。因为它不需要复杂的专用施工设备和专业技术队伍,所需纠偏工程费用最低,施工较方便。经过讨论,提出了纠偏设计的方案。该方案要求在桩基周围缓慢注水,保证逐渐地减少桩与土的摩擦阻力,以使建筑物南侧能够均匀地下沉,从而达到建筑物纠偏扶正的目的。

具体实施步骤如下:

①将南侧首层室内混凝土地面与墙交接处凿开,消除桩基沉降时混凝土地面可能产生的阻力。将南侧沿桩基承台梁底部厚约 100mm 的土清除,使承台梁与土间形成空隙,便于桩基沉降变形。

②沿南侧内外墙两边地面开挖矩形注水坑,坑底位于桩基承台梁混凝土垫层底面下 100mm 处,注水坑每边长 500～600mm。为减少暖气沟的恢复工程量,可仅将沟底挖开,以便注水。

③每个开间,每天定时按顺序分别注水。为稳妥起见,每次在外纵墙两侧的每个注水坑各注水 50kg;内横墙两侧的注水坑,每坑注水 20～30kg。注水 3d 后暂停,观察 2～3d,并根据建筑物的纠偏回倾量和墙体裂缝变化情况调整注水量,注水坑布置见图 2-28。

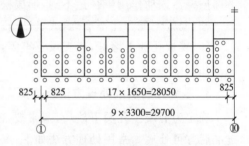

图 2-28　注水坑布置

④注水使建筑物回倾后,当剩余的倾斜值小于或接近建筑物总高度的 0.7% 时,应停止注水。再观测 10～15d,如回倾量无大变化,便可将注水坑用 2∶8 灰土分层回填夯实。同时夯实南侧承台梁底部土体,并恢复室内地面、暖气沟及室外散水。

⑤若经过上述纠偏效果不显著,可在注水坑内,用洛阳铲挖凿直径 100mm、深 2～3m 的深层注水坑,以减小桩身下部土的摩阻力,增加房屋的纠偏回倾值。此外,还可根据具体情况采取其他措施进行纠偏(如在南纵墙外侧加压等方法)。

⑥根据纠偏后建筑物墙体的开裂情况,对裂缝严重处的墙体进行加固。可采用钢筋混凝土失板墙或在裂缝内注水泥浆等加固方法。

三、基础孔洞事故处理

1. 基础孔洞事故特征

钢筋混凝土基础工程表面出现严重的蜂窝、露筋或孔洞,通称为孔洞事故。其中蜂窝是指混凝土表面无水泥浆,露出石子深度大于 5mm,但小于保护层厚度的缺陷;孔洞是指深度超过保护层厚度,但不超过截面尺寸 1/3 的缺陷;露筋是指主筋没有被混凝土包裹而外露的缺陷。

2. 基础孔洞事故原因

(1)施工工艺错误,诸如混凝土自由下落高度过大、混凝土运输浇灌方法不当等造成混凝土离析,石子成堆。

(2)不按规定的施工顺序和施工工艺不认真操作、漏振等。

(3)在钢筋密集处或预留孔洞和埋件处,混凝土浇筑不畅通,不能充满模板而形成孔洞。

(4)模板严重跑浆,形成特大蜂窝、孔洞。

(5)混凝土石子太大,被密集的钢筋挡住。

(6)混凝土有泥块和杂物掺入不清除,或将大件料具、木块打入混凝土中。

(7)不按规定下料(把吊斗直接注入模板中浇筑混凝土),或一次下料过多,下部振捣器振动作用半径达不到,形成松散状态,以致出现特大蜂窝和孔洞。

(8)混凝土配合比不准确,或者砂、石、水泥材料计算有误,形成蜂窝和孔洞。

(9)模板孔隙未堵好,或支设不牢固,振捣混凝土发生模板移位,也会造成蜂窝及孔洞。

3. 基础孔洞事故处理方法及选择

确定为混凝土孔洞事故后,通常要经有关单位共同研究,制定补强方案,经批准后方可处理。常用处理方法如下:

(1)局部修补。基础内部质量无问题,仅在表面出现孔洞,可将孔洞附近混凝土修凿、清洗后,用高一个强度等级的混凝土填实修补。

(2)灌浆。当基础内部出现孔洞时,常用压力灌浆法处理。最常用的灌浆材料是水泥或水泥砂浆。灌浆方法有一次灌浆和两次灌浆等。

(3)扩大基础。已施工基础质量不可靠时,往往采用加大或加高基础的方法处理。此时,除了以可靠的结构验算为依据外,还应有足够的空间。应注意基础扩大后对使用的影响,以及和其他基础或设备是否冲突等。

(4)拆除重做。孔洞严重,修补无法达到原设计要求时,应采用此法。

4. 案例

(1)工程事故概述

某省钢厂混铁炉基础底板混凝土,检查验收时发现表面光滑,但怀疑其内部质量有问题。经凿开部分混凝土,发现内部孔洞严重。于是决定在基础表面按一定距离和在重要部位凿 55 个检查孔,孔尺寸为 $200mm \times 200mm$,深 $400mm$,并在这些孔内灌水,其中 30 个孔渗水很快,水的流向没有规律。底板与垫层间也有漏水情况。

（2）事故原因

对大体积混凝土的浇灌缺乏经验,施工准备工作差,混凝土浇灌与振捣次序混乱,质量管理差,操作工人失职等情况诸多因素,都是造成事故的原因。

（3）事故处理

①用凿眼机在底板上凿出 64 个灌浆孔,孔径 50mm,深 1～1.5m,孔内用压缩空气吹净后用破布堵塞。

②做压水试验,找出渗水量最多的 38 个孔作灌浆孔。同时对基础表面的渗水处进行封闭堵漏。

③由于底板与垫层间漏水严重,故在基础的四周做断面为 150mm×50mm 钢筋混凝土围梁一条,防止漏浆。

④灌浆用 C－263 灰浆泵,灌浆最大压力为 0.5MPa,浆液为纯水泥浆,采用 42.5 号普通水泥,水灰比(质量比)1.2：1～0.8：1。

⑤灌浆从底板中部漏水最严重的 32 号孔开始。水灰比由小到大,即先灌稀水泥浆,然后逐步加浓水泥浆。至压力升至 0.4～0.5MPa 或四周各孔冒水泥浆后停止灌浆。整个基础共灌浆 44m^3,耗用水 37t,由此推算基础孔洞体积达 17m^3。

四、桩基础工程事故处理

(一)桩基础质量常见事故种类及原因分析

1. 桩基础质量常见事故种类

常见桩基础质量事故按性质可分为以下八类：

(1)测量放线错误,导致桩位偏差过大,或造成整个建筑物错位;

(2)单桩承载力达不到设计值;

(3)成桩中断事故。如钻孔灌注桩塌孔、卡钻;又如水下浇灌混凝土出现堵管停浇事故;

(4)灌注桩或桩质量差。包括沉碴超厚,混凝土离析,桩身夹泥,混凝土强度达不到设计值,钢筋错位变形严重等;

(5)断桩。预制桩和灌注桩均可能发生断桩。其中预制桩断裂又可分为桩身断裂和接头断裂两种;

(6)桩基验收时出现的桩位偏差过大;

(7)桩顶标高不足。在预制桩中较少见。灌注桩桩顶标高不足主要有两种:一是施工控制不当,在未达设计标高时,停浇混凝土;二是桩顶标高虽达到设计值,但因桩顶混凝土疏松、强度低,需要凿除而出现桩顶标高不足;

(8)桩倾斜过大。

2. 桩基事故常见原因分析

(1)勘察报告不准或深度不足；

(2)设计选用的质量指标过高,如单桩承载力设计值过高,打桩锤过重和最终贯入度太小；灌注桩沉渣厚度为零等；

(3)施工单位无承担该工程的资质；

(4)材料、构件质量问题,如预制桩不合格；水泥实际活性低；石子粒径过大；混凝土配合比不当,和易性差,坍落度过大或过小；

(5)未经试成桩,仓促施工,或做试桩单位不是桩基施工单位；

(6)施工顺序、施工工艺不当；

(7)不按有关规范、规程的要求施工；

(8)不按施工图和设计要求施工；

(9)不按规定进行质量检查验收。

(二)桩基质量事故处理

1. 桩基事故处理的一般原则

(1)处理前应具备的条件

1)事故性质和范围清楚；

2)事故处理目的要求明确,处理方案已初步选定；

3)参加建设的各单位意见基本一致。

(2)事故处理应满足的基本要求

1)对事故部分的处理要求:安全可靠,经济合理,处理工期较短,处理技术可行。

2)对未施工部分应提出预防和改进措施,防止事故再次发生。

(3)事故应及早处理,防止留下隐患

1)每根桩完成后,都应全面检查设计提出的各项指标,只要有一项未达到要求,就应及时分析,取得所有各方代表意见一致认可,尤其是设计代表同意后,才可移走机械设备,防止以后再提出复打等要求而无法实施。

2)基坑开挖前必须全面检查成桩记录和有关资料,发现质量上有争议的问题,必须协商一致作出必要处理后,方可挖土,防止基坑开挖后再处理造成不必要的麻烦。

(4)应考虑事故处理对已完工程质量和后续工程施工的影响。例如在灌注桩事故处理中采取补桩法处理时,会不会损坏混凝土强度还较低的邻近桩；又如在打桩工程中,补桩带来桩距变小,可能造成后续工程的沉桩困难。

（5）选用最佳处理方案。桩基事故处理方法较多,必须对可采用的多种方案进行技术经济比较,选用安全可靠、经济合理和施工方便的处理方案。

2. 桩基事故的常用处理方法

常用方法有补桩、接桩、复打、补强、纠偏、扩大承台、复合地基等 14 种。下面结合事故发生的原因分别介绍各种方法的应用情况:

（1）成孔事故处理方法

发生成孔事故应尽力挽救,避免轻易报废,常用处理方法如下:

1）掉钻、埋钻事故处理

钻孔灌注桩成孔时,遇到淤泥质粉土、细砂、粉砂等不稳定土层时,常易发生塌孔埋钻事故;在钻进砾石层时,常发生掉钻事故。这类事故一般采用以下三种方法处理:

①钢丝绳套法打捞钻头。当出现掉钻事故后,可用端部套有钢丝绳圈的钻杆下入孔内,待导管套住钻头法兰后,窜动导管和钢丝绳,使绳套下落到钻头上,再用升降机拉紧钢丝绳套拴牢钻头,提升出孔口。

②卡瓦打捞钻杆。利用钻杆顶部的法兰盘,制作钟罩式卡瓦打捞器,罩内设置三个卡瓦,并用制动弹簧使卡瓦保持水平位置,卡瓦围绕转轴活动,当钻杆法兰进入打捞器后,可推开卡瓦,提升打捞器时,卡瓦卡住法兰而将钻杆提起。

③塌孔埋钻事故处理。先用普遍刮刀钻头扫孔到事故钻具顶部,然后用特制的套孔钻具将钻具周围坍塌物清除干净,最后用打捞钩在孔内上下移动,钩住钻杆法兰盘后提升出孔。

2）泥浆护壁钻孔灌注桩塌孔、缩颈、漏浆、孔斜事故处理

①成孔时出现缩颈、塌孔时,应立即投入黏土块,使钻头慢速空转不进尺,并降低泥浆输入速度和数量进行固壁,然后用慢速钻进通过事故段。

②漏浆处理。当泥浆突然漏失时,也应立即回填黏土,待泥浆面不再下降,表明孔壁漏浆处已堵塞和形成新孔壁,即可开始正常钻进。

③孔斜、孔径不规则的处理。可往复提钻,从上到下进行扫孔。若发现钻头卡孔提钻困难时,不得硬拉猛提,应继续慢速低回程往复扫孔。若无效,应使用打捞套、打捞钩等辅助工具助提,以防钻杆拔断,钻头掉落。当孔斜或孔径不规则较严重时,应及时提钻并往孔内填黏土至合格处 0.5m 以上,再将钻头放下,提落数次,用钻具挤压黏土,然后慢速钻进。

（2）导管事故处理方法

灌注桩成桩过程中常采用导管水下浇筑混凝土的方法,施工不当时,易发生卡管、导管吊断和导管底端外露事故,这些统称为导管事故。一般处理方法如下:

1)卡管事故处理

①疏通法。当混凝土和易性差、流动度小，或石子粒径过大、混凝土供应不及时，以及止水栓(球)堵塞等原因造成的卡管事故，除了首罐混凝土堵管必须返工处理外，一般可采用下述方法疏通：a. 长钢钎或 $\phi25$ 以上钢筋冲凿管内混凝土；b. 用铁锤敲震导管法兰；c. 抖动起吊绳；d. 导管上安装附着式振动器。

②提升法。当导管下端距孔底间隙较小。甚至插入土中造成的卡管事故，可采用缓慢提升导管 80～100cm，待混凝土开始下落时，再将导管下降 40～50cm。

③重插法。当采用上述两种方法无效时，只有提升导管出孔外，清理后重插。若已无法插入已浇混凝土中，该桩只好报废。

2)导管拔断处理

导管埋入混凝土过深或机械设备故障没有及时拔升导管，以及导管法兰被钢筋钩挂牢等原因常可造成提升导管困难，出现拔断导管事故，一般处理方法如下：

①重插法。清除拔断的导管，如混凝土尚未凝固，重新换个位置插入新导管。

②接桩。如桩混凝土面离设计桩顶标高较近(如不超过 3m)时，可采用震压护筒使之下沉，并排除护筒内泥浆，清除桩顶泥碴和浮浆层，支模板，刷抹一层纯水泥浆后，重新浇筑混凝土至规定标高。

3)导管外露事故处理

①清孔法。首罐混凝土量不足造成的露管或浇筑不久出现的露管事故，可采用再次清孔方法，清除孔底残留混凝土后重新浇筑。

②重插法。如浇筑中出现导管提出混凝土面，可采用重插法。若插不进，则此桩报废。

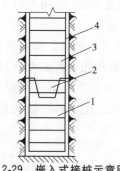

图 2-29 嵌入式接桩示意图

1-先浇的混凝土；2-钻孔形成嵌入头；3-接桩混凝土；4-钢筋

(3)接桩法

当成桩后桩顶标高不足，常采用接桩法处理。一般有以下两种做法：

1)开挖接桩，适用于灌注桩与预制桩。挖出桩头，凿除混凝土浮浆和松散层，并凿出钢筋，整理与清洁后接长，并绑扎钢箍等构造钢筋后，再浇筑混凝土至设计标高。

2)嵌入式接桩。适用于大直径灌注桩。当成桩中出现混凝土停浇事故后，清除已浇混凝土又有困难时，可采用此法处理，如图 2-29 所示。这种接桩法需用高应变检测等手段检验,确认其效果。

（4）补沉法

无论是预制桩或灌注桩的入土深度不足时,或打入桩因土体隆起将桩上抬时,均可采用此法。当然对灌注桩进行沉桩时,混凝土必须达到足够强度,且只能用静压法。补沉法有复打和静压两种。

1）复打法。发现预制桩沉入深度不足,可采用复打法继续沉桩。也可改用大桩机,重锤低击继续沉桩。

2）静压法。灌注桩端未进入设计持力层,可采用静压法把灌注桩压入到要求的深度。

（5）补桩法

1）桩基承台施工前补桩。如补钻孔作灌注桩;补打预制桩。桩距较小时,也可采用先钻孔后植桩,再沉桩的补桩法。

2）桩基承台或地下室完成后再补锚杆静压桩。此法的优点是可以利用承台、地下室结构承受静压桩的施工反力,设施简单,操作方便,且不会延长工期。

（6）反插法

沉管灌注桩出现缩颈、混凝土质量不良或桩承载力不足等事故的处理可采用此方法。其要点是反插沉管前,先清除管壁外的泥土;两次沉管的中心线应重合;在第一次混凝土凝结前沉管并浇完混凝土。

（7）钻孔补强法

此法适用条件是桩身混凝土严重蜂窝、离析、松散、强度不足,以及桩长不足,桩底沉碴过厚等事故。常用的方法有高压注浆和混凝土换芯两类。

1）高压注浆补强

①桩身混凝土局部有离析、蜂窝时,采用钻机钻到质量缺陷下一倍桩径处,然后进行清洗后高压注浆。

②桩长不足时,采用钻机钻至设计持力层标高,对桩长不足部分注浆加固。

③桩身混凝土严重松散时,可采用分段（3～5m）下行逐段注浆加固,直至桩全长。

④钻孔数量随桩截面的大小而增减,对大直径灌注桩常钻孔 3～4 个。

⑤注浆材料一般采用纯水泥浆或水泥砂浆,浆液中有时添加水玻璃或三乙醇胺复合添加剂等。当施工进度紧迫,要求桩尽早达到承载力时,有时也可采用较贵的高分子化学浆液。

2）混凝土换芯法

对大直径人工挖孔桩混凝土事故可采用此法。先用大直径钻机成孔,再浇筑（或水下浇筑）强度较高的混凝土芯。

（8）纠偏法

桩身倾斜，但未断裂，且桩长较短时；或因基坑开挖不当造成桩身倾斜且未断裂时，可采用局部开挖后用千斤顶纠偏复位处理。

（9）送补结合法

当打入桩采用分节联结逐节沉入时，接桩质量不良可能产生连接节点脱开的事故，可采用送补结合法处理。此法包括两项工作：首先是对事故桩复打，使其下沉，把松开的接头再顶紧，使之具有一定的竖向承载力；其次是适当补些全长完整的桩，一方面补足整个基础竖向承载力不足，另一方面补打的整桩可承受地震荷载。

（10）扩大承台法

此方法适用于以下三种事故的处理：

1）桩位偏差大。原设计的承台平面尺寸满足不了规范规定的构造要求，此时需采用扩大承台法处理。

2）考虑桩土共同作用。当单桩承载力达不到设计要求，可用扩大承台并考虑桩与天然地基共同分担上部结构荷载的方法处理。

3）桩基质量不均匀，防止独立承台出现不均匀沉降，或为了提高抗震能力，可采用把独立承台连成整块，提高基础整体性，或设抗震地梁。

需要注意的是在扩大承台的同时，应适当增加承台内的配筋量。

（11）复合地基基础法

此方法在利用桩土共同作用的基础上，还对地基作适当处理，提高了地基的承载力，更有效地分担桩基的荷载。常用方法有以下几种：

1）承台下作换土地基。在桩基承台施工前，挖除一定深度的土，分层夯填沙、石垫层，然后再在人工地基和桩基上施工承台。

2）灌注桩间加水泥土桩。当灌注桩实际承载力达不到设计值时，可采用在灌注桩间土中干喷水泥形成水泥土桩的方法组成复合地基基础。

3）灌注桩与挤密桩合成复合地基。可在灌注桩间用石灰等材料做挤密桩，提高地基承载力，也可适当提高桩周摩阻力。

4）承台周边加做石灰桩。例如某省某7～9层框架建筑，灌注桩身混凝土完好率很低，采用此法处理后，取得良好效果，施工也较方便。

（12）改变施工方法

桩基事故有些是因为施工顺序错误或施工工艺不当而造成的。处理时，一方面对事故桩采取适当的补救措施，另一方面要改变错误的施工方法，防止事故再次发生。常用的处理方法有以下几种。

1）改变成桩施工顺序。例如沉管桩施工顺序改用间隔跳打法等。

2)改变成桩方法。例如干成孔桩出现较大的地下水时，采用套管内成桩的方法等。

3)改用施工机械设备。例如震动沉管灌注桩设备的激震力不足，桩管沉入深度达不到设计要求，可采用加大震动设备。又如锤击沉桩困难时，改用大桩锤等。

4)先钻后打法。桩基工程中如预制桩数量多、间距小，沉桩困难，甚至出现新桩下沉，已沉入的桩上升或变形、或挤断。此时可采用在桩位处先钻孔后植桩，再锤击沉桩。

5)降低地下水位法。在饱和软黏土中打桩，因生成很高的超孔隙水压力，使扰动的软土抗剪强度降低，沉桩产生明显的挤土效应，造成地面隆起或侧向膨胀，此时可在桩间设置砂井或塑料排水板，作为排水通道，以利沉桩。

6)控制沉桩速率。根据地面变形情况，确定单位时间内的沉桩数量，也可采用停停打打或隔日沉桩的方式。

(13)修改设计

1)改变桩型。当地质资料与实际情况不符时造成的桩基事故，可采用改桩型的方法处理。如灌注桩成桩困难可改用预制桩等。

2)改变桩入土深度。例如预制桩沉桩过程中遇到较厚的密实粉、细砂层，产生严重断桩时，常采用缩短桩长，增加桩数量，改用粉、细砂层为桩端持力层。除了桩改短外，还有加大桩入土深度的处理法。

3)改变桩位。灌注桩出现废桩或打入桩遇到地下障碍，常采用改变桩位重做。

4)修改承台。常见的有承台加长、加宽、加厚和加大配筋。

5)底板架空。用减少土自重的办法，降低外加荷载。

6)上部结构卸荷。有些重大桩基事故处理困难，耗资巨大，耗时过多，只有采取削减建筑层数或用轻质高强材料代替原设计材料，以减轻上部结构荷重的方法。

7)结构验算。当出现桩身混凝土强度不足、单桩承载力偏低等事故，处理又很困难时，可通过结构验算，如结果仍符合规范的要求时，可不作专项处理。例如某22层饭店少数几根桩未打至基岩，当时基坑已开挖完成，未作专项处理。必须强调指出，此法属挖设计潜力，使用时应慎之又慎。

(14)其他处理方法

1)综合处理法。选用上述各种方法的几种综合应用，往往可取得比较理想的效果。

2)采用外围补桩，增加周边嵌固，防止或减少桩位侧移。

3)返工重做。

4)拆除已建的房屋。

(三)案例分析

1. 案例1

(1)工程事故概述

某公司综合楼为5~6层砖混结构,建筑面积1500m²。地质概况为:地表下6m范围内为淤泥质软土,地基承载力仅50kPa;以下为粉质黏土,地基承载力180kPa。设计采用锤击沉管夯扩桩,桩径350mm,桩长6.5m,扩大头直径为500mm,单桩设计允许承载力250kN。共有桩165根。

桩基完成后,随意抽取45根桩作低应变检验,发现下述三个问题:一根桩为断桩;两根桩长不够;三根桩位偏差太大,达0.2m。

(2)原因分析

1)桩距太小,施工措施不当。被挤断的桩先施工,相邻的桩与断桩的中心距仅0.9m<3d=1.05m。已施工的桩混凝土强度很低时,施工此邻近的桩而酿成事故。

2)混凝土量不足,造成桩长不足。

3)定位桩被移动,造成三根桩位偏差过大。

(3)处理方法

1)断桩的处理:离断桩1.5m处补一根人工挖孔桩,桩径800mm,桩长4m;对断桩进一步动测,确定断裂截面位于桩顶下2m左右,故将原断桩上部2m挖除,用C30混凝土接桩至承台底标高。

2)偏位大的桩两侧各补一根木桩。

3)对桩长不够的桩,采取扩大基础面,考虑桩土共同承受上部荷载。

2. 案例2

(1)工程事故概述

某大厦主楼,地上30层,地下2层。上部为剪力墙结构。基础共用64根人工挖孔桩,桩径有1.4m、1.8m、2m、2.3m和2.5m五种,桩端扩大头直径比桩身大0.8m。

由于对第一批5根桩浇筑的混凝土质量有怀疑,用抽芯法检查,发现有三根在桩顶以下16m处附近的混凝土未凝固,呈松散状。桩身混凝土实际强度只有$9.8\sim23\text{N/mm}^2$(设计强度等级C30),不仅强度低,而且很不均匀。

(2)原因分析

在桩孔内积水未排除的情况下,采用串筒浇筑混凝土。

（3）处理方法

采用压力注浆法补强。补强时,每根桩钻 4 个补强孔,调整灌浆浆液配合比适当,灌浆压力不低于 5MPa。对补强后的桩用高应变检测质量,结果是桩身完整性良好,承载力已基本达到设计要求。

小 结 一 下

本章主要介绍了建筑工程地基与基础的常见质量事故及处理方法,如地基失稳事故、地基变形事故、基础错位事故、基础变形事故等,并对形成这些事故的原因进行简单分析,同时对不同类型事故的处理方法进行介绍、举例说明。通过本章的学习,可以基本掌握地基基础事故的判断、事故原因分析和相应处理的办法。

【知识小课堂】

地基和基础

地基与基础,很多同学都搞得不是太清楚,在这里将为大家解疑。

基础:老话说的下"地基"就是专业上说的基础了。

概念:基础是指建筑底部与地基接触的承重构件,它的作用是把建筑上部的荷载传给地基。因此地基必须坚固、稳定而可靠。工程结构物地面以下的部分结构构件,用来将上部结构荷载传给地基,是房屋、桥梁、码头及其他构筑物的重要组成部分。

地基:是指承载建筑物压力的建筑物以下的部分(如垫层以下的土,非专业的可以理解为基础以下的部分)。

概念:地基是指建筑物下面支承基础的土体或岩体。作为建筑地基的土层分为岩石、碎石土、砂土、粉土、黏性土和人工填土。地基有天然地基和人工地基两类。天然地基是自然状态下即可满足承担基础全部荷载要求,不需要人工处理的地基。常用的地基处理方法有换填垫层法、强夯法、砂石桩法、振冲法、水泥土搅拌法、高压喷射注浆法、预压法、夯实水泥土桩法、水泥粉煤灰碎石桩法、石灰桩法、灰土挤密桩法和土挤密桩法、柱锤冲扩桩法、单液硅化法、碱液法等。

第三章　砌体结构工程

砌体结构是由砖、石或砌块组成，并用砂浆黏结而成的砌体。砌体结构子分部包括砖砌体、砌块砌体、石材砌体、配筋砖砌体等，主要用于建筑物的受压部位，还占有一定的比重，虽然施工技术比较成熟，但质量事故仍屡见不鲜。

砌体结构工程的质量事故常见的有砌体裂缝、砌体强度不足、砌体强度及刚度不足和砌体局部倒塌等。

第一节　砌体裂缝

一、裂缝原因

砌体裂缝原因及代表性图例见表 3-1。

表 3-1　砌体裂缝主要原因及图例

类别	序号	原因	举例	裂缝示意图
温度变形	1	因日照及气温变化，不同材料及不同结构部位的变形不一致，同时又存在较强大的约束	平屋顶砖混结构顶层砖墙，因日照及气温变化和两种材料的温度线膨胀系数不同，造成屋盖与砖墙变形不一致所产生的裂缝	
	2	因日照及气温变化，不同材料及不同结构部位的变形不一致，同时又存在较强的约束	单层厂房屋盖温度膨胀变形，在厂房山墙或生活间砖墙上的裂缝	
	3	气温或环境温度温差太大	房屋长度太大，又不设置伸缩缝，造成贯穿房屋全高的竖向裂缝	

（续）

类别	序号	原因	举例	裂缝示意图
温度变形	4	砖墙温度变形受地基约束	北方地区施工期不采暖,砖墙收缩受到地基约束,造成窗台及其以下砌体中产生斜向或竖向裂缝	
	5	砌体中的混凝土收缩(温度与干缩)较大	较长的现浇雨篷梁两端墙面产生的斜裂缝	
地基不均匀沉降	6	地基沉降差大	长高比较大的砖混结构房屋中,中部地基沉降大于两端时,产生八字裂缝	
			地基两端沉降大于中部时,产生倒八字裂缝	
			地基突变,一端沉降较大时,产生竖向裂缝	
	7	地基局部塌陷	位于防空洞、古井上的砌体,因地基局部塌陷而裂缝	
	8	地基冻胀	北方地区房屋基础埋深不足,地基土又具有冻胀性,导致砌体裂缝	

（续）

类别	序号	原因	举例	裂缝示意图
地基不均匀沉降	9	地基浸水	填土地基或湿陷性黄土地基,局部浸水后产生不均匀沉降,使纵墙开裂	
	10	地下水位降低	地下水位较高的软土地基,因人工降低地下水位引起附加沉降,导致砌体开裂	
	11	相邻建筑物影响	原有建筑物附近新建高大建筑物,造成原有建筑产生附加沉降而裂缝	
结构荷载过大或砌体截面过小	12	抗压强度不足	中心受压砖柱的竖向裂缝	
	13	抗弯强度不足	砖砌平拱抗弯强度不足,产生竖向或斜向裂缝	
	14	抗剪强度不足	挡土墙抗剪强度不足而产生水平裂缝	

（续）

类别	序号	原因	举例	裂缝示意图
结构荷载过大或砌体截面过小	15	抗拉强度不足	砖砌水池池壁沿灰缝的裂缝	
	16	局部承压强度不足	大梁或梁垫下的斜向或竖向裂缝	
设计构造不当	17	沉降缝设置不当	沉降缝位置不设在沉降差最大处	
			沉降缝太窄,沉降变形后砌体受挤压而开裂	
	18	建筑结构整体性差	砖混结构建筑中,楼梯间砖墙的钢筋混凝土圈梁不闭合而引起的裂缝	
	19	墙内留洞	住宅内外墙交接处留烟囱孔,影响内外墙连接,使用后因温度变化而开裂	

（续）

类别	序号	原因	举例	裂缝示意图
设计构造不当	20	不同结构混合使用，又无适当措施	钢筋混凝土墙梁挠度过大，引起砌体裂缝	
	21	新旧建筑连接不当	原有建筑扩建时，基础分离，新旧砖墙砌成整体，使结合处产生裂缝	
	22	留大窗洞的墙体构造不当	大窗台墙下，上宽下窄的竖向裂缝	
材料质量不良	23	砂浆体积不稳定	水泥安定性不合格，用含硫量超标准的硫铁矿渣代砂，引起砂浆开裂	
	24	砖体积不稳定	使用出厂不久的灰砂砖砌墙，较易引起裂缝	
施工质量低劣	25	组砌方法不合理，漏放构造钢筋	内外墙不同时砌筑，又不留踏步式接槎，或不放拉结钢筋，导致内外墙连接处产生通长竖向裂缝	

（续）

类别	序号	原因	举例	裂缝示意图
施工质量低劣	26	砌体中通缝、重缝较多	某单层厂房围护外墙，因集中使用断砖而裂缝	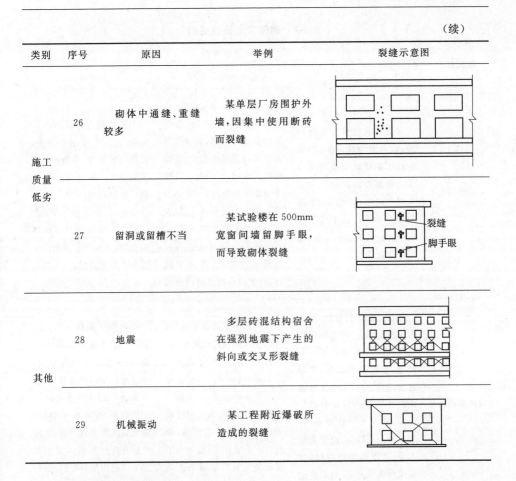
	27	留洞或留槽不当	某试验楼在500mm宽窗间墙留脚手眼，而导致砌体裂缝	
其他	28	地震	多层砖混结构宿舍在强烈地震下产生的斜向或交叉形裂缝	
	29	机械振动	某工程附近爆破所造成的裂缝	

二、裂缝性质鉴别

裂缝是否需要处理和怎样处理，主要取决于裂缝的性质及其危害程度。根据裂缝的特征，鉴别裂缝的不同性质是十分重要的。

砌体最常见的裂缝原因是温度变形和地基不均匀沉降。这两类裂缝统称为变形裂缝。荷载过大或截面过小导致的受力裂缝虽然不多见，但其危害性往往很严重。由于设计构造不当，材料或施工质量低劣造成的裂缝比较容易鉴别，但这种情况较为少见。因此本小节仅重点阐述前三类性质裂缝的鉴别。表 3-1 的有关内容已提供了部分鉴别方法和根据。理论验算也是鉴别方法之一。例如，根据砌体结构设计规范的规定，用结构力学方法，验算荷载作用下的砌体应力是否偏高；表 3-2 主要以工程实践经验为基础，从裂缝位置、形态特征、开裂时间、发展变化、建筑特征、使用条件和建筑变形等方面，介绍鉴别这三类裂缝的方法，供参考。

表 3-2　砌体常见裂缝鉴别

鉴别根据	裂缝类别		
	温度变形	地基不均匀沉降	承载能力不足
裂缝位置	多数出现在房屋顶部附近,以两端为最常见;裂缝在纵墙和横墙上都可能出现。在寒冷地区越冬又未采暖的房屋,有可能在下部出现冷缩缝。位于房屋长度中部附近的竖向裂缝,也可能属此类型	多数出现在房屋下部,少数可发展到 2～3 层;对等高的长条形房屋,裂缝位置大多出现在两端附近;其他形状的房屋,裂缝都在沉降变化剧烈处附近;一般都出现在纵墙上,横墙上较少见。当地基性质突变(如基岩变土)时,也可能在房屋顶部出现裂缝,并向下延伸,严重时可贯穿房屋全高	多数出现在砌体应力较大的部位,在多层建筑中,底层较多见,但其他各层也可能发生。轴心受压柱的裂缝往往在柱下部 1/3 高度附近,出现在柱上、下端的较少。梁或梁垫下砌体的裂缝,大多数是局部承压强度不足而造成
裂缝形态特征	最常见的是斜裂缝,形状有一端宽另一端细和中间宽两端细两种;其次是水平裂缝,多数呈断续状,中间宽两端细,在厂房与生活间连接处的裂缝与屋面形式有关,接近水平状较多,裂缝一般是连续的,缝宽变化不大;再次是竖向裂缝,多因纵向收缩产生,缝宽变化不大	较常见的是斜向裂缝,通过门窗口的洞口处缝较宽;其次是竖向裂缝,不论是房屋上部,或窗台下,或贯穿房屋全高的裂缝,其形状一般是上宽下细;水平裂缝较少见,有的出现在窗角,靠窗口一端缝较宽;有的水平裂缝是地基局部塌陷而造成,缝宽往往较大	受压构件裂缝方向与应力一致,裂缝中间宽两端细;受拉裂缝与应力垂直,较常见的是沿灰缝开裂;受弯裂缝在构件的受拉区外边缘较宽,受压区不明显,多数裂缝沿灰缝开展;砖砌平拱在弯矩和剪力共同作用下可能产生斜裂缝;受剪裂缝与剪力作用方向一致
裂缝出现时间	大多数在经过夏季或冬季后形成	大多数出现在房屋建成后不久,也有少数工程在施工期间明显开裂,严重的不能竣工	大多数发生在荷载突然增加时,例如大梁拆除支撑;水池、筒仓启用等
裂缝发展变化	随气温或环境温度变化,在温度最高或最低时,裂缝宽度、长度最大,数量最多,但不会无限制地扩展恶化	随地基变形和时间增长裂缝加大,加多。一般在地基变形稳定后,裂缝不再变化,极个别的地基产生剪切破坏,裂缝发展导致建筑物倒塌	受压构件开始出现断续的细裂缝,随荷载或作用时间的增加,裂缝贯通,宽度加大而导致破坏。其他荷载增减而变化

（续）

鉴别根据	裂缝类别		
	温度变形	地基不均匀沉降	承载能力不足
建筑物特征和使用条件	屋盖的保温、隔热差,屋盖对砌体的约束大;当地温差大,建筑物过长又无变形缝等因素,都可能导致温度裂缝	房屋长而不高,且地基变形量大,易产生沉降裂缝。房屋刚度差;房屋高度或荷载差异大,又不设沉降缝;地基浸水或软土地基中地下水位降低;在房屋周围开挖土方或大量堆载;在已有建筑物附近新建高大建筑物	结构构件受力较大或截面削弱严重的部位;超载或产生附加内力,如受压构件中出现附加弯矩等
建筑物的变形	往往与建筑物的横向(长或宽)变形有关,与建筑物的竖向变形(沉降)无关	用精确的测量手段测出沉降曲线,在该曲线曲率较大处出现的裂缝,可能是沉降裂缝	往往与横向或竖向变形无明显的关系

最后需要指出,前述鉴别根据与方法仅就一般情况而言,在应用时还需注意各种因素的综合分析,才能得出较正确的结论。

三、裂缝处理原则

1. 裂缝处理的基本原则

(1)查清裂缝原因。从消除裂缝因素着手,防止再次开裂,如控制荷载,改善屋盖隔热性能等。有时还可采用加固屋架,减小下弦伸长值,降低屋架支撑对墙或柱施加的水平推力等。

(2)鉴别裂缝性质。重点区别受力或变形两类性质不同的裂缝,尤应注意受力裂缝的严重性与迫切性,杜绝裂缝急剧扩展而导致倒塌事故发生。

(3)观测裂缝变化规律。对地基变形,温度收缩等变形裂缝,在处理前,可作一段长时间的观测,寻找裂缝变化的规律,或确定裂缝是否已经稳定,作为选择处理方案的依据。

(4)明确处理目的。在上述(1)～(3)条的基础上,明确处理目的,如裂缝封闭、地基加固、砌体承载力恢复、结构补强、减少荷载等。

(5)选定适当的处理时间。一般情况下受力裂缝应及时处理,地基变形最好在裂缝稳定后处理,其中变形不断发展可能导致结构毁坏的也应及时处理;温度变形裂缝宜在裂缝最宽时处理。

（6）选用合理的处理方法。常用的砌体裂缝处理方法有十几种，选用时注意既要效果可靠，又要切实可行，还要经济合理。

（7）确保处理工作安全。对处理阶段的结构强度与稳定性进行验算，必要时采用支护或隔离措施。

（8）满足设计要求。处理裂缝应遵守标准规范的有关规定，并满足设计要求。

2. 常见裂缝处理的具体原则

砌体裂缝中最常见的三种裂缝是温度裂缝、沉降裂缝和荷载裂缝，处理这三种裂缝时，可以按照以下原则处理：

（1）温度裂缝。一般是不影响结构安全。经过一段时间观测等到裂缝最宽的时间后，通常采用封闭保护或局部修复方法处理，有的还需要改变建筑热工构造，以防再开裂。

（2）沉降裂缝。绝大多数裂缝不会严重恶化而危及结构安全。通过沉降和裂缝观测，对那些沉降逐步减小的裂缝，待地基基本稳定后，作逐步修复或封闭堵塞处理；如地基变形长期不稳定，可能影响建筑物正常使用时，应先加固地基，再处理裂缝。

（3）荷载裂缝。因承载能力或稳定性不足或危及结构物安全的裂缝，应及时采取卸荷或加固补强等方法处理，对那些可能导致结构垮塌的裂缝还应立即采取应急防护措施。

四、常见裂缝处理方法及选择

1. 砌体裂缝常用处理方法

（1）填缝封闭。常用材料有水泥砂浆、树脂砂浆等。这类硬质填缝材料极限拉伸率很低，如砌体尚未稳定，修补后可能再次开裂。

（2）表面覆盖。对建筑物正常使用无明显影响的裂缝，为了美观的目的，可以采用表面覆盖装饰材料，而不封堵裂缝。

（3）加筋锚固。砖墙两面开裂时，需在两侧每隔 5 皮砖剔凿一道长 1m（裂缝两侧各 0.5m），深 50mm 的砖缝，埋入 $\phi6$ 钢筋一根，端部弯直钩并嵌入砖墙竖缝，然后用强度等级为 M10 的水泥砂浆嵌填严实，如图 3-1 所示。施工时要注意以下三点：

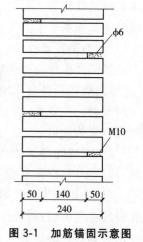

图 3-1　加筋锚固示意图

1）两面不要剔同一条缝,最好隔两皮砖。

2）必须处理好一面,并等砂浆有一定强度后再施工另一面。

3）修补前剔开的砖缝要充分浇水湿润,修补后必须浇水养护。

(4)水泥灌浆。有重力灌浆和压力灌浆两种,由于灌浆材料强度都大于砌体强度,因此只要灌浆方法和措施适当,经水泥灌浆修补的砌体强度都能满足要求,而且具有修补质量可靠,价格较低,材料来源广和施工方便等优点。

(5)钢筋水泥夹板墙。墙面裂缝较多,而且裂缝贯穿墙厚时,常在墙体两面增加钢筋(或小型钢)网,并用穿墙"∽"筋拉结固定后,两面涂抹或喷涂水泥砂浆进行加固。

(6)外包加固。常用来加固柱,一般有外包角钢和外包钢筋混凝土两类。

(7)加钢筋混凝土构造柱。常用于加强内外墙联系或提高墙身的承载能力或刚度(图 3-2)。

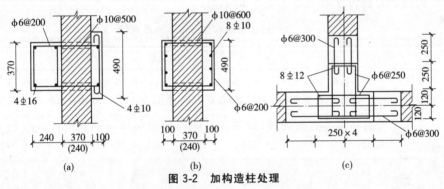

图 3-2　加构造柱处理

(a)内墙节点;(b)外墙节点;(c)内外墙连接点

(8)整体加固。当裂缝较宽且墙身变形明显,或内外墙拉结不良时,仅用封堵或灌浆等措施难以取得理想的效果,这时常用加设钢拉杆,有时还设置封闭交圈的钢筋混凝土或钢腰箍进行整体加固。例如内外墙连接处脱开裂缝和横墙产生八字形裂缝,可采用图 3-3 所示方法处理。

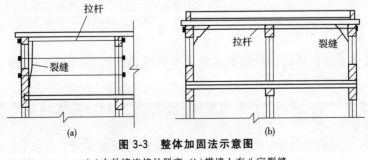

图 3-3　整体加固法示意图

(a)内外墙连接处脱离;(b)横墙上有八字裂缝

（9）变换结构类型。当承载能力不足导致砌体裂缝时，常采用这类方法处理。最常见的是柱承重改为加砌一道墙变为墙承重，或用钢筋混凝土代替砌体等。

（10）将裂缝转为伸缩缝。在外墙上出现随环境温度而周期性变化，且较宽的裂缝时，封堵效果往往不佳，有时可将裂缝边缘修直后，作为伸缩缝处理。

（11）其他方法。若因梁下未设混凝土垫块，导致砌体局部承压强度不足而裂缝，可采用后加垫块的方法处理。对裂缝较严重的砌体，有时还可采用局部拆除重砌等。

2. 常用处理方法的选择

一般可根据前述的处理方法特点与适用范围进行选择。根据裂缝性质和处理目的选择处理方法时可参考表 3-3 的建议。

表 3-3　砌体裂缝处理方法选择参考

选择分类			处理方法											
			填缝封闭	表面覆盖	加筋锚固	水泥灌浆	钢筋网水泥面层	外包加固	加构造柱	整体加固	变换结构类型	改裂缝为伸缩缝	增设梁垫	局部除重
裂缝性质	荷载	墙				□	△	△			△		□	○
		柱						△	□				□	○
	变形	墙	△		△	□	□	△	□	□		○		□
		柱							□					□
处理目的	防渗、耐久性		△		△			□						
	提高承载能力				△	△	△				△		□	
	外观		△	△	△	□								△

注：△—首选；□—次选；○—必要时选。

五、砖过梁裂缝

砖过梁裂缝同样需要根据裂缝性质与特征选择适当的处理方法，一般情况下可参照下述要求处理：

（1）水泥砂浆填塞当梁跨度不超过 1m，裂缝较细，且已稳定时，可采用水泥砂浆填塞。

（2）改为钢筋砖过梁，当裂缝较宽，砖过梁已接近破坏时，可在门窗洞口两侧凿槽，放置钢筋后，用 M10 水泥砂浆填塞形成钢筋砖过梁（见图 3-4）。

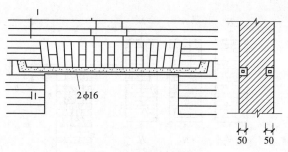

图 3-4　用钢筋砖过梁处理

（3）改为预制钢筋混凝土或钢过梁，当跨度大于 1m，裂缝严重，并有明显下垂时，应用此法处理。拆换时，应增设临时支撑，防止墙体和上部结构垮塌。

（4）改用钢筋混凝土窗框，当梁跨度较大，窗上、下砌体均有严重裂缝时，宜用钢筋混凝土窗框加固。

六、案例分析

1. 工程事故概述

某宿舍楼为三层砖混结构，纵墙承重。楼面为钢筋混凝土预制板，支承在现浇钢筋混凝土横梁上。承重墙厚为 240mm，强度等级为 M7.5。

宿舍工程 6 月初开工，7 月中旬开始砌墙，9 月份第一层楼砖墙砌完，10 月份接着施工第二层，12 月份屋面施工完毕。当三楼砖墙未砌完，屋面尚未开始施工时，横隔墙也未砌筑时，在底层内纵培（走道墙）上，发现裂缝若干条。裂缝的形式上大下小、始于横梁支座处，并略呈垂直状向下，一直延伸至离地坪面约 1m 处为止，长达 2m 多。裂缝宽度最大为 1～1.5m。同样外纵墙的梁支座下面也发现一些形式相似的裂缝，但不明显，如图 3-5 所示。

2. 原因分析

本工程设计套用标准图，砌筑砂浆原设计为 M2.5 混合砂浆，但实际使用的是石灰砂浆。按照当时的砖石结构设计规范进行验算，施工中砖砌体抗压强度仅达到原设计的 50% 左右。同时由于取消了原设计的梁垫，因而造成砌体局部承压能力下降了 60% 左右。此外，砌筑质量低劣，如灰缝过厚，且不均匀，灰浆不饱满，砌体组砌质量差，横平竖直不符合要求等。当砌体负荷后，灰缝产生过大的压缩变形，也会促使墙面裂缝扩张。

3. 处理方法

发现裂缝后，即刻暂缓施工上层的楼层及屋面。经观察与分析，裂缝不致造成建筑物倒塌，故未采用临时支撑等应急措施。但该裂缝的产生是由于承载能力不足，因此必须加固处理。处理方法是用混凝土扩大原基础，然后紧贴原砖墙

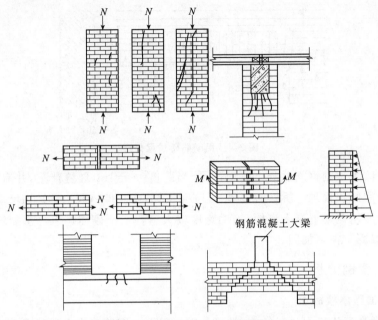

图 3-5　因承载力不足引起的裂缝

增砌扶壁柱,并在柱上现浇混凝土梁垫。经处理后继续施工,房屋交工使用一年后再检查,未见新的裂缝和其他问题。

第二节　砌体强度、刚度和稳定性不足

一、事故种类及原因分析

1. 强度不足

砌体强度不足,有的变形,有的开裂,严重的甚至倒塌。对待强度不足的事故,尤其需要特别重视没有明显外部缺陷的隐患性事故。

主要原因分析:设计截面太小;水、电、暖、卫和设备留洞留槽削弱断面过多;材料质量不合格;施工质量差,如砌筑砂浆强度低下,砂浆饱满度严重不足等。

2. 砌体稳定性不足

这类事故是指墙或柱的高厚比过大,或施工原因导致结构在施工阶段或使用阶段失稳变形。

主要原因分析:设计时不验算高厚比,违反了砌体设计规范有关限值的规定;砌筑砂浆实际强度达不到设计要求;施工顺序不当,如纵横墙不同地砌筑,导致新砌纵墙失稳;施工工艺不当,如灰砂砖砌筑时浇水,导致砌筑中失稳;挡土墙抗倾覆、抗滑移稳定性不足等。

3. 房屋整体刚度不足

仓库等空旷建筑,由于设计构造不良,或选用的计算方案欠妥,或门窗洞对墙面削弱过大等原因而造成房屋使用中刚度不足,出现颤动。

二、常用处理方法的选择

这类事故可能危及施工或使用阶段的安全,因此应认真分析处理,常用方法有以下几种:

(1)应急措施与临时加固。对那些强度或稳定性不足可能导致倒塌的建筑物,应及时支撑,防止事故恶化。如临时加固有危险,则不要冒险作业,应划出安全线,严禁无关人员进入,防止不必要的伤亡。

(2)校正砌体变形。可采用支撑顶压,或用钢丝或钢筋校正砌体变形后,再作加固等方式处理。

(3)封堵孔洞。由墙身留洞过大造成的事故可采用仔细封堵孔洞,恢复墙整体性的处理措施,也可在孔洞处增作钢筋混凝土框加强。

(4)增设壁柱。有明设和暗设两类,壁柱材料可用同类砌体、钢筋混凝土或钢结构(图 3-6)。

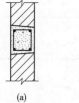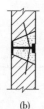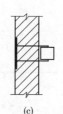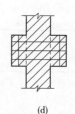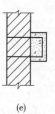

(a)　　　　　(b)　　　　　(c)　　　　　(d)　　　　　(e)

图 3-6　增设壁柱构造示意图

(a)钢筋混凝土暗柱加强;(b)钢暗柱加固,并用圆钢插入砖缝加强连接;(c)明设空心方钢柱加固,用扁钢锚固在砖墙中;(d)增砌砖壁柱,内配钢丝网;(e)明设钢筋混凝土柱加固

(5)加大砌体截面。用同材料加大砖柱截面,有时也加配钢筋(图 3-7)。

(6)外包钢筋混凝土或钢。常用于柱子加固。

(7)改变结构方案。如增加横墙,变弹性方案为刚性方案;柱承重改为墙承重;山墙增设抗风圈梁(墙不长时)等。

(8)增设卸荷结构。如墙柱增设预应力补强撑杆。

(9)预应力锚杆加固。例如重力式挡土墙用预应力锚杆加固后,提高抗倾覆与抗滑能力,如图 3-8 所示。

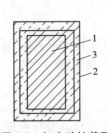

图 3-7　加大砖柱截面

1-原有砖柱；2-加砌围套；3-加设钢筋网 φ 锚杆 φ26

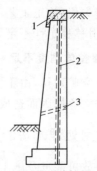

图 3-8　预应力锚杆加固挡土墙

1-钢筋混凝土梁；2-钻孔 φ74@1m；3-泄水孔

（10）局部拆除重做。用于柱子强度、刚度严重不足时。

各种处理方法选择参见表 3-4。

表 3-4　砌体强度、刚度、稳定性不足处理方法选择

事故性质与特征		处理方法								
		校正变形	封堵孔洞	增设壁柱	加大截面	外包加固	改变结构方案	加设卸荷结构	加设预应力锚杆	局部拆换
强度不足	墙		□		△			□	○	
	柱		□	△		□	□		
变形	墙	△		△		□			○	□
	柱				□	□	△			△
刚度或稳定性不足，房屋颤动			△	△			△		○	

注：△—首选；□—次选；○—适用于挡土墙等。

三、案例分析

1. 工程事故概述

某市一幢四层混合结构，底层为窗店，层高 4.2m，2～4 层为小开间办公室，层高 3.3m，采用内框架结构体系，局部平面示意见图 3-9。房屋施工到四层时，在柱、梁等结构尚未安装前，发现底层 A 轴线的窗间墙碎裂，砖皮脱落。每个窗间墙有竖向裂缝 3～5 道，缝宽 1～5mm，裂缝最长达 1.7m（窗间墙高 2.7m）。

2. 原因分析

窗间墙截面过小，验算结果表明，实际承载能力仅达到规范规定值的 50% 左右。而且底层窗间墙宽度仅为 900mm，违反了抗震设计规范关于 7 度区承重窗间墙宽不宜小于 1000mm 的规定。

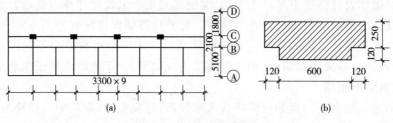

图 3-9　局部平面示意图

(a)二层平面图；(b)底层 A 轴线窗间墙截面

3. 处理方法

在一、二层窗间墙内侧设钢柱，并外包钢筋混凝土加固（图 3-10），钢柱顶住梁，并支撑在加固后的基础上（图 3-11）。外包钢筋混凝土从基础面起连续做至三层楼面处。

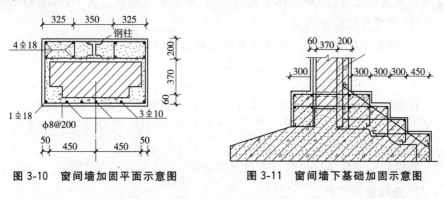

图 3-10　窗间墙加固平面示意图　　　　**图 3-11　窗间墙下基础加固示意图**

第三节　局 部 倒 塌

一、事故类型及原因分析

砌体结构局部倒塌最多的是柱、墙工程。本节仅阐述由柱、墙破坏而引起的局部倒塌的处理。

柱、墙砌体破坏倒塌的原因主要有以下几种：

（1）设计构造方案或计算简图错误。例如单层房屋长度虽不大，但一端无横墙时，仍按刚性方案计算，必导致倒塌；又如跨度较大的大梁（＞14m）搁置在窗间墙上，大梁和梁垫现浇成整体，墙梁连接节点仍按铰接方案设计计算，也可导致倒塌；再如单坡梁支撑在砖墙或柱上，构造或计算方案不当，在水平分力作用下倒塌等。

（2）砌体设计强度不足。不少柱、墙倒塌是由于未设计计算而造成。事后验算，其安全度都达不到设计规范的规定。此外计算错误也时有发生。

（3）乱改设计。例如任意削减砌体截面尺寸才导致承载能力不足或高厚比超过规范规定而失稳倒塌；又如改预制梁为现浇梁，梁下的墙由原来的非承重墙变为承重墙而倒塌。

（4）施工期失稳。例如灰砂砖含水率过高，砂浆太稀，砌筑中失稳垮塌；毛石墙砌筑工艺不当，又无足够的拉结力，砌筑中也易垮塌。一些较高墙的墙顶构件没有安装时，形成一端自由，易在大风等水平荷载作用下倒塌。

（5）材料质量差。砖强度不足或用断砖砌筑，砂浆实际强度低下等原因均可能引起倒塌。

（6）施工工艺错误或施工质量低劣。例如墙轴线错位后处理不当；现浇梁板拆模过早，这部分荷载传递至砌筑不久的砌体上，因砌体强度不足而倒塌；砌体变形后用撬棍校直；配筋砌体中漏放钢筋；冬季采用冻结法施工，解冻期无适当措施等，均可导致砌体倒塌。

（7）旧房加层。不经论证就在原有建筑上加层，导致墙柱破坏而倒塌。

二、事故处理方法及注意事项

仅因施工错误而造成的局部倒塌事故，一般采用按原设计重建方法处理。但是不少倒塌事故均与设计与施工两方面的原因有关，这类事故均需重新设计后，严格按照施工规范的要求重建。

处理局部倒塌事故中应注意以下事项：

1. 排险拆除工作

局部倒塌事故发生后，对那些虽未倒塌但可能坠落垮塌的结构构件，必须按下述要求进行排险拆除。

（1）拆除工作必须由上往下地进行。

（2）确定适当的拆除部位，并应保证未拆部分结构的安全，以及修复部分与原有建筑的连接构造要求。

（3）拆除承重的墙柱前，必须作结构验算，确保拆除中的安全，必要时应设可靠的支撑。

2. 鉴定未倒塌部分

对未倒塌部分必须从设计到施工进行全面检查，必要时还应作检测鉴定，以确定其可否利用，怎样利用，是否需要补强加固等。

3. 确定倒塌原因

重建或修复工程，应在原因明确，并采取针对性措施后方可进行，避免处理不彻底,甚至引起意外事故。

4. 选择补强措施

原有建筑部分需要补强时,必须从地基基础开始进行验算,防止出现薄弱截面或节点。补强方法要切实可行,并抓紧实施,以免延误处理时机。

三、案例分析

1. 工程事故概述

某教学楼为砖墙承重的 5～6 层混合结构,钢筋混凝土楼盖和层盖,其平面布置如图 3-12 所示。整个建筑在平面上分为 7 段,图中所示的乙、丁段相同,地面以上为五层,局部有地下室,乙段的平面如图 3-13 所示。

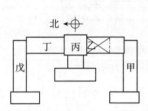

图 3-12　教学楼平面组成示意图

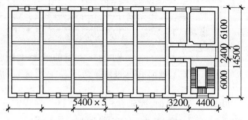

图 3-13　乙段平面图

该工程在施工装修阶段时,乙段除楼梯间等 4 小间外突然全部倒塌,与乙段结构完全相同的丁段没有倒塌。

2. 原因分析

局部倒塌的原因很复杂,原国家建工部邀请专家调查分析,但存在意见分歧。主要有以下几方面:

(1)地基不均匀沉陷产生较大的附加应力。倒塌部分是一个跨度 27m 长的空旷房屋,在地下局部布置了平面不规整的地下室(图 3-14)。在有和无地下室的基础交接处沉降差大,导致窗间墙上出现较早且集中的贯通裂缝(图 3-15),由此导致房屋倒塌。

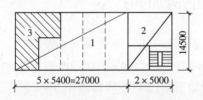

图 3-14　乙段底层以下平面图

1-倒塌部分;2-未倒塌部分;
3-无地下室部分

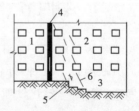

图 3-15　局部东立面图

1-丙段;2-乙段;3-地下室墙;4-沉降缝;
5-灰土台阶,6-墙面裂缝

（2）选择结构计算简图不当。原设计大梁与墙连接节点按铰接考虑。由于 1200mm×300mm 的现浇大梁支承在砖墙的全部厚度上，梁垫长为窗间墙宽，即 2m，与梁一起现浇，即梁垫高 1.2m。这种连接节点已接近刚接。清华大学曾做试验，测得在这种构造条件下窗间墙上端截面的弯矩，比铰接计算所得的弯矩大 8 倍。用实际产生的弯矩和轴向力验算窗间墙，其承载能力严重不足，这是倒塌的主要原因。

（3）结构材料使用不当。原设计要求底层和二层的砖强度等级为 MU10，因现场砖强度达不到要求，而将乙和丁段梁下窗间墙全改为加钢筋混凝土芯的组合柱，其截面如图 3-16 所示。这种构造方法使较高强度的钢筋混凝土在偏心受压的窗间墙中不能充分发挥作用。

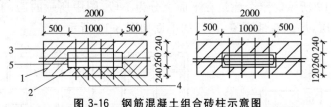

图 3-16 钢筋混凝土组合砖柱示意图

1-窗间墙；2-混凝土芯；3-ϕ4 拉筋每 10 皮砖一层；4-6ϕ10；5-ϕ6@300

而且二层的混凝土芯外砖厚仅 120mm，混凝土振捣成型时砌体容易变形，必然不能充分捣实而造成混凝土质量很差。

（4）施工质量差。窗间墙组砌质量差，混凝土芯有蜂窝，脚手架眼堵塞不严，暖气管道孔洞削弱墙断面面积过多等。

3. 处理方法

（1）局部倒塌的乙段改变结构方案。用两跨钢筋混凝土框架代用已倒塌部分的砖混结构重新建造。

（2）将存在隐患的丁段进行加固处理。贴着窗间墙增设钢筋混凝土柱，并在每根大梁跨中增设一根钢筋混凝土柱，以减小窗间墙的荷载。

该工程处理后已使用 20 多年无明显异常。

第四节　常用砌体结构加固技术

当裂缝是因强度不足而引起的，或已有倒塌预兆时，必须采取加固措施。常用的加固方法有以下几种：外包钢加固法、扩大砌体截面加固法、钢筋网水泥砂浆层加固法、增加圈梁、拉杆加固法、外包钢筋混凝土加固法等其他方法。

一、外包钢加固法

（1）外包钢加固具有快捷、高强的优点。用外包钢加固施工方便，且不要养护期,可立即发挥作用。外包钢加固可在基本上不增大砌体尺寸的条件下,较多地提高结构的承载力,还可大幅度地提高其延性,据试验,抗侧力甚至可提高 10 倍以上,因而它本质上改变了砌体脆性破坏的特征。

(2)外包钢常用来加固砖柱和窗间墙。外包角钢加固砖柱的一般做法是:用水泥砂浆将角钢粘贴于受荷砖柱的四角,并用卡具夹紧固定,随即用缀板将角钢连成整体,随后去掉卡具,外面粉刷水泥砂浆,既可平整表面,又可防止角钢生锈,如图 3-17a)所示。由于窗间墙的宽度比厚度大得多,因而如果仅采用四角外包角钢的方法加固,则不能有效地约束墙的中部,起不到应有的作用。因此,对于墙的高厚比大于 2.5 时,宜在中间增加一缀板,并用穿墙螺栓拉结,如图 3-17b)所示。外包角钢不宜小于∟ 50×5,缀板可用 $35mm\times5mm$ 或 $60mm\times 12mm$ 的钢板。需要注意的是,加固角钢下端时应可靠地锚入基础,上端应有良好的锚固措施,以保证角钢有效地发挥作用。

(3)加固结束后,抹以砂浆保护层,以防止角钢生锈。经外包钢加固后,砌体变为组合砖砌体,由于缀板和角钢对砖柱的横向变形起到了一定的约束作用,使砖柱的抗压强度有所提高。

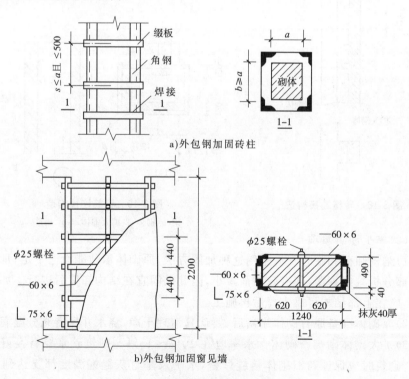

a)外包钢加固砖柱

b)外包钢加固窗见墙

图 3-17 外包钢加固砌体结构(单位:mm)

二、扩大砌体截面加固法

（1）这种方法适用于砌体承载能力不足，但砌体尚未压裂，或仅有轻微裂缝，而且要求扩大截面面积不太大的情况。一般的墙体、砖柱均可采用此法。加大截面的砖砌体中砖的强度等级常与原砌体相同，而砂浆应比原砌体中的砂浆等级提高一级，且最低不低于 M2.5。加固后通常可考虑新旧砌体共同工作，这就要求新旧砌体有良好的结合。为了达到共同工作的目的，常采用以下两种方法：

1）砖槎连接。原有砌体每隔 4～5 皮砖高，剔凿出一个深为 120mm 的槽，扩大部分砌体与此预留槽仔细连接，新旧砌体形成锯齿形咬槎，可保共同工作（见图 3-18）。

2）钢筋连接。原有砌体每隔 5～6 皮砖高钻洞或凿开一块砖，用 M5 砂浆锚固 $\phi6$ 钢筋，将新旧砌体连接在一起（见图 3-19）。

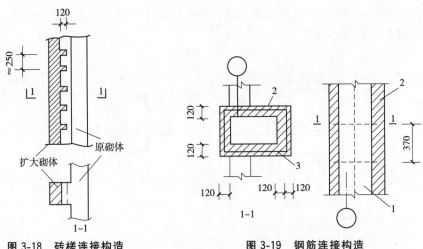

图 3-18　砖槎连接构造　　　　　图 3-19　钢筋连接构造

1-原砌体；2-扩大砌体；3-$\phi6$ 钢筋

（2）施工注意事项

1）结构卸荷和临时支撑采用这种加固方法，原砌体承载能力已不足，加固时又要部分折减或剔凿，使有效截面减小，因此加固宜在结构卸荷后进行。如卸荷困难，应在上部结构可靠支撑后再施工。

2）原砌体准备原有砌体剔凿后，要认真清理干净，浇水并保持充分湿润。

3）扩大砌体砌筑新砌体含水率应在 10%～15%。砌筑砂浆要有良好的和易性，砌筑时应保证新旧砌体接缝严密，水平及垂直灰缝饱满度都要达到 90%以上。

三、钢筋网水泥砂浆层加固法

（1）钢筋网水泥浆法加固砖墙，是指在墙体表面去掉粉刷层后，附设由$\phi 4 \sim \phi 8$组成的钢筋网片，然后喷射砂浆（或细石混凝土）或分层抹上密缀的砂浆层（如图 3-20 所示）。由于通常对墙体作双面加固，所以加固后的墙俗称为夹板墙。夹板墙可以较大幅度地提高砖墙的承载力、抗侧刚度。

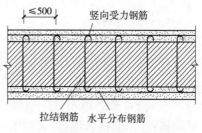

图 3-20　钢筋网水泥砂浆加固砌体

（2）钢筋网水泥砂浆面层厚度宜为 30～45mm，若面层厚度大于 45mm，则宜采用细石混凝土。面层砂浆的强度等级一般可用 M7.5～M15，面层混凝土的强度等级宜用 C15 或 C20。面层钢筋网需用穿墙拉筋与墙体固定，间距不宜大于500mm。喷抹水泥砂浆面层前，应先清理墙面并加以湿润。水泥砂浆应分层抹，每层厚度不宜大于 15mm，以便压密压实。原墙面如有损坏或酥松、碱化部位，应拆除后修补好。

（3）目前钢筋网水泥浆法常用于下列情况的加固：

1）因施工质量差，而使砖墙承载力普遍达不到设计要求；

2）因火灾或地震而使整片墙承载力或刚度不足等；

3）窗间墙等局部墙体达不到设计要求（见图 3-21）；

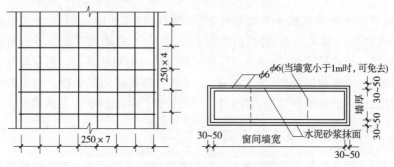

图 3-21　钢筋网水泥砂浆加固窗间墙

4）因房屋加层或超载而引起砖墙承载力的不足。

（4）钢筋网砂浆面层适宜于加固大面积墙面。下述情况不宜采用钢筋网水泥浆法进行加固：

1）孔径大于 15mm 的空心砖墙及 240mm 厚的空斗砖墙；

2）砌筑砂浆强度等级小于 M0.4 的墙体；

3）因墙体严重酥碱，或油污不易消除，不能保证抹面砂浆黏结质量的墙体。

四、增加圈梁、拉杆加固法

1. 增设圈梁法

若墙体开裂比较严重，为了增加房屋的整体刚性，可以在房屋墙体一侧或两侧增设钢筋混凝土圈梁，也可采用型钢圈梁。钢筋混凝土圈梁的混凝土强度等级一般为 C15～C20，截面尺寸至少为 120mm×180mm。圈梁配筋可采用 4ϕ10～4ϕ14，箍筋可用 ϕ5～ϕ6@200～250mm。为了使圈梁与墙体很好结合，可用螺栓、插筋锚入墙体，每隔 1.5～2.5m 可在墙体凿通一洞口（宽 120mm），在浇注圈梁时同时填入混凝土使圈梁咬合于墙体上（见图 3-22）。

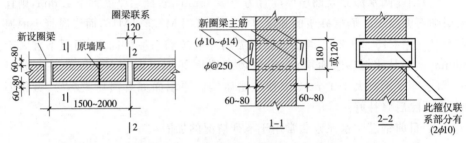

图 3-22　砌体的加固圈梁（单位：mm）

2. 增加拉杆法

墙体因受水平推力、基础不均匀沉降或温度变化引起的伸缩等原因而产生外鼓，或者因内外墙咬槎不良而裂开，可以增设拉杆，如图 3-23 所示。拉杆可采用圆钢或型钢。如采用钢筋拉杆，宜通长拉结，并可沿墙的两边设置。对较长的拉杆，中间应设花篮螺丝，以便拧紧拉杆。拉杆接长时可用焊接。露在墙外的拉杆或垫板螺母，应作防锈处理，为了美观，也可适当作相应建筑处理。增设拉杆的同时也可增设圈梁，以增强加固效果，并且可将拉杆的外部铺头埋入圈梁中。

五、外加钢筋混凝土加固法

（1）外加钢筋混凝土可以是单芯的、双面的和四面包围的。外加钢筋混凝土的竖向受压钢筋可用 ϕ8～ϕ12，横向钢箍可用 ϕ4～ϕ6，应有一定数量的闭口钢箍，一般间距 300mm 左右设一闭合箍筋。如闭合箍筋之间可用开口或闭口箍筋与原砌体连接，则可凿去一块顺砖，使闭口箍通过，然后用细石混凝土填实（见图 3-24～图 3-26）。

（2）图 3-24 为平直墙体外贴钢筋混凝土加固，图 3-24a）、b）均为单面外加混凝土，图 3-24c）为每隔 5 皮砖左右凿掉一块顺砖，使钢筋可封闭。图 3-25 为壁柱外加贴钢筋混凝土加固，图 3-26 为钢筋混凝土加固砖柱。

（3）为了使混凝土与砖柱更好地结合，每隔 300mm（约 5 皮砖）打去一块砖，使后浇混凝土嵌入砖砌体内。当外包层较薄时,外包层也可用砂浆,砂浆等级不得低于 M7.5。外包层应设置 $\phi4\sim\phi6$ 的封闭箍筋,间距不宜超过 150mm。

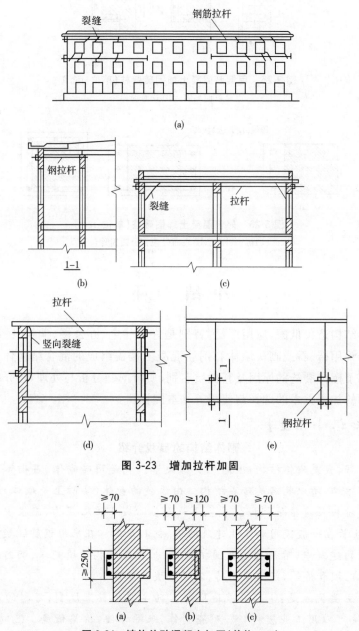

图 3-23　增加拉杆加固

图 3-24　墙体外贴混凝土加固(单位:mm)

(a)单面外加混凝土(开口箍);(b)单面外加混凝土(闭口箍);(c)双面外加混凝土

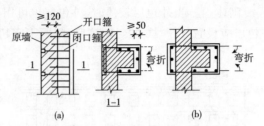

图 3-25 用钢筋混凝土加固砖壁柱(单位:mm)

(a)单面加固;(b)双面加固

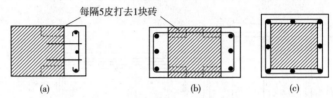

图 3-26 外包混凝土加固砖柱(单位:mm)

(a)侧面外包;(b)双面外包;(c)四周外包

小 结 一 下

砌体结构造价低廉,应用广泛,特别是许多住宅、办公楼、学校、医院等民用建筑大多采用砖、石或砌块墙体和钢筋混凝土楼盖组成的混合结构体系。本章主要介绍了砌体裂缝的原因及其性质鉴别、质量问题分析与处理,还介绍了砌体结构常用的加固技术的选择与使用等基本知识。

【知识小课堂】

砌体结构的自我介绍

大家好,我是砌体结构,很高兴认识大家。我是用砖砌体、石砌体或砌块砌体建造的结构,所以乳名是砖石结构。由于我的身体(实际上是砌体)的抗压强度较高而抗拉强度很低,因此,我主要承受轴心或小偏心压力,而很少受拉或受弯,适合生长在一般民用和工业建筑的墙、柱和基础。在采用钢筋混凝土框架和其他结构的建筑中,常用砖墙做围护结构,如框架结构的填充墙、烟囱、隧道、涵洞、挡土墙、坝和桥等,经常采用砖、石或砌块砌体建造。

我的主要优点是:①容易就地取材。砖主要用黏土烧制;石材的原料是天然石;砌块可以用工业废料——矿渣制作,来源方便,价格低廉。②砖、石或砌块砌体具有良好的耐火性和较好的耐久性。③砌体砌筑时不需要模板和特殊的施工设备。在寒冷地区,冬季可用冻结法砌筑,不需特殊的保温措施。④砖墙和砌块墙体能够隔热和保温,所以既是较好的承重结构,也是较好的围护结构。

我的缺点是:①与钢和混凝土相比,砌体的强度较低,因而构件的截面尺寸较大,材料用量多,自重大。②砌体的砌筑基本上是手工方式,施工劳动量大。③砌体的抗拉和抗剪强度都很低,因而抗震性能较差,在使用上受到一定限制;砖、石的抗压强度也不能充分发挥。④黏土砖需用黏土制造,在某些地区过多占用农田,影响农业生产。

砌体结构历史悠久,天然石是最原始的建筑材料之一。古代大量具有纪念性和军防作用的建筑物用砖、石建造。如有名的金字塔和我国的万里长城。在这里我想说的是:不到长城非好汉,不妨就来转一转。

第四章 钢筋混凝土结构工程

第一节 钢 筋 工 程

一、常见质量事故现象及原因分析

钢筋是钢筋混凝土结构中主要受力材料,一定要注意施工质量。常见的钢筋方面的问题有:钢筋锈蚀;钢材质量达不到材料标准或设计要求;钢筋错位偏差;漏筋或少筋;接头不牢;弯起钢筋方向错误等。

1. 钢筋锈蚀

常见的有钢筋严重锈蚀、掉皮、有效截面减小及构件内钢筋锈蚀等。导致此类问题的原因有:由于保管不良,受到雨、雪或其他物质的侵蚀;或者存放期过长,经过长期在空气中产生氧化;或者仓库环境潮湿,通风不良。

2. 钢材质量达不到材料标准或设计要求

常见的有钢筋屈服点和极限强度低、钢筋裂缝、钢筋脆断、焊接不良等。产生的主要原因有:钢筋来源混乱,大量钢筋经过多次转手或钢筋进场后管理混乱,不同品种,不同厂家,不同性能的钢筋混杂或使用前未按施工规范进行验收与抽样等。

3. 钢筋错位偏差

(1)钢筋保护层偏差

钢筋的混凝土保护层偏小,而使钢筋有锈蚀的机会或钢筋的混凝土保护层偏大,使钢筋混凝土构件的有效高度减小,从而减弱构件的承载力而产生裂缝和断裂。

(2)钢筋骨架产生歪斜

绑扎不牢固或绑扣形式选择不当;梁中的纵向钢筋或拉筋数量不足;柱中纵向构造钢筋偏少,未按规范规定设置复合箍筋;堆放钢筋骨架的地面不平整;钢筋骨架上部受压或受到意外力碰撞等都有可能使钢筋骨架产生歪斜。

(3)钢筋网上、下钢筋混淆

产生的主要原因如下:在钢筋施工图中未注明或施工人员未能读懂图纸,导致钢筋网上、下钢筋产生混淆。

（4）箍筋间距不一致

产生的主要原因有以下方面：

1）钢筋图上所标注的箍筋间距不准确，必然会出现间距或根数有出入。

2）在进行绑扎箍筋时，未进行认真核算和准确划线分配。

（5）四肢箍筋宽度不准确

产生的主要原因是：钢筋图纸标注的尺寸不准确，在钢筋下料前又未进行复核；在钢筋骨架绑扎前，未按应有的规定将箍筋总宽度进行定位，或者定位不准确；在箍筋弯制的过程中，由于操作不认真、弯心直径不适宜、划线不准确等原因；已考虑到将箍筋总宽度进行定位，但操作时不注意。

4. 漏筋或少筋

由于漏放或错放钢筋造成钢筋设计截面不足等。其主要原因包括以下方面：

（1）施工管理不当，没有进行钢筋绑扎技术交底工作。

（2）没有深入熟悉图纸内容和研究各种钢筋的安装顺序。

（3）钢筋配料错误；钢筋作用不当等。

5. 接头不牢

（1）钢筋闪光对焊接头质量问题

主要表现在未焊透、有裂缝或有脆性断裂等。产生的原因如下：

1）操作人员没有经过技术培训就上岗操作，对闪光对焊接头各项技术参数掌握不够熟练，对焊接头的质量达不到施工规范的要求。

2）施工过程中没有按闪光对焊的工艺管理，没有及时纠正不标准的工艺。

3）对闪光对焊接头成品的检查、测试不够，使不合格的产品出厂。

（2）电弧焊接钢筋接头的质量问题

电弧焊接钢筋接头如果焊接不牢，轻者则产生裂缝，重者则产生断裂，其质量直接影响构件的安全度。其主要产生原因是：操作不当、管理不严，质地检查不认真。

（3）坡口焊接钢筋接头的质量问题

坡口焊接是电弧焊接中的四种焊接形式之一，它比其他三种（搭接焊、绑条焊、熔槽焊）的焊接质量要求高，常出现有咬边及边缘不齐，焊缝宽度和高度不定，表面存有凹陷，钢筋产生错位等质量问题。出现以上质量问题的主要原因是：电焊工对坡口焊接操作工艺不熟练，或者对坡口焊质量标准和焊接技巧掌握不够，或者对钢筋焊接不重视、不认真。

（4）锥螺纹连接接头的质量问题

一般常见的质量问题有以下方面：

1）丝扣被损坏或有的完整丝扣不满足要求。

2）在锥螺纹接头拧紧后，外露丝扣超过一个完整的扣。

产生质量问题的主要原因有以下方面：

1）钢筋加工质量不符合要求，钢筋端头有翘曲，钢筋的轴线不垂直。

2）加工好的钢筋丝扣没有很好保管，造成局部损坏。

3）对加工的钢筋丝扣没有认真检查，使不合格的产品流入施工现场。

4）接头的拧紧力矩值没有达到标准值；接头的拧紧程度不够或漏拧；或钢筋的连接方法不对。

（5）钢筋冷挤压套筒连接接头的缺陷

钢筋冷挤压套筒连接在施工的过程中易出现以下质量问题：

1）钢筋冷挤压后，套筒发现有可见的裂缝。

2）钢筋冷挤压后的套筒长度超过控制数据。

3）压痕处套筒的外径波动范围小于或等于原套筒外径的 0.8～0.9。

4）钢筋伸入套筒的长度不足。

其主要原因有以下方面：

1）施工、技术、质检、操作等方面的人员对钢筋冷挤压套筒连接技术不熟悉，检查不细致，不能发现存在的质量问题。

2）套筒的质量比较差。

3）套筒、钢筋和压模不能配套便用，或者挤压操作的方法不当。

（6）电渣压力焊钢筋接头的质量问题

1）常见质量问题

采用电渣压力焊时，钢筋接头易出现下列质量问题（图 4-1）：偏心值大于0.1

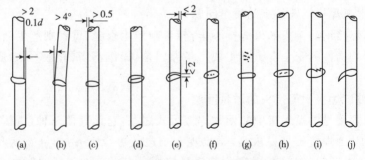

图 4-1　中渣压力焊接接头的质量问题

(a)偏心；(b)弯折；(c)咬边；(d)未熔合；(e)焊包不均；
(f)气孔；(g)烧伤；(h)夹渣；(i)焊包上翻；(j)焊包下淌

倍的钢筋直径或大于 2mm；接头处弯折大于 4°；咬边大于 1/20 的钢筋直径；钢筋上下接合处没有熔合；焊包不均匀，大的一面熔化金属多，而小的一面其高度不足 2mm；气孔在焊包的外部和内部均有发现；钢筋表面有烧伤斑点或小弧坑；焊缝中有非金属夹渣物；焊包上翻；焊包下淌。

2）原因分析

①电焊工操作水平较差，或工作不认真、不细心，又没有按照规定先试焊 3 个接头，经检测合格后，方可选用焊接参数进行施焊。

②质检人员没有及时跟踪检查，发现质量问题没有及时纠正；或有时对焊接接头检查不仔细，未能发现质量问题。

（7）钢筋绑扎接头的质量问题

常见问题有：钢筋绑扎搭接接头长度不足；HPB300 钢筋绑扎接头的末端没有做弯钩；受力钢筋绑扎接头的位置没有错开。

其产生的原因如下：

1）操作工不熟悉操作规程，施工管理人员不熟悉《混凝土结构工程施工及验收规范》（GB 50204－2002）（2010 版）中的有关钢筋搭接长度的规定。

2）质量检查不认真，放任不规范的接头浇入混凝土中。

6. 弯起钢筋方向错误

其产生的主要原因如下：

（1）在钢筋骨架绑扎安装前，技术人员未向操作人员进行技术交底，不明白在此类结构或构件弯起钢筋的作用，将弯起钢筋绑扎在错误位置上。

（2）操作人员在钢筋绑扎中不认真对待，在安装时使钢筋骨架入模产生方向错误。

（3）在绑扎安装完毕后，未能对钢筋骨架按图纸进行核对，在浇筑混凝土时才发现弯起钢筋方向错误。

7. 主筋锚固长度不足

（1）问题现象

梯段主筋下滑，在下层楼梯梁内锚固长度超出规范要求，在上层楼梯梁内主筋锚固长度达不到规范要求，或主筋放置位置不准确，一侧梁内长度偏大，一侧梁内长度偏小。

（2）原因分析

1）下料时，施工人员严格照图计算、下料并制作，而钢筋工在绑扎时，由于主筋位置放置不准确，造成梯段主筋在楼梯梁内锚固长度有一定的偏差。

2）钢筋未采取防滑措施或由于混凝土的重量作用使钢筋向下位移。

3）混凝土浇筑过程中，看筋工作不到位，发现问题未能及时改正、补救。

楼梯梯段主筋下料时,建议钢筋长度可以比图纸尺寸稍长一些,以防出现梯段主筋锚固长度不足的现象;或在钢筋绑扎时,在梯段主筋与梯梁箍筋相交部位附加一根分布筋,将分布筋与梯梁箍筋绑扎连接,以防止主筋下移,同时也能够确保此处钢筋保护层厚度。梯段钢筋不如现浇板钢筋位置容易保证,并且梯段部位混凝土留槎应在梯段长度 1/3 部位,如果混凝土浇筑中出现主筋下移,使上层楼梯梁内锚固长度不足,要对主筋进行搭接或焊接,这样不仅费工费料,而且施工也不方便,不易保证工程质量。

二、常见事故处理方法种类及其选择

1. 常见的钢筋工程事故处理方法

(1)补加遗漏的钢筋

例如预埋钢筋遗漏或错位严重,可在混凝土中钻孔补埋规定的钢筋;又如凿除混凝土保护层,补加所需的钢筋再用喷射混凝土等方法修复保护层等。

(2)增密箍筋加固

例如纵向钢筋弯折严重将降低承载能力并造成抗裂性能恶化等后果。此时可在钢筋弯折处及附近用间距较小的(如 30mm 左右)钢箍加固。某些试验结果表明,这种密箍处理方法对混凝土有一定的约束作用,能提高混凝土的极限强度,推迟混凝土中斜裂缝的出现时间,并保证弯折受压钢筋强度得以充分发挥。

(3)结构或构件补强加固

常用的方法有:外包钢筋混凝土、外包钢、粘贴钢板、增设预应力卸荷体系等。

(4)降级使用

锈蚀严重的钢筋,或性能不良但仍可使用的钢筋,可采用降级使用;因钢筋事故,导致构件承载能力等性能降低的预制构件,也可采用降低等级使用的方法处理。

(5)试验分析排除疑点

常用的方法有:对可疑的钢筋进行全面试验分析;对有钢筋事故的结构构件进行理论分析和载荷试验等。如试验结果证明,不必采用专门处理措施也可确保结构安全,则可不必处理,但需征得设计单位同意。

(6)焊接热处理

例如电弧点焊可能造成脆断,可用高温或中温回火或正火处理方法,改善焊点及附近区域的钢材性能等。

(7)更换钢筋

在混凝土浇筑前,发现钢筋材质有问题,通常采用此法。

2. 处理方法的选择及注意事项

（1）选用钢筋事故的处理方法见表 4-1。

表 4-1　钢筋工程事故处理方法及选择

事故类别	处理方法						
	补筋	设密箍	加固	降级	试验分析	热处理	调换
钢材质量	□		□	□	△		△
漏筋、少筋	△		△	□	△		
钢筋错位、弯折	□	□	□		△		
钢筋脆断			□		△	□	△
钢筋锈蚀	□		△	△			

注：△—较常用；□—也可采用.

（2）选择处理方法应注意事项。除了遵守其他事故处理方法选择时的一般要求外还应注意以下事项：

1）确认事故钢筋的性质与作用。即区分出事故部分的钢筋属受力筋，还是构造钢筋，或仅是施工阶段所需的钢筋。实践证明，并非所有的钢筋工程事故都只能选择加固补强的方法处理。

2）注意区分同类性质事故的不同原因。例如钢筋脆断并非都是材质问题，不一定都需要调换钢筋。

3）以试验分析结果为前提。钢筋工程事故处理前，往往需要对钢材作必要的试验，有的还要作荷载试验。只有根据试验结果的分析才能正确选择处理方法，对表 4-1 中的设密箍、热处理等方法还要以相应的试验结果为依据。

三、案例分析

1. 案例 1

（1）工程事故概述

某三层混合结构办公楼，砖墙承重，现浇梁板，板厚 8cm。二层和三层四角共有八个大间（图 4-2）。每个大间中间设置一根肋形梁，尺寸为 22cm×40cm。工程交工使用数月后，发现梁配筋比设计少配了 2/3。

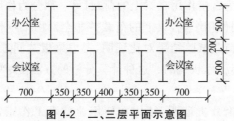

图 4-2　二、三层平面示意图

经调查造成这一事故的原因纯属设计错误,按规定计算梁主筋截面应为 7.09cm²,而施工图中钢筋截面积仅为 2.26cm²。

(2)原因分析

1)由于梁实际配筋量明显少于按设计规范计算的需要量,必须分析由此造成的影响和危害。

2)工程使用情况调查表明,工程交工后使用数月中,大房间中曾集中五六十人开会(相当于活荷载约 1kN/m²)。发现问题后,对梁进行了检查,在二楼只发现梁跨中有两条裂缝,宽 0.1mm,裂缝伸展到梁高的 2/3;在三楼只发现梁的跨中有一条约 0.2mm 的裂缝,裂缝伸展至板的下边缘。因此对此梁能否安全使用必须作进一步分析。

3)按照使用荷载的要求,分四级加荷进行结构荷载试验,并测量跨中挠度、支座转角和钢筋应变。结果表明,它们均与荷载基本呈线性关系,这说明构件处于正常使用状态。在设计荷载 2kN/m² 作用下,二楼和三楼梁跨中的最大挠度分别为 5.08mm 和 5.3mm,挠跨比为 1/984 和 1/983,均小于规范规定值 1/200,可见在使用荷载作用下的结构变形,满足使用要求。在 2kN/m² 荷载作用下,裂缝宽度与长度均无变化,都在规范允许范围以内。在 2kN/m² 活荷载作用下钢筋应力约为 110N/mm²,加上自重产生的应力,也不可能达到屈服强度。以上试验数据说明,结构在使用荷载作用下处于正常工作状态。

4)梁内少配 2/3 钢筋后,仍能正常工作的原因分析。在计算钢筋混凝土肋形楼盖使用阶段的内力时,采用了下述两条基本假定:一是不考虑混凝土材料的弹塑性变形和裂缝对刚度的影响,按弹性理论计算;二是周边按简支条件考虑。结构的实际工作情况与上述假定有较大的差别。现仅就梁支座约束和梁板共同工作问题作如下简要分析。

关于梁支座约束问题,通常称支座平均弯矩与跨中弯矩之比为支座约束度。根据该工程荷载试验所测得的支座角位移和跨中挠度可以换算求得支座约束度。该工程二楼梁的平均支座约束度为 75.87%,三楼为 54.03%。由于支座约束度的影响,梁跨中弯矩明显减少。

关于梁板共同工作问题。肋形楼盖设计时,通常将作用在楼盖上的荷载分成两部分计算,一部分为直接作用在梁上的荷载,另一部分为作用在板上的荷载。实际上由于梁板的共同作用影响,梁上的荷载并非全部由梁承担,板也承担一部分。通过理论分析,并与荷载试验结果对比证明,考虑梁板共同工作,按弹性理论分析是比较符合构件实际工作状况的。这种计算分析的方法使跨中弯矩进一步减小。

(3)处理方法

荷载试验与理论分析证明:结构在使用荷载下工作正常,梁中虽然少配了

2/3 钢筋,但由于支座约束和梁板共同工作等有利因素的影响,实际所配钢筋仍能满足使用要求,因此不用作结构加固处理。经过多年使用观察检查,结构一直处于正常工作状态。

2. 案例 2

(1)工程事故概述

某框架工程位于 8 度抗震设防区,其平、立面示意(图 4-3)。框架施工到五层时,发现梁柱节点处柱箍筋普遍少放,个别漏放。设计箍筋 $\phi8@100$,实际@大部分为 150mm,少量为 200mm,个别未放此箍筋。此外,箍筋弯钩是 90°直钩,不符合规范要求,除了钢筋问题外,各层框架梁底部与柱连接处,混凝土质量差,有不同程度夹渣。

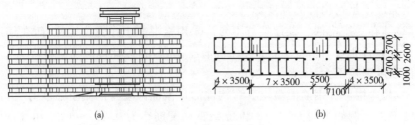

图 4-3　平、立面示意图

(a)立面;(b)平面

(2)处理方法

经有关部门鉴定,提出如下处理意见:

1)原设计具有相当大的抗震潜力,但在强烈地震作用下,在底层的薄弱部位将产生弹塑性变形集中现象,配箍少的节点不能满足抗震要求;其他各层在 8 度地震作用下,实际箍筋的间距尚能满足抗震要求;箍筋采用 90°直钩,明显降低了对主筋的固定作用。

2)基于上述分析,建议框架的底层各节点均采用外包钢加固处理(图 4-4),其他各节点原则上不作专门处理。

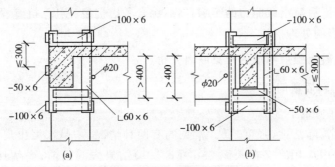

图 4-4　外包钢加固节点示意图

第二节 混凝土工程

一、混凝土强度不足事故

（一）混凝土强度不足对结构的影响

根据钢筋混凝土结构设计原理分析，混凝土强度不足对不同结构强度的影响差别大小，一般规律如下：

（1）轴心受压构件。通常按混凝土承受全部或大部分荷载进行设计。因此，混凝土强度不足对构件的强度影响较大。

（2）轴心受拉构件。设计规范不允许采用素混凝土作受拉构件，而在钢筋混凝土受拉构件强度计算中，又不考虑混凝土的作用，因此混凝土强度不足，对受拉构件强度影响不大。

（3）受弯构件。钢筋混凝土受弯构件的正截面强度与混凝土强度有关，但影响幅度不大。例如纵向受拉 HRB335 级钢筋配筋率为 $0.2\%\sim1.0\%$ 的构件，当混凝土强度由 C30 降为 C20 时，正截面强度下降一般不超过 5%，但混凝土强度不足对斜截面的抗剪强度影响较大。

（4）偏心受压构件。对小偏心受压或受拉钢筋配置较多的构件，混凝土截面全部或大部受压，可能发生混凝土受压破坏，因此混凝土强度不足对构件强度影响明显。对大偏心受压且受拉钢筋配置不多的构件，混凝土强度不足对构件正截面强度的影响与受弯构件相似。

（5）对冲切强度影响。冲切承载能力与混凝土抗拉强度成正比，而混凝土抗拉强度约为抗压强度的 $7\%\sim14\%$（平均 10%）。因此混凝土强度不足时抗冲切能力明显下降。

在处理混凝土强度不足事故前，必须区别结构构件的受力性能，正确估计混凝土强度降低后对承载能力的影响，然后综合考虑抗裂、刚度、抗渗、耐久性等要求，选择适当的处理措施。

（二）混凝土强度不足的常见原因分析

1. 原材料质量问题

（1）水泥质量不合格

1）水泥实际活性（强度）低。常见的有两种情况，一是水泥出厂质量差，而在实际工程中应用时又在水泥 28d 强度试验结果未测出前，先估计水泥强度等级配制混凝土，当 28d 水泥实测强度低于原估计值时，就会造成混凝土强度不足;二是水泥保管条件差,或贮存时间过长,造成水泥结块,活性降低而影响强度。

2)水泥安定性不合格。其主要原因是水泥熟料中含有过多的游离氧化钙(CaO)或游离氧化镁(MgO),有时也可能由于掺入石膏过多而造成。尤其需要注意的是有些安定性不合格的水泥所配制的混凝土表面虽无明显裂缝,但强度极度低下。

(2)骨料(砂、石)质量不良

1)石子强度低。在有些混凝土试块试压中,可见不少石子被压碎,说明石子强度低于混凝土的强度,导致混凝土实际强度下降。

2)石子体积稳定性差。有些由多孔燧石、页岩、带有膨胀黏土的石灰岩等制成的碎石,在干湿交替或冻融循环作用下,常表现为体积稳定性差,而导致混凝土强度下降。例如变质粗玄岩,在干湿交替作用下体积变形可达 600×10^{-6}。以这种石子配制的混凝土在干湿变化条件下,可能发生混凝土强度下降,严重的甚至破坏。

3)石子形状与表面状态不良。针片状石子含量高影响混凝土强度。而石子具有粗糙的和多孔的表面,因与水泥结合较好,而对混凝土强度产生有利的影响,尤其是抗弯和抗拉强度。最普通的一个现象是在水泥和水灰比相同的条件下,碎石混凝土比卵石混凝土的强度高 10% 左右。

4)骨料(尤其是砂)中有机杂质含量高。如骨料中含腐烂动植物等有机杂质(主要是鞣酸及其衍生物),对水泥水化产生不利影响,而使混凝土强度下降。

5)黏土、粉尘含量高。由此原因造成的混凝土强度下降主要表现在以下三方面,一是这些很细小的微粒包裹在骨料表面,影响骨料与水泥的黏结;二是加大骨料表面积,增加用水量;三是黏土颗粒、体积不稳定,干缩湿胀,对混凝土有一定破坏作用。

6)三氧化硫含量高。骨料中含有硫铁矿(FeS_2)或生石膏($CaSO_4 \cdot 2H_2O$)等硫化物或硫酸盐,当其含量以三氧化硫量计较高时(例如 >1%),有可能与水泥的水化物作用,生成硫铝酸钙,发生体积膨胀,导致硬化的混凝土裂缝和强度下降。

7)砂中云母含量高。由于云母表面光滑,与水泥石的黏结性能极差,加之极易沿节理裂开,因此砂中云母含量较高对混凝土的物理力学性能(包括强度)均有不利影响。

(3)拌和水质量不合格

拌制混凝土若使用有机杂质含量较高的沼泽水、含有腐殖酸或其他酸、盐(特别是硫酸盐)的污水和工业废水,可能造成混凝土物理力学性能下降。

（4）外加剂质量差

目前一些小厂生产的外加剂质量不合格的现象相当普遍，仅以经济较发达的某省为例，抽检了一些质量较好的外加剂生产厂，产品合格率仅 68% 左右。其他一些省问题更严重，最应注意的是这些外加剂的出厂证明都是合格品，因此，由于外加剂造成混凝土强度不足，甚至混凝土不凝结的事故时有发生。

2. 混凝土缺陷的影响

钢筋混凝土构件拆模后，表面经常显露出各种不同程度的缺陷，如麻面、蜂窝、露筋、空洞、掉角等，这些缺陷的存在表明混凝土不密实、强度低，构件截面削弱，结构构件的承载能力低。

3. 混凝土配合比不当

混凝土配合比是决定强度的重要因素之一，其中水灰比的大小直接影响混凝土强度，其他如用水量、砂率、骨灰比等也影响混凝土的各种性能，从而造成强度不足事故。这些因素在工程施工中，一般表现在如下几个方面：

（1）随意套用配合比。混凝土配合比是根据工程特点、施工条件和原材料情况，由工地向试验室申请试配后确定。但是，目前不少工地却不顾这些特定条件，仅根据混凝土强度等级的指标，随意套用配合比，因而造成许多强度不足事故。

（2）用水量加大。较常见的有搅拌机上加水装置计量不准；不扣除砂、石中的含水量；甚至在浇灌地点任意加水等。用水量加大后，使混凝土的水灰比和坍落度增大，造成强度不足事故。

（3）水泥用量不足。除了施工工地计量不准外，包装水泥的重量不足也屡有发生。由于工地上习惯采用以包计量的方法，因此混凝土中水泥用量不足，造成强度偏低。

（4）砂、石计量不准。较普遍的是计量工具陈旧或维修管理不好，精度不合格。有的工地砂石不认真过磅，有的将重量比折合成体积比，造成砂、石计量不准。

（5）外加剂用错。主要有两种；一是品种用错，在未搞清外加剂属早强、缓凝、减水等性能前，盲目乱掺外加剂，导致混凝土达不到预期的强度；二是掺量不准，因掺量失控，造成混凝土凝结时间推迟或强度发展缓慢等。

4. 没有严格控制水灰比

当用同一种水泥（品种及强度相同）时，混凝土强度等级主要取决于水灰比。混凝土中水灰比愈大，强度就愈低。但施工中为了施工容易，随意加水，有的施工配合比没有扣除骨料的水分,造成混凝土强度严重不足。

5. 混凝土施工工艺存在问题

(1)混凝土拌制不佳。向搅拌机中加料顺序颠倒,搅拌时间过短,造成拌和物不均匀,影响强度。

(2)运输条件差。在运输中发现混凝土离析,但没有采取有效措施(如重新搅拌等),运输工具漏浆等均影响强度。

(3)浇筑方法不当。如浇筑时混凝土已初凝;混凝土浇筑前已离析等均可造成混凝土强度不足。

(4)模板严重漏浆。

(5)成型振捣不密实。混凝土入模后的空隙率达 10%～20%,如果振捣不实,或模板漏浆必然影响强度。

(6)养护制度不良。主要是温度、湿度不够,早期缺水干燥,或早期受冻,造成混凝土强度偏低。

6. 和易性欠佳

混凝土中水灰比小从理论上讲固然可获得较高混凝土强度,但水灰比太小,势必影响混凝土的和易性,使混凝土不易拌和,运输时分层离析,浇筑时不易捣实,成型后难于修整抹平,且硬化后不均匀密实,也会反过来影响混凝土的强度。浇筑时不要任意加大坍落度,有的工地不根据具体情况,片面强调操作方便,任意加大坍落度,使混凝土出现泌水和离析现象,降低了混凝土强度。

7. 试块管理不善

(1)交工试块未经标准养护。至今还有一些工地和不少施工人员不知道交工用混凝土试块应在温度为 (20 ± 3)℃和相对湿度为 90% 以上的潮湿环境或水中进行标准条件下养护,而将试块在施工同条件下养护,有些试块的温、湿度条件很差,并且有的试块被撞砸,因此试块的强度偏低。

(2)试模管理差。试模变形不及时修理或更换。

(3)不按规定制作试块。如试模尺寸与石料粒径不相适应,试块中石子过少,试块没有用相应的机具振实等。

8. 碱骨料反应

碱骨料反应主要是由于水泥中碱含量较高,而同时骨料中又含有活性 SiO_2 时,碱就会与骨料中的活性 SiO_2 反应,形成碱性硅酸盐凝胶。碱性硅酸盐凝胶具有较强的吸水能力,在积聚水分的过程中,产生膨胀而将硬化浆体结构胀裂破坏。除此之外,水泥中碱还与白云质石灰石产生反应(脱白云石反应),该反应使白云石中黏土矿物暴露并吸水膨胀而造成破坏。由于水泥浆体结构

中有较多 $Ca(OH)_2$ 存在,还会使脱白云石反应继续进行,不断循环,造成更严重的破坏。因此,当水泥中含碱较高,又使用含有白云质碳酸盐和活性二氧化硅的粗骨料,如蛋白石、玉髓、黑耀石、沸石、多孔燧石、流纹岩、安山岩、凝灰岩等,就可能发生碱-集料反应,造成混凝土强度下降和开裂。日本有资料介绍,在其他条件相同的情况下,碱骨料反应之后混凝土强度仅为正常值的 60%。

(三)混凝土强度不足事故常用处理方法

(1)测定混凝土的实际强度。当试块试压结果不合格,估计结构中的混凝土实际强度可能达到设计要求时,可用非破损检验方法,或钻孔取样等方法测定混凝土实际强度,作为事故处理的依据。

(2)利用混凝土后期强度。混凝土强度随龄期增加而提高,在干燥环境下 3 个月的强度可达 28d 的 1.2 倍左右,一年可达 1.35~1.75 倍。如果混凝土实际强度比设计要求低得不多,结构加荷时间又比较晚,可以采用加强养护,利用混凝土后期强度的原则处理强度不足事故。

(3)减少结构荷载。由于混凝土强度不足造成结构承载能力明显下降,又不便采用加固补强方法处理时,通常采用减少结构荷载的方法处理。例如,采用高效轻质的保温材料代替白灰炉渣或水泥炉渣等措施,减轻建筑物自重,又如降低建筑物的总高度等。

(4)结构加固。柱混凝土强度不足时,可采用外包钢筋混凝土或外包钢加固,也可采用螺旋筋约束柱法加固。梁混凝土强度低导致抗剪能力不足时,可采用外包钢筋混凝土及粘贴钢板方法加固。当梁混凝土强度严重不足,导致正截面强度达不到规范要求时,可采用钢筋混凝土加高梁,也可采用预应力拉杆补强体系加固等。

(5)分析验算挖掘潜力。当混凝土实际强度与设计要求相差不多时,一般通过分析验算,多数可不作专门加固处理。因为混凝土强度不足对受弯构件正截面强度影响较小,所以经常采用这种方法处理;必要时在验算的基础上,做荷载试验,进一步证实结构安全可靠,不必处理。装配式框架梁柱节点核心区混凝土强度不足,可能导致抗震安全度不足,只要根据抗震规范验算后,在相当于设计震级的作用下,强度满足要求,结构裂缝和变形不经修理或经一般修理仍可继续使用,则不必采用专门措施处理。需要指出:分析验算后得出不处理的结论,必须经设计签证同意方有效。同时还应强调指出,这种处理方法实际上是挖设计潜力,一般不应提倡。

(6)拆除重建。由于在材料质量问题严重和混凝土配合比错误造成混凝土不凝结或强度低下时,通常都采用拆除重建。中心受压或小偏心受压柱混凝土强度不足时,对承载力影响较大,如不宜用加固方法处理时,也多用此方法处理。

混凝土强度不足处理方法选择见表 4-2。

表 4-2　混凝土强度不足处理方法选择参考表

原因或影响程度		处理方法					
		测定实际强度	利用后期强度	减小结构荷载	结构加固	分析验算	拆除重建
强度不足差值	大			□	△		□
	小	□	△		□	△	
构件受力特征	轴心或小偏心受压	□			△		
	冲切受弯(正截面)			□	□	△	
	抗剪			□	△		
原材料质量差	严重	□			△		△
	一般				□	△	
强度不足原因	配合比不当	□		□	△	△	
	施工工艺不当	□	□	□	△	△	
	试块代表性差	△					

注:△—常用;□—也可选用。

(四)案例分析

(1)工程事故概述

图 4-5 标准层平面图某招待所建筑中间大厅部分高 14 层,两翼为 11 层,标准层平面见图 4-5,建筑面积为 9680m²,主体结构中间大厅部分为框剪结构,两翼均为剪力墙结构,外墙板采用北京市大模板住宅通用构件,内墙为 C20 钢筋混凝土。

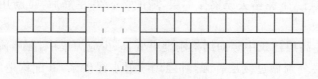

图 4-5　标准层平面图

当主体结构施工到 6 层时,发现下列部位混凝土强度达不到要求。

1)3 层有 6 条轴线的墙体混凝土,28d 的试块强度为 9.70N/mm²,至 82d 后取墙体混凝土芯一组,其抗压强度分别为 8.04、12.74、12.64N/mm²;

2)4 层有 6 条轴线墙柱混凝土试块的 29d 强度为 12.15N/mm²,至 78d 后取墙体混凝土芯一组,其抗压强度分别为 6.96、5.19、12.05N/mm²;除这 6 条轴线的构件混凝土强度不足外,该层其他构件也存在类似问题。

由于上述部位混凝土的实际强度只达到设计强度的 50% 左右,造成了主体结构重大的质量事故。

(2)原因分析

1)水泥管理混乱,该工地小厂水泥与大厂水泥同时使用,水泥进场时间记录不详,各种水泥堆放时没有严格分开,又无明显标志,导致错用水泥。

2)混凝土水灰比过大,坍落度较大,还出现泌水、离析现象,造成强度低下。

3)混凝土配料计量不准:以体积比代重量比,导致混凝土配合比不准。

(3)处理方法

由于混凝土强度严重低于设计要求,必须作补强加固处理。考虑到本工程的结构方案是小开间钢筋混凝土剪力墙结构,受力性能较好,但为了安全可靠,加固方法决定采用在不改变原有结构方案的前提下,提高部分构件的承载能力,并且按抗震要求补强。同时,还应适当照顾到建筑装饰和设备安装的有关问题。经过协商采用以下加固补强措施。

1)内纵、横墙两侧分别做 50mm、40mm 厚的 C25 钢筋混凝土夹板墙;

2)中柱在四周做 60mm 厚的 C40 细石混凝土围套,每柱增加纵向钢筋 428＋816;

3)伸缩缝处附墙柱、外墙及角柱,采用四周做 40mm 厚的钢筋混凝土围套的方法加固;

4)在山墙顶部设一根 200mm×500mm 的梁,将上层的地震水平荷载通过梁传递到本层的加固柱;

5)4 层的大梁两侧和底部分别做厚为 100mm 和 50mm 的钢筋混凝土 U 形套;

6)由于门洞过梁多,尺寸大,受力集中,加固时维持原门洞高度不变,采取两侧加喷射混凝土,下侧凿去原梁保护层,增配 2 Φ 25 主筋后,重新用喷射混凝土做出保护层;

7)为避免高层建筑中竖向结构刚度突变,减少应力集中,在墙体加固层的上一层和下一层分别做过渡层补强,补强用喷射水泥砂浆,并配构造细钢筋网,上过渡补强层厚 20mm,下过渡层厚 25mm。

为了确保工程质量,加固层墙体、梁、柱混凝土及过渡层的水泥砂浆均采用喷射法施工。

二、混凝土裂缝

(一)裂缝的主要原因分析

混凝土裂缝主要原因分类见表 4-3。需要注意的是,表中所述原因尚可以相互叠加。例如设计荷载、温度差、混凝土收缩、地基不均匀沉降、施工质量遗留的隐患等原因都可能叠加,此形成的裂缝往往较严重。

表 4-3　混凝土裂缝主要原因与图例

类别	序号	原因	举例	裂缝示意图
材料质量	1	水泥安定性不合格	因水泥安定性不合格,现浇板等产生裂缝	
	2	砂石级配差、砂太细	用特细砂配制的混凝土梁的侧面裂缝	
	3	砂、石中含泥量太大	砂、石含泥量高,干缩后产生不规则裂缝	
	4	使用了反应性骨料或风化岩	混凝土碱—骨料反应引起裂缝	
	5	不适当地掺用氯盐	掺 2% 氯化钙,两年半后柱上产生沿钢筋方向的裂缝	
	6	不按规范要求设置钢筋	次梁与主梁连接处漏放附加钢筋而产生裂缝	
建筑和构造不良	7	平面布置不合理,结构构造措施不力	楼盖现浇板因设置天井留洞,楼盖断面削弱一年以上而裂缝	裂缝
	8	变形缝设置不当	大型设备基础不设伸缩缝而产生的裂缝	
	9	构造钢筋不足	梁高较大时(>700mm),在梁两侧未设置足够的构造钢筋,而产生裂缝	收缩裂缝

（续）

类别	序号	原因	举例	裂缝示意图
结构设计失误	10	受拉钢筋截面积太大或设计无抗裂要求	梁、板构件中配筋量太低,造成的裂缝	
	11	抗剪强度不足（混凝土强度不足或抗剪钢筋少）	梁支座附近的斜裂缝	
	12	混凝土截面积太小	超量配筋引起的受压区裂缝	
	13	抗扭能力不足	梁抗扭能力不足产生斜裂缝	
	14	抗冲切能力不足	无梁楼盖、柱顶板抗冲切能力不足引起余裂缝	
地基变形	15	房屋一端沉降大	不埋入土中的板式基础因沉降差太大而断裂	沉降大
	16	房屋两端沉降大于中间	单层钢筋混凝土处墙房屋裂缝	
	17	地基局部沉降过大	构架结构不均匀沉降引起裂缝	
	18	地面荷载过大	单层厂房柱因此而产生横向裂缝	
施工工艺不当或质量差	19	混凝土配合比不良	水灰比过大,混凝土沉缩,在上层钢筋顶部产生沉缩裂缝	
	20	模板变形	梁侧模刚度不足而产生的裂缝	裂缝

（续）

类别	序号	原因	举例	裂缝示意图
	21	浇筑顺序或浇筑方法不当	框架柱浇完后连续浇筑框架梁造成裂缝	
	22	浇筑速度过快	墙浇筑速度过快造成的裂缝	
	23	模板支撑沉陷	悬臂板支撑下沉后裂缝	
	24	出现冷缝又不作适当处理	大型水池池壁浇筑时中间停歇，造成裂缝	
施工工艺不当或质量差	25	钢筋保护层过小	圆梁上等距离的竖向裂缝	
	26	钢筋保护层过大	现浇双向板支撑处钢筋下移后产生的裂缝	
	27	养护差，早期收缩过大	现浇板早期干缩裂缝	
	28	早期受震	梁接头处钢筋早期受碰撞后的裂缝	
	29	早期受冻	钢模板浇筑，冬季无保温措施而裂缝	
	30	过早加载或施工超载	宿舍空心板因施工超载造成严重裂缝	

（续）

类别	序号	原因	举例	裂缝示意图
施工工艺不当或质量差	31	构件运输吊装工艺不当	山墙柱吊点不当造成裂缝	
	32	滑模工艺不当	模板锥度不准确或滑升时间太迟，把墙面拉裂	
	33	混凝土达不到设计强度	梁抗剪强度不足而出现斜裂缝	
温度影响	34	水泥水化热引起过大的温差	大体积钢筋混凝土板因内外温差过大而产生裂缝	
	35	水泥水化热引起过大的温差	大体积混凝土内部温差过大而产生裂缝	
	36	屋盖受热膨胀或降温收缩	平屋面受热膨胀后引起墙裂缝	
	37	高温作用	鼓风炉侧梁表面长期温度80~97℃而产生裂缝	
	38	温度骤降	某框架柱截面尺寸700 mm×1000 mm，浇混凝土5d后拆模，由于气温骤降，造成柱纵向裂缝	
混凝土收缩	39	混凝土凝固后表面失水过快	结构或构件表面不规则发生裂缝	
	40	硬化后收缩	挑檐板横向贯穿裂缝	

（续）

类别	序号	原因	举例	裂缝示意图
其他	41	酸、盐等化学腐蚀	钢筋锈蚀后膨胀引起裂缝	
	42	震动	地震作用,柱出现交叉裂缝	

（二）裂缝鉴别及危害严重裂缝的特征

1. 裂缝鉴别的主要内容

一般需从裂缝现状、开裂时间与裂缝发展变化三方面调查分析,其鉴别的主要内容有以下几方面:

（1）裂缝位置与分布特征

一般应查明裂缝发生在第几层,出现在什么构件（梁、柱、墙、板等）上,裂缝在构件上的位置,如梁的两端或跨中,梁截面的上方或下面等。裂缝数量较多时,常用开裂面的平（立）面图表示。

（2）裂缝方向与形状

一般裂缝的方向同主拉应力方向垂直,因此要注意分清裂缝的方向,如纵向、横向、斜向、对角线以及交叉等。要注意区分裂缝的形状是上宽下窄,或相反,或两端窄中间宽等不同情况。

（3）裂缝分支情况

裂缝分支角的大小,分支角是指与主裂缝的夹角,常见的是锐角、直角和120°角。裂缝分支数,指以裂缝点计算的裂缝数（包括主裂缝）,常见的是三支裂缝。

（4）裂缝宽度

常用带刻度的放大镜测量,操作时应注意以下五点:

1）测量与裂缝相垂直方向的宽度;

2）注意所量裂缝的代表性,以及其他缺陷的影响;

3）每次测量的温、湿度条件尽可能一致;

4）直接淋雨的构件,宜在干燥2～3d后测量;

5）梁类构件,应测量受力钢筋一侧的裂缝宽度。

（5）裂缝长度

某条裂缝长;某个构件或某个建筑物裂缝总长度;单位面积的裂缝总长度。

（6）裂缝深度

主要区别浅表裂缝，保护层裂缝，较深的甚至贯穿性裂缝。

（7）开裂时间

它与开裂原因有一定关系，因此要准确查清楚。要注意发现裂缝的时间不一定就是开裂的时间。对钢筋混凝土结构，拆模时是否出现裂缝也很重要。

（8）裂缝的发展与变化

裂缝长度、宽度、数量等方面的变化，要注意这些变化与环境温、湿度的关系。

（9）其他

混凝土有无碎裂、剥离；裂缝中有无漏水、析盐、污垢，以及钢筋是否严重锈蚀等。

根据对前述 9 项内容的分析，可对大部分裂缝作出正确的鉴别，例如对构造不合理造成的裂缝、施工裂缝等都比较容易作出正确的判断。

2. 温度裂缝、收缩裂缝、荷载裂缝和地基变形四类裂缝的鉴别

这四类裂缝的鉴别可从裂缝位置与分析特征；裂缝方向与形状；裂缝大小与数量；裂缝出现时间以及发展变化等五个方面进行，详见表 4-4～表 4-8。

表 4-4　裂缝位置与分布特征鉴别

裂缝原因		裂缝位置								
		房屋上部	房屋下部	构件中部	构件两端	截面上部	截面中部	截面下部	裸露表面	近热源处
温度	气温	△		□①	△①	△				
	高热源									△
收缩	早期								△	
	硬化后			△					△	
荷载②	简支梁			△	□	△	□	△		
	连续梁			△	△		□	△		
	柱			△						
地基变形	梁	□	△							
	柱	□	△							
	墙	□	△							

注：1. △—表示常见，□—表示少见（下同）；

　　2. ①指房屋的中部或两端；

　　3. ②指其他荷载裂缝位置的应力最大区附近。

表 4-5　裂缝方向与形状鉴别

方向及形状＼裂缝原因		裂缝方向				裂缝形状		
		无规律	与构件轴线垂直	与构件轴线平行	斜	一端细另一端宽	两端细中间宽	宽度变化不大
温度	梁、板		△			△		△
	墙			△		△		
收缩	早期	△					△	
	硬化后		△				△	△
荷载	梁、板		△	□	△①	△	□	
	柱		△	□		△	□	
地基变化	梁、板		△				□	
	柱		△		△			
	墙				△	△		

注：一般出现在支座附近，沿 45°方向向跨中上方伸展。

表 4-6　裂缝大小与数量鉴别

裂缝原因		大小与数量							
		最大宽度		深度		长度		数量	
		较宽	较细	较深	浅表	较长	短	较多	较少
温度		□	△						
收缩	早期		△	△		△			
	硬化后	△	□	□	△	△			
荷载	梁板	□	△	□		□		△	△
	柱		△			△		△	
	墙					△		△	
地基变形	梁板								△
	柱								△
	墙						△		

注：温度裂缝、地基变形裂缝的尺寸与数量变化较大。

表 4-7　从裂缝出现时间鉴别

裂缝原因		出现时间					
		施工期	竣工后不久	荷载突然增加	经过夏天或冬天后	短期	长期
温度	气温				△		
	高温烧烤					△	
	80～100℃						△
收缩	早期	△					
	硬化后	△	△				△

（续）

裂缝原因	出现时间					
	施工期	竣工后不久	荷载突然增加	经过夏天或冬天后	短期	长期
荷载			△			
地基变形	□	△				

表 4-8　裂缝发展变化鉴别

裂缝原因	发展变化				
	气温或环境温度	时间	湿度	荷载大小	地基变形
温度	△				
收缩		△	△		
荷载		△		△	
地基变形		△			△

注：1. 地基变形稳定后，地基变形裂缝也趋稳定；

　　2. 正常使用阶段的荷载裂缝，一般变化不大。

3. 危害严重的裂缝及其特征

（1）柱

1）出现裂缝、保护层部分剥落、主筋外露。

2）一侧产生明显的水平裂缝，另一侧混凝土被压碎，主筋外露。

3）出现明显的交叉裂缝。

（2）墙

墙中间部位产生明显的交叉裂缝，或伴有保护层脱落。

（3）梁

1）简支梁、连续梁跨中附近，底面出现横断裂缝，其一侧向上延伸达 2/3 梁高以上；或其上面出现多条明显的水平裂缝，保护层脱落，下面伴有竖向裂缝。

2）梁支承部位附近出现明显的斜裂缝，这是一种危险裂缝。当裂缝扩展延伸达 1/3 梁高以上时，或出现斜裂缝同时，受压区还出现水平裂缝，则可能导致梁断裂而破坏；尤其应该注意：当箍筋过少，且剪跨比（集中荷载至支座距离与梁有效高度之比）大于 3 时，一旦出现斜裂缝，箍筋应力很快达到屈服强度，斜裂缝迅速发展使梁裂为两部分而破坏。

3）连续梁支承部位附近上面出现明显的横断裂缝，其一侧向下延伸达 1/3 梁高以上；或上面出现竖向裂缝，同时下面出现水平裂缝。

4）悬臂梁固定端附近出现明显的竖向裂缝或斜裂缝。

（4）框架

1）框架柱与框架梁上出现的与前述柱及梁的危险裂缝相同的裂缝。

2）框架转角附近出现的竖裂缝、斜裂缝或交叉裂缝。

（5）板

1）出现与受拉主筋方向垂直的横断裂缝，并向受压区方向延伸。

2）悬臂板固定端附近上面出现明显的裂缝，其方向与受拉主筋垂直。

3）现浇板上面周边产生明显裂缝，或下面产生交叉裂缝。

除上述这些危害严重的裂缝外，凡裂缝宽度超过设计规范的允许值，都应认真分析，并适当处理。

（三）裂缝处理原则及方法

1. 裂缝处理应遵循的原则

（1）查清情况。主要应查清建筑结构的实际状况、裂缝现状和发展变化情况。

（2）鉴别裂缝性质。根据前述内容确定裂缝性质是处理的必要前提。对原因与性质一时不清的裂缝，只要结构不会恶化，可以进一步观测或试验，待性质明确后再适当处理。

（3）明确处理目的。根据裂缝的性质和使用要求确定处理目的。例如：封闭保护或补强加固。

（4）确保结构安全。对危及结构安全的裂缝，必须认真分析处理，防止产生结构破坏倒塌的恶性事故，并采取必要的应急防护措施，以防事故恶化。

（5）满足使用要求。除了结构安全外，应注意结构构件的刚度、尺寸、空间等方面的使用要求，以及气密性、防渗漏、洁净度和美观方面的要求等。

（6）保证一定的耐久性。除考虑裂缝宽度、环境条件对钢筋锈蚀的影响外，应注意修补的措施和材料的耐久性能问题。

（7）确定合适的处理时间。如有可能最好在裂缝稳定后处理；对随环境条件变化的温度裂缝，宜在裂缝最宽时处理；对危及结构安全的裂缝，应尽早处理。

（8）防止不必要的损伤。例如对既不危及安全，又不影响耐久性的裂缝，避免人为的扩大后再修补，造成一条缝变成两条的后果。

（9）改善结构使用条件，消除造成裂缝的因素。这是防止裂缝修补后再次开裂的重要措施。例如卸载或防止超载，改善屋面保温隔热层的性能等。

（10）处理方法可行。不仅处理效果可靠，而且要切实可行，施工方便、安全、经济合理。

（11）满足设计要求，遵守标准规范的有关规定。

2. 裂缝处理方法及选择

（1）处理方法种类

1）表面修补。常用的方法有压实抹平，涂抹环氧胶粘剂，喷涂水泥砂浆或细石混凝土，压抹环氧胶泥，环氧树脂粘贴玻璃丝布，增加整体面层，钢锚栓缝合等。

2）局部修复法。常用的方法有充填法、预应力法、部分凿除重新浇筑混凝土等。

3）水泥压力灌浆法。适用于缝宽≥0.5mm的稳定裂缝。

4）化学灌浆。可灌入缝宽≥0.05mm的裂缝。

5）减小结构内力。常用的方法有卸荷或控制荷载，设置卸荷结构，增设支点或支撑，改简支梁为连续梁等。

6）结构补强。常用的方法有增加钢筋、加厚板、外包钢筋混凝土、外包钢、粘贴钢板、预应力补强体系等。

7）改变结构方案，加强整体刚度。

8）其他方法。常用方法有拆除重做，改善结构使用条件，通过试验或分析论证不处理等。

（2）处理方法选择

选择处理方法时应考虑的因素有：裂缝性质、大小、位置、环境、处理目的，以及结构受力情况和停用情况等。裂缝处理方法的选择可参照表4-9。

表 4-9　裂缝处理方法选择

分　类		处　理　方　法					
		表面修补	局部修复	灌浆		减少内力	结构补强
				水泥	化学		
裂缝性质	温度	△	□		□		
	收缩	△	□		□		
	荷载		△	□	△	△①	△
	地基变形	△	□		□		□
裂缝宽度	＜0.1	△			□		
	0.1～0.5	△		△			□
	＞0.5			△	□		□
处理目的	美观	△					
	防渗漏	△	□	□	△		
	耐久性		□		□		
	承载能力		□	□	△	△①	△

注：1. ①应与表面修补配合使用。

　　2. △—较常用；□—较少用。

（四）案例分析

（1）工程事故概述

某车间是一个由现浇混凝土多层框架结构与砖混结构组合而成的车间,其平面与剖面示意图如图4-6所示。

2003年12月14日完成框架混凝土的浇筑,接着就开始砌砖,2004年3月砌砖工程完成。2004年4月进行室内装修时发现砖墙裂缝,因而对框架进行了全面的检查,结果发现顶层的每个框架横梁上都显现出程度不同的裂缝,如图4-7所示。

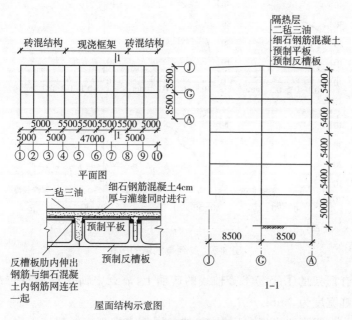

图 4-6 平面与剖面图

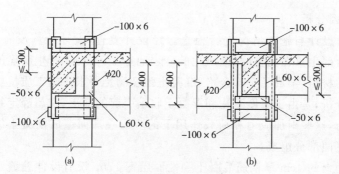

图 4-7 裂缝位置示意图

经观察裂缝具有以下特点：

1）位置都在靠近中柱两边附近的框架梁上。

2）裂缝都出现在梁的上半部，裂缝长度为50～60cm（梁高100cm）。

3）裂缝上宽下窄，最大宽为0.25mm。

4）梁的两侧面同一位置都有裂缝。

5）裂缝宽度与长度随气温变化。气温升高，裂缝加宽、加长；反之亦然，如图4-8所示。

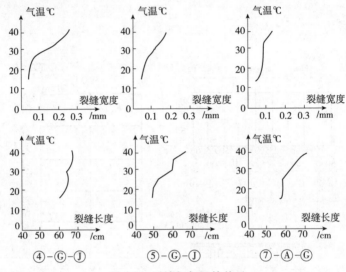

图4-8 裂缝与气温的关系

在没有框架的①②③④等轴线的砖墙上，靠近中轴线G附近也出现裂缝，最大的裂缝宽度为4mm。

砖墙与大梁裂缝出现在顶层，其他各层均未发现。框架柱上也没有肉眼可见的裂缝。

（2）原因分析

首先对设计与施工情况进行检查。经设计复查，设计计算没有出现错误。整个车间全部坐落在完整的、微风化的砂岩地基上，不可能产生明显的不均匀沉陷。所有的材料、半成品全部合格，混凝土强度满足要求。施工质量优良。从裂缝的特征分析，是由于温度变化和混凝土收缩引起的变形，在超静定结构中产生了附加应力，这些附加应力和荷载作用下的应力叠加而造成混凝土裂缝。附加应力由以下两部分组成：

1）屋面上的4cm厚钢筋混凝土刚性面层宽17m，没有设伸缩缝。而屋面构造是用钢筋和混凝土将反槽板、小平板与细石混凝土面层连成整体，施工中将反槽板间的灌缝细石混凝土与细石混凝土层一起浇筑,因此整个屋面结构的整体性好,刚性大。查阅施工记录可知,细石混凝土的浇筑时间是 2003 年 12 月 24 日,当时气温较低,混凝土内部的温度在 10℃ 左右。以后天气转暖,气温升高,在太阳直射下,混凝土的表面温度达 65℃,油毡面的温度更高,而原设计的隔热层因故没有及时施工。因此,刚性面层内的温度可达 60℃ 左右,与初始温度的温差达 50℃。这种温度变化引起屋面受热膨胀。由于屋面的整体性好,因此预制反槽板也随着温度的升高而发生位移。而且反槽板和梁之间的摩擦力很大,每米达 31kN,引起了屋面结构变形膨胀,并在梁内产生了较大的拉应力,其数值在靠近中柱附近的梁上表面为最大。

2)框架梁混凝土浇筑时间接近年底,为了赶进度,将梁混凝土强度从 C20 提高到 C30,实际 28d 试块强度达 $44 \sim 46 \text{N/mm}^2$,水泥用量增加很多;而混凝土又是采用特细砂配制的,因此使混凝土的收缩增大,这就使框架柱的约束在梁中产生较大的拉应力,这种应力靠近中柱附近的断面较大。

框架梁承受设计荷重时,支座附近为负弯矩,也在梁上面引起拉应力。靠中柱附近梁中的反弯点(弯矩零点)在离中轴线 144cm 左右。

综上所述,裂缝的原因是:由于设计荷载的拉应力和附加应力叠加,造成中柱附近的梁断面上表面的拉应力加大,因此有 7 条裂缝出现在离中轴线 1.5m 范围内。另外有 7 条裂缝其位置离中轴线 1.8～3.5m,这是因为在荷载作用下,梁内正弯矩较小(特别在反弯点附近),附加拉应力抵消压应力的影响后,拉应力仍然较大,就造成了梁的裂缝。查对施工图进一步发现,裂缝位置正处在负弯矩的钢筋切断点附近,由于受拉钢筋突然减少,造成薄弱断面,也是产生裂缝的原因之一。因梁上表面应力大,向下逐渐减小,故裂缝上宽下窄。而主要附加应力随气温升高而加大,因而裂缝也随之恶化。

(3)处理方法

发现裂缝后,立即组织对裂缝进行观测,经过两个多月的观测,找出裂缝随气温而变化的规律,最大裂缝宽度为 0.25mm。按照《混凝土结构设计规范》(GB 50010－2010)的规定,处在正常条件下的构件,最大裂缝宽度的计算允许值为 0.3mm。又参考了日本混凝土工程协会的《混凝土裂缝调查及修补规程》,该规程规定,对钢筋锈蚀作用不严重的轻工业车间,宽度在 0.3mm 以内的裂缝不需修补。因此,从耐久性要求考虑,这些裂缝不须修补。但是考虑到建筑美观和使用效果,决定在内装修前,气温最高时(即裂缝最大时),用环氧树脂对裂缝进行封闭处理。

(4)设计施工中应注意的几个问题

1)尽量减小混凝土收缩应力。建议采取以下措施:首先是框架梁的混凝土强度不宜用得太高,更不要在施工中任意提高强度。根据地方常用的混凝土配合比分析,强度从 C20 提高到 C30,单位水泥用量增加 $70\sim100$kg 左右,收缩将增加 $0.4\sim0.5\times10^{-4}$ 左右,因而收缩应力明显增大。其次是选用适当的原材料,用矿渣水泥和特细砂配制的混凝土,与用普通水泥、中粗砂配制的混凝土相比,收缩较大。由于砂太细,收缩明显增加。再次要采取可靠的养护措施,多层框架的养护条件较差,顶层的梁往往高于周围的建筑,混凝土在风吹日晒下水分蒸发很快,如果浇水养护较差,早期收缩必然加大。

2)重视框架结构内的温度变化而产生的附加应力。如温度差较大时,建议在结构计算中统一考虑构造与配筋;施工时,尽可能选择浇筑混凝土的恰当的时间,以减少施工和使用阶段结构内的温差。

3)重视隔热层的作用,尽早完成隔热层的施工。屋面隔热层不仅是建筑热工的需要,同时又能降低温差,减少附加应力。根据在重庆市的实测记录,目前常用的架空 $12\sim24$cm 的隔热板,夏天在阳光直射下,隔热板面上的温度比隔热板下屋面上的温度高 $10\sim12℃$,足见隔热板所起的作用。

4)屋面的刚性面层必须按规定分缝。这将减小因温度变化而在梁中产生的附加应力。

5)框架梁内负弯矩钢筋的切断点,除了考虑结构受力的需要外,还要结合建筑构造和施工特点,适当延长负弯矩的钢筋,避免在附加应力较大区域切断钢筋,而造成框架裂缝。

三、混凝土错位变形

(一)错位变形事故种类与常见原因分析

1. 错位变形事故种类

(1)构件平面位置偏差太大。

(2)建筑物整体错位或方向错误。

(3)构件竖向位置偏差太大。

(4)柱或屋架等构件倾斜过量。

(5)构件变形太大。

(6)建筑物整体变形。

2. 常见原因分析

(1)看错图纸。常见的把柱、墙中心线与轴线位置混淆;不注意设计图纸说明的特殊方向,如一般平面图上方为北,但有的施工图纸因特殊原因,上方为南。

（2）测量标志错位。如控制桩设置不牢固，施工中被碰撞、碾压而错位。

（3）测量错误。常见的是读错尺或计算错误。

（4）施工顺序错误。如单层厂房中吊装柱后先砌墙，再吊装屋盖，造成柱墙倾斜等。

（5）施工工艺不当。如柱或起重机梁安装中，未经校正即最后固定等。

（6）施工质量差。如构件尺寸、形状误差大，预埋件错位、变形严重，预制构件吊装就位偏差大，模板支撑刚度不足等。

（7）地基不均匀沉降。如地基沉降差引起柱、墙倾斜，起重机轨顶标高不平等。

（8）其他原因。如大型施工机械碰撞等。

（二）错位变形事故常见处理方法及注意事项

1. 上部结构错位变形常用处理方法

（1）纠偏复位。如用千斤顶对倾斜的构件进行纠偏；用杠杆和千斤顶调整起重机梁安装标高（图 4-15）等。

（2）改变建筑构造。如大型屋面板在屋架上支撑长度不足，可增加钢牛腿或铁件；又如空心楼板安装中，因构件尺寸误差大，而无法使用标准型号板时，可浇筑一块等高的现浇板等。

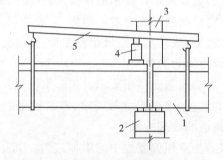

图 4-9　起重机梁标高调整方法示意图

1-被顶升的起重机梁；2-牛腿；3-上柱；4-千斤顶；5-杠杆

（3）后续工程中逐渐纠偏或局部调整。如多层现浇框架中，柱轴线出现不大的偏位时，可在上层柱施工时逐渐纠正到设计位置；又如单层厂房中，预制柱的弯曲变形，可在结构安装中局部调整，以满足各构件的连接要求。需要注意的是，采用这种处理方法前应考虑偏差产生的附加应力对结构的影响。

（4）增设支撑。如屋架安装固定后，垂直度偏差超过规定值可增设上弦或下弦平面支撑，有时还可增设垂直支撑和纵向系杆。

（5）补作预埋件或补留洞。结构或构件中应预埋的铁件遗漏或错位严重时，可局部凿除混凝土（有的需钻孔）后补作预埋件，也可用角钢、螺栓等固定在构件上代替预埋件。预留洞遗漏时可补作，洞口边长或直径不大于 500mm 时，应在孔口增加封闭钢箍或环形钢筋。钢筋搭接长度应不小于 La（La：纵向受拉钢筋最小锚固长度）。在 C20 混凝土中，La＝360mm；当洞口宽或直径大于 500mm 时，宜在洞边增加钢筋混凝土框（图 4-10）。

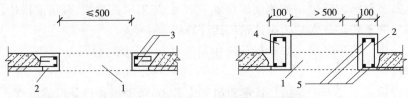

图 4-10　现浇板中补作预留洞示意图

1-凿除部分板;2-原板内配筋弯曲而成;3-2φ12 钢筋;4-钢筋混凝土框;5-4φ12 钢筋

(6)加固补强。错位、倾斜、变形过大时,可能产生较大的附加应力,需要加固补强。具体方法有外包钢筋混凝土、外包钢、粘贴钢板等。

(7)局部拆除重做。根据具体事故情况酌情处理。

2. 注意事项

在错位变形事故处理中应注意以下几点:

(1)对结构安全影响的评估是选择处理方法的前提。错位、偏差或变形较大时,必须对结构承载能力及稳定性等作必要的验算,根据验算结果选择处理方法。

(2)要针对错位变形的原因,选择适当的方法。如地基不均匀沉降造成的事故,需要根据地基变形发展趋势,选定处理方法;因施工顺序错误、施工质量低劣或意外的荷载作用等造成错位变形,则应针对其直接原因采用不同的处理措施,方可取得满意的效果。

(3)必须满足使用要求。如起重机梁调平、柱变形的消除等均应满足起重机行驶的坡度、净空尺寸等要求,以及根据生产流水线对建筑的要求,确定结构或构件错位的处理方法等。

(4)注意纠偏复位中的附加应力。如用千斤顶校正柱、墙倾斜,必须验算构件的弯曲和抗剪强度等。

(5)确保施工安全。错位变形事故处理过程中,可能造成强度或稳定性不足。应有相应的措施;局部拆除重做时,注意拆除工作的安全作业,并考虑拆除断面以上结构的稳定;梁板等水平结构处理时,设置必要的安全支架等。

(三)处理方法选择及注意事项

错位变形事故处理方法选择可参见表 4-10。

表 4-10　错位变形事故处理方法选择参考

结构类别		处理方法					
		纠偏复位	改变构造	后续工程纠正	增设支撑	加固补强	拆除重做
现浇结构	柱	□	○	△		□	○
	梁		□			□	
	板		□				

（续）

结构类别		处理方法					
		纠偏复位	改变构造	后续工程纠正	增设支撑	加固补强	拆除重做
现浇结构	屋架	△	□		○		□
	梁						△
	板	△	△			□	□

注:1.△— 较常用;□—有时也用;○—必要时用。

　　2. 遗漏预埋件或预留洞,对各类结构构件一般都用补作方法,故表中未列入。

(四)案例分析

1. 工程事故概述

浙江省某厂冷作车间,柱距 6m,跨距 18m,采用矩形截面柱,钢筋混凝土屋架,大型屋面板。结构吊装完后发现有一根柱向厂房内倾斜,柱顶处位移 50mm。柱子安装后未经校正即作最后固定是产生此种事故的原因。吊装屋架时,虽发现柱、屋架连接节点因错位而造成安装困难,但仍未分析原因和作必要的处理,直至结构全部吊完后复查时,才发现此问题。

2. 处理方法

该工程采用了分离该柱与屋架连接的处理方法,即用临时支柱和千斤顶将屋架连同屋面板整体顶起,然后对柱进行纠偏(见图 4-11)。

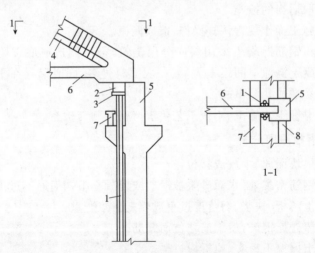

图 4-11　顶升屋盖纠正柱倾斜

1-每米钢管加一道箍,由 3ϕ100×3 钢管组成柱;2-15t 千斤顶;3-木方;
4-200mm×200mm 加固木方;5-柱;6-屋架;7-吊车梁;8-连系梁

具体处理要点如下：

①先将两根钢管组合柱,从吊车梁及柱顶连系梁间的空隙中穿过,并支在柱内侧屋架的下面(见图4-11)。

②加固屋架端节间的上弦杆。

③凿除杯口中后浇的细石混凝土,并用钢楔将柱临时固定。

④将与柱有牵连的杆件割开,包括屋架、吊车梁、连系梁及柱间支撑上部节点,并撑牢吊车梁端部。

⑤用千斤顶顶起屋架,上升值不超过5mm,同时将柱校正到正确位置。

⑥重新焊接各杆件,然后浇杯口混凝土。

四、混凝土孔洞、露筋等表面缺陷

(一)原因分析

1. 孔洞事故原因分析

(1)浇筑时混凝土坍落度太小,甚至已经初凝。

(2)用已离析的混凝土浇筑,或浇筑方法不当,如混凝土自高处倾落的自由高度太大,或用串筒浇灌的出料处串筒倾斜严重或串筒总高度太大等造成混凝土离析。

(3)错用外加剂,如夏季浇筑的混凝土中掺加早强剂,造成成型振实困难。

(4)对钢筋密集处,或预留洞、预埋件附近,可能出现混凝土不能顺利通过的现象,没有采取适当的措施。

(5)不按施工操作规程认真操作,造成漏振。

(6)大体积钢筋混凝土采用斜向分层浇筑,很可能造成底部附近混凝土孔洞。此外,混凝土浇灌口间距太大,或一次下料过多,同时又存在平仓和振捣力量不足等,也易造成孔洞事故。

(7)采用滑模工艺施工,不按工艺要求严格控制与检查。

2. 露筋事故原因分析

(1)钢筋垫块漏放、少放或移位。

(2)局部钢筋密集处,水泥砂浆被滑料或混凝土阻挡而通不过去。

(3)混凝土离析、缺浆、坍落度过小或模板漏浆严重。

(4)振动棒碰撞钢筋,使钢筋移位而露筋。

(5)混凝土振捣不密实,或拆模过早。

3. 缝隙夹渣层事故原因分析

(1)施工缝处未清理,或不按施工规范规定的方法操作。

（2）分层浇筑时，上、下层间隙时间太长，或掉入杂物。

（二）事故处理原则及方法

1. 处理的一般原则

（1）这类事故的严重程度差别甚大。因此一般均应经有关部门共同分析事故的影响或危害，确定处理措施，并办理必要的书面文件后，方可处理。

（2）要注意后续工程施工和事故处理中的安全，必要时应暂停梁底模板及支撑的拆除等后续工程的施工，有时还应设置安全防护架。

（3）混凝土孔洞事故一般均需采用补强措施，有的需要拆除重建。

（4）露筋事故一般是用清理外露钢筋上的混凝土和铁锈，用水冲洗湿润后，压抹 1∶2 或 1∶2.5 水泥砂浆层的处理方法。

（5）处理缝隙夹渣层时，对表面较细的缝隙，仅需要清理、冲洗和充分湿润后，抹水泥浆，对严重的缝隙夹渣层一般均需补强处理。

2. 局部修复

进行局部修复时要做到以下几点：

（1）将疏松不密实的混凝土及突出的石子或夹层中的杂物剔凿干净，缺陷部分上端要凿成斜形（图 4-12），避免出现 $\alpha \leqslant 90°$ 的死角。

（2）用清水并配以钢丝刷清洗剔凿面，并充分湿润 72h 以上。

（3）支设模板。模板尺寸应大于构件缺陷尺寸，以利混凝土浇灌，并保证其密实性（图 4-12）。

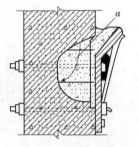

图 4-12　混凝土孔洞的局部修复

（4）浇筑强度比原混凝土高一级的细石混凝土，内掺适量的膨胀剂，水灰比 $\leqslant 0.5$，并仔细捣实，认真养护。

（5）拆模后，仔细剔除多余部分混凝土。

3. 捻浆

对剔凿后混凝土缺陷高度小于 100mm 者，可采用干硬性混凝土捻浆法处理。

4. 灌浆

有两种常用灌浆方法：一是在表面封闭后直接用压力灌入水泥浆；二是混凝土局部修复后，再灌浆，以提高其密实度。

5. 喷射混凝土

对混凝土露筋和深度不大的孔洞，在剔凿、清洗和充分湿润后，可用喷射细石混凝土修复。

6. 环氧树脂混凝土补强

孔洞剔凿后,用钢丝刷清理并用丙酮擦拭,再涂刷一遍环氧树脂胶结料,最后分层灌注环氧树脂混凝土,并捣实。施工及养护期应防水防雨。

7. 拆除重建

对孔洞、露筋严重的构件,修复工作量大,且不易保证质量时,宜拆除重建。

(三)案例分析

1. 案例1

某厂一车间为两层框架结构,二层框架柱拆模后,发现5根柱严重空洞与露筋(图 4-13)。

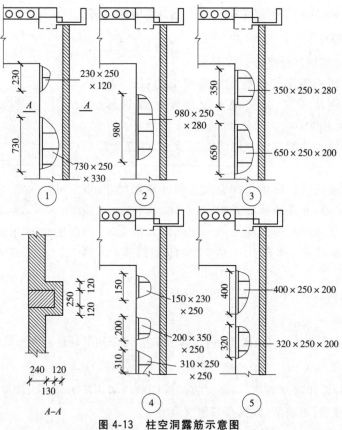

图 4-13　柱空洞露筋示意图

由于空洞、露筋,影响柱承载能力,必须进行加固补强。该工程采用砂、石、水泥加矾土水泥和二水石膏配制的微膨胀混凝土进行补强处理,其要点如下:

(1)通过试验确定微膨胀混凝土的配合比。根据混凝土最终收缩值为0.2‰~0.45‰这一数据,试配了三组混凝土,成型后试件在25℃恒温条件下蓄水养护,7d后测得混凝土膨胀率为0.016%~0.04%。选择其中膨胀率较大(0.04%)的配合比,作补强用,并根据当地习惯做法,掺入适量的豆腐水作减水剂,所用的配合比见表4-11。

表 4-11 补强用微膨胀混凝土配合比

混凝土强度	水泥强度等级	水泥	矾土水泥	二水石膏	水	豆腐水	砂	石
C18	42.5级	0.98	0.01	0.01	0.62	0.01	2.37	4.40

(2)补强处理半个月后拆模,根据设计要求作载荷试验,其性能完全符合要求。

该工程竣工后,经过一年多的使用、观察检查,未发现柱裂缝等异常情况,说明补强是成功的。

2. 案例 2

某高层建筑为现浇框筒结构,其混凝土强度等级柱为 C40,其他构件为C30。柱、墙水平施工缝留在梁下 50mm 处。混凝土采用泵送法浇筑。

二层柱模板拆除后发现柱上端施工缝处有蜂窝、空洞和建筑垃圾夹渣等质量缺陷。有 5 根柱尤为严重,四周夹渣与空洞最深处达 15cm,柱截面需剔凿55%~86%;有 2 根柱上端的部分 C40 混凝土误浇成 C30,而且接槎处存有大量前两天发生火灾时留下的灭火剂粉。上述事故使柱的承载能力明显降低,危及结构安全。经该工程的设计、施工等单位协商后,决定采用以下处理方法:

(1)对有夹渣且混凝土强度用错的柱的处理步骤如下:

1)将需处理的柱上的梁和板用支撑加固。

2)在三层楼面以上 1m 标高处,凿去柱混凝土,割断钢筋,然后拆除三层柱。

3)从 C30 与 C30 混凝土接槎处到柱被切断处的混凝土全部凿去,主筋保留,箍筋部分保留,凿除后清理干净,适当绑扎钢箍。

4)支设梁及梁柱接头处模板,注意保证其严密,避免漏浆。模板下部留清扫口,以便在浇灌前将内部积灰清理干净。

5)先铺 5~10cm 砂浆(用混凝土配合比不加石子),然后分两层浇灌梁及梁下柱的混凝土,其强度提高一级,仔细振捣密实。

6)养护 24h 后,重新绑扎三层柱的钢筋。由于这些柱的主筋在楼板面上 1m处是一次切断的,因此除满足搭接长度为 35d 的要求外,每根主筋上下各单面电焊长度等于 5d(共 10d)的焊缝予以加强,柱主筋搭接处增设两道钢箍。

7)浇筑三层柱混凝土,其强度也提高一级。由于冬季施工,要求混凝土入模温度不低于 15℃，浇完后用岩棉被覆盖，内通蒸汽养护，升温速度不大于 15℃/h，降温速度不大于 20℃/h，恒温不超过 60℃。

（2）对夹渣、漏振较严重的柱采用捻浆法补强的处理步骤如下：

1）凿去夹渣层与松散部分混凝土，剔凿的上下口应平直，表面粗糙。

2）用湿麻袋布将所有剔凿面充分湿润 72h，以保证新老混凝土连接良好。

3）整理好柱子钢筋与箍筋，清除钢筋表面的水泥浆。

4）剔凿口的高度小于 10cm 处直接用捻浆法处理，捻浆用干硬性细石混凝土，干硬程度以手捏成团，落地散开为佳。捻浆时将柱子较宽的两面用模卡卡紧，从另外两面将干硬性混凝土同时挤入，每层 3～5cm，分层捻实。层间接触面刷少许素浆，捻浆至边缘处留 1cm 厚，用 1∶2 水泥砂浆压实抹光。

5）剔凿口的高度大于 10cm 处，先支模浇筑 C40 细石混凝土，留 5cm 高的空隙，待新浇混凝土强度达到 20MPa 以上后，再作捻浆处理。

6）补强混凝土用麻袋包裹浇水养护，保持充分湿润不少于 7 昼夜。

7）对夹渣剔缝深度不超过 3cm 的缺陷，可在剔除清理干净后，充分湿润 48h，再分层抹高强度干硬性砂浆补强，然后包裹湿麻袋养护 3 昼夜。

（3）事故处理后检验

1）外观检查证明，所处理的柱外表面混凝土密实，新老混凝土结合良好。

2）补浇筑的混凝土强度检验，结果见表 4-12。

表 4-12　补强混凝土强度检验结果

补浇部位	梁、柱交接处	三层新浇柱	4 根捻浆补强柱新浇筑的混凝土
设计强度	C40	C40	C40
检验时的强度/MPa	45.9	42	59.4～64.5

3）捻缝的干硬性细石混凝土的实际强度达到 70MPa，大大超过设计要求。

4）在补强处理完后一个月，用超声波对捻浆的柱接头进行探测，结果表明质量完全符合要求。

该工程处理完后，继续施工，在主体结构完工后，多次检查，未发现异常现象。

3. 案例 3

某饭店主楼采用滑模工艺施工，设计混凝土强度为 C30。滑完一层后，发现剪力墙在 2～2.5m 以上部位普遍拉裂、拉断，柱内部混凝土呈蜂窝状，部分施工缝不密实，有酥松层和拉裂现象。

经冶金部建筑研究总院和有关设计、施工单位的调查与检测，除严重破损部分外，混凝土强度均达到 26MPa 以上，考虑混凝土后期强度的增长，采取喷射混凝土和钢纤维喷射混凝土加固补强后,可以基本满足设计要求。墙柱需要补强加固的总表面积为 1667.4m²。该工程所用的处理方法如下:

(1)补强加固方案

1)剪力墙

①局部修复。将严重拉裂、拉断、搓伤部位的混凝土凿除,重新浇筑 C30 混凝土。新旧混凝土结合处按施工缝处理要求进行操作,新浇混凝土表面拉毛,以利墙与楼板结合。

②喷射混凝土补强。将蜂窝、孔洞、轻微裂缝及结合不密实处的表面剔凿清理后,用喷射混凝土补强。

③喷射混凝土和抹砂浆层。所有剪力墙表面全部凿毛,两面均喷 20mm 厚的细石混凝土,然后再抹 1∶2 水泥砂浆作装修基层。

2)柱

①用钢纤维混凝土加固补强。将严重蜂窝及施工缝明显结合不良处的松散混凝土凿除,然后用钢纤维混凝土喷射补强密实。

②喷射混凝土补强。将一般的蜂窝孔洞、表面搓伤与拉伤处有缺陷的混凝土凿去后,用喷射混凝土补强;所有柱表面均凿毛后,用厚为 20mm 的喷射细石混凝土加固。

③箍筋处理。凡影响上述加固补强的箍筋均先割断,待喷射混凝土补到原箍筋位置时,再将割断的箍筋焊牢,然后再喷全部混凝土。

3)框架梁

①喷射混凝土补强。凿除有缺陷的部分梁混凝土,用喷射混凝土补平。

②浇筑 C30 混凝土。对贯通梁截面的缺陷,凿除清理后,与顶板一起浇筑 C30 混凝土。

4)补强加固中的统一要求

①混凝土。喷射混凝土或钢纤维混凝土强度不低于 30MPa,与旧混凝土黏结强度不低于 0.8MPa。

②外形尺寸。喷射混凝土层应尺寸准确,柱、梁棱角整齐,表面规则平整,墙表面基本光滑。

③表面抹灰。柱墙表面在喷射混凝土后,抹 1∶2 水泥砂浆作装修基层。

(2)喷射混凝土施工

1)混凝土。用 52.5 级普通水泥,粒径≤10mm、清洗干净的粗骨料、中砂,断面为矩形、长度 25mm 的带钢切割钢纤维,配制钢纤维喷射混凝土,其水灰比为0.45～0.47,水泥∶砂∶石＝1∶2∶1。

2)施工机具。每台喷射机配一台 9m³/min 空压机,拌和混凝土用 400L 搅拌机,喷射用水压力比喷射混凝土工作压力大 0.05~0.1MPa。

3)准备工作

①搭设脚手架。根据混凝土剔凿和喷射的要求,确定搭设工程量。

②剔凿混凝土。将缺陷部分混凝土仔细凿除,凿口呈八字形,墙柱表面全部凿毛。

③冲洗湿润。对凿后混凝土用高压水冲洗干净,并保持湿润。

④支模。为保证墙柱棱角规整和喷射混凝土尺寸准确,喷射前要支设好两侧模板,其尺寸每边比原断面大 20mm,模板支撑应牢固。

4)喷射混凝土

①喷射顺序。应按自下而上、先喷孔洞后喷表面的顺序施工,这不仅可以防止喷射材料在孔洞内形成松散隔层,而且还可明显减少回弹。喷射时应以圆弧形轨迹一圈压半圈地移动喷头,尽可能使喷射面平整。喷射中发现有松散物,应立即清除重喷。

②控制喷射距离。喷头与被喷面之间的距离是影响质量和回弹率的重要因素。在喷孔洞时,喷射距离应尽量近,以保证料束集中及喷射所得的混凝土密实,一般取为 30~50cm。大面积喷射时,适当加大喷射距离,使料束分散和厚度均匀,一般用 80~100cm。

③严格按规程要求操作。由于喷层薄,质量要求高,喷射风压控制和工艺要求等均应按规程要求操作。

喷射混凝土初凝后,用刮刀将表面刮平,然后再作表面抹灰。防止过早刮平修整,以免损害混凝土与钢筋之间、喷射层与底层之间的黏结,防止混凝土内部产生裂缝。由于喷射混凝土水灰比小,水泥用量大,喷层薄,必须加强养护不少于 14d,防止混凝土裂缝。

该工程补强后,现场检验喷射混凝土抗压强度大于 50MPa;新旧混凝土黏结强度为 1.84~2.09MPa;新旧混凝土的整体强度大于 40MPa,这些指标均满足原设计要求。

第三节 模板与装配工程

模板工程是钢筋混凝土工程的重要组成部分。模板制作和安装的质量如何,对于钢筋混凝土结构工程的质量有直接关系和影响。它对于保证混凝土和钢筋混凝土结构与构件的外观平整和几何尺寸的准确,以及结构的强度和刚度等都起着重要的作用。

装配式混凝土结构的事故与现浇结构大致相似,也有倒塌、开裂、强度不足、错位变形等类型的事故。造成事故的原因,除了已介绍的内容外,还有预制构件质量差、结构安装工艺不当等内容。结构安装过程是指将预制构件在建筑现场安装就位,形成完整的结构体系。

一、模板工程事故的原因及其分析

(一)造成模板事故的原因

造成模板事故的主要原因有:

(1)没有对模板进行设计或设计不合理,设计计算简图与实际情况相差很大。

(2)审查图纸、照图施工不认真或技术交底不清;施工操作人员没有经过培训,不熟悉支架的结构、材料性能和施工方法。

(3)模板质量不合格或腐蚀严重,并且进场时没有对其质量检查,直接使用,达不到受力要求。

(4)竖向承重支撑在地基土上未夯实,或支撑下未垫平板,或无排水措施,造成支承部分地基下沉。

(5)对模板设计图翻样不认真或有误,在模板制作中不仔细,质量不合格,制作模板的材料选用不当。

(6)拆模太早或拆模时技术要求、安全措施不到位。

(7)在测量放线时不认真,轴线测放出现较大误差。

(8)模板的安装固定预先没有很好的计划,造成模板支设未校直撑牢,支撑系统整体稳定性不足,在施工荷载作用下发生变形。

(9)施工荷载过大或混凝土的浇筑速度过快或振捣过度,造成模板变形太大。

(10)梁、柱交接部位,接头尺寸不准、错位。

(11)模板间支撑的方法不当。

(12)模板支撑系统未被足够重视,未采取相应的技术措施,造成模板的支撑系统强度、刚度或稳定性不足;无限位措施或限位措施不当。

(13)未按规范要求进行施工,或施工措施不到位。

(14)脱模剂使用不当。

(二)模板的常见质量问题原因分析

1. 模板安装轴线位移

(1)现象

混凝土浇筑后拆除模板时,发现柱、墙实际位置与建筑物轴线位置有偏移。

（2）原因分析

1）翻样不认真或技术交底不清，模板拼装时组合件未能按规定到位。

2）轴线测放产生误差。

3）墙、柱模板根部和顶部无限位措施或限位不牢，发生偏位后又未及时纠正，造成累积误差。

4）支模时，未拉水平、竖向通线，且无竖向垂直度控制措施。

5）模板刚度差，未设水平拉杆或水平拉杆间距过大。

6）混凝土浇筑时未均匀对称下料，或一次浇筑高度过高造成侧压力过大挤偏模板。

7）对拉螺栓、顶撑、木楔使用不当或松动造成轴线偏位。

（3）处理方法

1）严格按 1/10～1/50 的比例将各分部、分项翻成详图并注明各部位编号、轴线位置、几何尺寸、剖面形状、预留孔洞、预埋件等，经复核无误后认真对生产班组及操作工人进行技术交底，作为模板制作、安装的依据。

2）模板轴线测放后，组织专人进行技术复核验收，确认无误后才能支模。

3）墙、柱模板根部和顶部必须设可靠的限位措施，如采用现浇楼板混凝土应预埋短钢筋固定钢支撑，以保证底部位置准确。

4）支模时要拉水平、竖向通线，并设竖向垂直度控制线，以保证模板水平、竖向位置准确。

5）根据混凝土结构特点，对模板进行专门设计，以保证模板及其支架具有足够强度、刚度及稳定性。

6）混凝土浇筑前，对模板轴线、支架、顶撑、螺栓进行认真检查、复核，发现问题及时进行处理。

7）混凝土浇筑时，要均匀对称下料，浇筑高度应严格控制在施工规范允许的范围内。

2. 模板安装变形

（1）现象

拆模后发现混凝土柱、梁、墙出现鼓凸、缩径或翘曲现象。

（2）原因分析

1）支撑及围檩间距过大，模板刚度差。

2）组合小钢模，连接件未按规定设置，造成模板整体性差。

3）墙模板无对拉螺栓或螺栓间距过大，螺栓规格过小。

4）竖向承重支撑在地基土上未夯实，未垫平板，也无排水措施，造成支承部分地基下沉。

5）门窗洞口内模间对撑不牢固，易在混凝土振捣时模板被挤偏。

6）梁、柱模板卡具间距过大，或未夹紧模板，或对拉螺栓配备数量不足，以致局部模板无法承受混凝土振捣时产生的侧向压力，导致局部爆模。

7）浇筑墙、柱混凝土速度过快，一次浇灌高度过高，振捣过度。

8）采用木模板或胶合板模板施工，经验收合格后未及时浇筑混凝土，长期日晒雨淋而变形。

（3）处理方法

1）模板及支撑系统设计时，应充分考虑其本身自重、施工荷载及混凝土的自重及浇捣时产生的侧向压力，以保证模板及支架有足够的承载能力、刚度和稳定性。

2）梁底支撑间距应能够保证在混凝土重量和施工荷载作用下不产生变形，支撑底部若为泥土地基，应先认真夯实，设排水沟，并铺放通长垫木或型钢，以确保支撑不沉陷。

3）组合小钢模拼装时，连接件应按规定放置，围檩及对拉螺栓间距、规格应按设计要求设置。

4）梁、柱模板若采用卡具时，其间距要按规定设置，并要卡紧模板，其宽度比截面尺寸略小。

5）梁、墙模板上部必须有临时撑头，以保证混凝土浇捣时，梁、墙上口宽度。

6）浇捣混凝土时，要均匀对称下料，严格控制浇灌高度，特别是门窗洞口模板两侧，既要保证混凝土振捣密实，又要防止过分振捣引起模板变形。

7）对跨度不小于4m的现浇钢筋混凝土梁、板，其模板应按设计要求起拱；当设计无具体要求时，起拱高度宜为跨度的1/1000～3/1000。

8）采用木模板、胶合板模板施工时，经验收合格后应及时浇筑混凝土，防止木模板长期暴晒雨淋发生变形。

3. 模板安装接缝不严

（1）现象

由于模板间接缝不严有间隙，混凝土浇筑时产生漏浆，混凝土表面出现蜂窝，严重的出现孔洞、露筋。

（2）原因分析

1）翻样不认真或有误，模板制作马虎，拼装时接缝过大。

2）木模板安装周期过长，因木模干缩造成裂缝。

3）木模板制作粗糙，拼缝不严。

4）浇筑混凝土时，木模板未提前浇水湿润，使其胀开。

5）钢模板变形未及时修整。

6）钢模板接缝措施不当。

7)梁、柱交接部位,接头尺寸不准、错位。

(3)处理方法

1)翻样要认真,严格按 1/10～1/50 比例将各分部分项细部翻成详图,详细编注,经复核无误后认真向操作工人交底,强化工人质量意识,认真制作定型模板和拼装。

2)严格控制木模板含水率,制作时拼缝要严密。

3)木模板安装周期不宜过长,浇筑混凝土时,木模板要提前浇水湿润,使其胀开密缝。

4)钢模板变形,特别是边框外变形,要及时修整平直。

5)钢模板间嵌缝措施要控制,不能用油毡、塑料布,水泥袋等去嵌缝堵漏。

6)梁、柱交接部位支撑要牢靠,拼缝要严密(必要时缝间加双面胶纸),发生错位要校正好。

4. 模板安装涂刷脱模剂不当

(1)现象

模板表面用废机油涂刷造成混凝土污染,或混凝土残浆不清除即刷脱模剂,造成混凝土表面出现麻面等缺陷。

(2)原因分析

1)拆模后不清理混凝土残浆即刷脱模剂。

2)脱模剂涂刷不匀或漏涂,或涂层过厚。

3)使用了废机油脱模剂,既污染了钢筋及混凝土,又影响了混凝土表面装饰质量。

(3)处理方法

1)拆模后,必须清除模板上遗留的混凝土残浆后,再刷脱模剂。

2)严禁用废机油作脱模剂,脱模剂材料选用原则应为:既便于脱模又便于混凝土表面装饰。选用的材料有皂液、滑石粉、石灰水及其混合液和各种专门化学制品脱模剂等。

3)脱模剂材料宜拌成稠状,应涂刷均匀,不得流淌,一般刷两遍为宜,以防漏刷,也不宜涂刷过厚。

4)脱模剂涂刷后,应在短期内及时浇筑混凝土,以防隔离层遭受破坏。

5. 模板安装接缝处跑浆

(1)现象

墙体烂根,模板接缝处跑浆。

(2)原因分析

模板根部缝隙未堵严,模板内清理不干净,混凝土浇筑前未坐浆。模板拼装时缝隙过大,连接固定措施不牢靠。

（3）处理方法

模板根部砂浆找平塞严，模板间卡固措施牢靠。模板内杂物清理干净，混凝土浇筑前应用与混凝土同配比的无石子水泥砂浆坐浆 50mm 厚。

模板拼装时缝隙垫海绵条挤紧，并用胶带封住。加强检查，及时处理。

6. 门窗洞口模板安装变形

（1）现象

门窗洞口混凝土变形。

（2）原因分析

门窗模板与墙模或墙体钢筋固定不牢，门窗模板内支撑不足或失效。

（3）处理方法

门窗模板内设足够的支撑，门窗模板与墙模或墙体钢筋固定牢固。

7. 模板安装标高偏差

（1）现象

标高偏差超标。

（2）原因分析

1）楼层标高控制点偏少，控制网无法闭合；竖向模板根部未找平。

2）模板顶部无标高标记，或未按标记施工。

3）高层建筑标高控制线转测次数过多，累计误差过大。

4）预埋件、预留孔洞未固定牢，施工时未重视施工方法。

5）楼梯踏步模板未考虑装修层厚度。

（3）处理方法

1）每层楼设足够的标高控制点，竖向模板根部须作找平。

2）建筑楼层标高由首层±0.000 标高控制，严禁逐层向上引测，以防累计误差。当建筑物高度超过 30m 时，应另设标高控制线，每层标高控制点不少于 2 个，以便复核。

3）预埋件及预留孔洞安装前应与图纸对照，确认无误后准确固定在设计位置上，必要时用电焊或套框等方法将其固定。在浇筑混凝土时，应沿其周围分层均匀浇筑，严禁碰击和振动预埋件与模板。

4）楼梯踏步模板应考虑装修层厚度。

8. 模板拆除时与混凝土表面粘连

（1）现象

混凝土表面粘连。

（2）原因分析

由于模板清理不好，涂刷隔离剂不匀，拆模过早所造成。

（3）处理方法

模板表面清理干净，隔离剂涂刷均匀，拆模时间按规范要求执行。

9. 模板拆除后混凝土缺棱掉角

（1）现象

混凝土棱角破损、脱落。

（2）原因分析

1）拆模过早，混凝土强度不足。

2）操作人员不认真，用大锤、撬棍硬砸猛撬，造成混凝土棱角破损、脱落。

（3）处理方法

1）混凝土强度必须达到质量验收标准中的要求方可拆模。

2）对操作人员进行技术交底，严禁用大锤、撬棍硬砸猛撬。

（三）案例分析

拆模过早引起倒塌

北京某工厂为两层现浇框架结构，预制钢筋混凝土楼板。施工单位在浇筑完首层钢筋混凝土框架及吊装完一层楼板后，继续施工第二层。在开始吊装第二层预制板时，为加快施工进度，将第一层的大梁下的立柱及模板拆除，以便在底层同时进行内装修，结果在吊装二层预制板将近完成时，发生倒塌，当场压死多人，造成重大事故。事故发生后，经调查分析，倒塌的主要原因是底层大梁立柱及模板拆除过早。在吊装二层预制板时，梁的养护只有 3d，强度还很低，不能形成整体框架传力，因而二层框架及预制板的重量和施工荷载由二层大梁的立柱直接传给首层大梁，而这时首层大梁的强度尚未完全达到设计的强度 C20，经测定只有 C12。首层大梁因承受不了二层结构自重和施工荷载而倒塌。

从这例事故可以看出，拆除模板的时间应按施工规程要求进行，必要时（尤其是要求提前拆除模板时）应进行验算或根据同条件试块数值确定。

二、装配工程事故的原因及其分析

1. 装配工程事故原因分析

结构安装过程中常见的质量事故有：

（1）构件节点拼装错位，构件拼装时扭转；

（2）刚吊装屋面或楼面上临时堆料或放置其他预制构件超重引起事故；

（3）预应力后张构件张拉时，构件出现裂缝；

（4）构件在运输、堆放过程中发生裂纹或断裂；

(5)柱子安装后实际轴线偏离设计轴线;

(6)机械使用前未认真检查,引起如吊车倾倒或吊索断裂等机械破坏事故;

(7)屋架吊装顺序不对或临时支撑不足引起屋架倒塌;

(8)屋架或大梁与柱子连接处焊缝不符合要求;

(9)结构未连接成整体或临时支撑不足时,受到风或其他干扰力作用引起失稳倒塌。

2. 装配工程事故案例

(1)工程事故概述

河北省某10层预制装配式大楼,楼层平面如图4-14所示。大楼总高41m,长56.6m,宽21m,开间为6.1m,框架为三跨6.55m+6.4m+6.55m。该结构于4月间突然倒塌,造成多人伤亡。

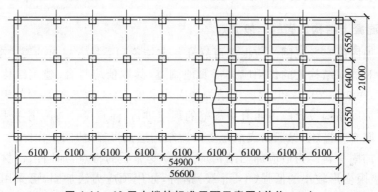

图 4-14　10 层大楼的标准平面示意图(单位:mm)

建筑物倒塌时,基础工程已全部完工,地下室墙壁接近完工,只有部分基础坑空隙尚未完全填实。地下室基础回填土工程尚未全面进行,10层钢筋混凝土骨架的安装已经全部就位。柱接头只完成一部分,全部连接板的焊接只完成50%。从倒塌现场检查发现横梁接头有大量漏焊。梁柱接头的灌浆工作大体进行到二层。骨架沿纵向倒塌,倒塌后骨架成了一片散堆,柱子断离基础。

(2)事故原因分析

检查后发现,引起倒塌的原因是,结构在安装中处于很不稳定的状态,未形成结构而近乎瞬变体系,因而在自重(只有设计荷载的25%左右)以及在施工中可能产生的不太大的水平力作用下,结构沿纵向丧失稳定而倒塌。具体说来有以下三点:

1)设计要求吊装一层,固定一层,即焊接、浇筑节点一层,逐层往上安装。但施工中为赶进度,没有按设计要求去做。全10层均未浇筑节点混凝土,有几层节点尚未焊接。

2)在施工中未采取必要的稳定措施,如增加临时垂直支撑、加强拉结等措施;施工人员理论知识缺乏,不知安装过程中保证体系稳定的必要性,也不知保证稳定的方法。

3)管理混乱。负责吊装的单位与负责节点施工(焊接、浇筑节点混凝土)的单位分工明确而合作不好,联系不及时,各自施工,造成了结构处于不稳定状态。

第四节　混凝土结构加固技术

钢筋混凝土出现质量问题以后,除了倒塌断裂事故必须重新制作构件外,在许多情况下可以用加固的办法来处理。补强加固技术多种多样,本节仅介绍外包钢板补强法、加大断面补强法、喷射混凝土加固法、预应力加固法、碳纤维布加固法等方法。

一、混凝土结构加固的一般要求

1. 混凝土结构加固的一般原则

(1)加固内容及范围。应根据可靠性鉴定结论和委托方提出的要求确定。

(2)对加固结构上的作用应进行实地调查,其取值应符合《建筑结构荷载规范》(GB 50009—2012)和《混凝土结构加固技术规范》(CECS 25:90)的规定。

(3)加固结构设计应遵照有关规范的规定进行,注意设计与施工方法紧密结合,并采取有效措施,保证新浇混凝土与原结构连接可靠,协同工作。

(4)加固材料。为适应加固结构应力、应变滞后的特点,加固用钢材一般选用比例极限变形较小的低强(Ⅰ、Ⅱ级)钢材,如用预应力法加固,可采用高强钢材。加固用水泥和混凝土,要求收缩小、早强、与原结构黏结好,并有微膨胀,以保证新旧两部分共同受力。加固用化学灌浆材料及黏结剂,要求黏结强度高、可灌性好、收缩小、耐老化、无毒或低毒。

(5)加固应考虑其综合效果,尽量不损伤原结构,保留具有利用价值的结构构件,避免不必要的拆除或更换。

(6)防护措施。对可能变形、开裂或倒塌的建筑物,在加固施工前,应采取临时防护措施,预防安全事故的发生。

(7)新发现问题的处理。在加固过程中,若新发现严重质量缺陷时,应立即停止施工,会同加固设计者采取有效措施后,方可继续施工。

2. 加固方案选择及其要求

加固方案的优劣影响甚大,应妥善选择,使其满足局部效果和总体效应两方面的要求。局部效果要求是指对结构局部所采取的加固方法,应满足加固效果好、技术可靠、施工简便及经济合理等要求,并应不降低结构的使用功能。若加固方案选取得不好,则费工多而收效甚微。例如对于裂缝过大而承载力足够的构件,采用增加纵筋的加固办法是不可取的,有效的办法是采用外加预应力拉托或外加预应力撑杆,或改变受力体系的加固方案。又如当结构构件的承载力足够,但刚度不足,则宜优先选用增设支点,或增大结构构件截面尺寸的方法。再如对于承载力不足而实际配筋已达到超筋的构件,不能采用在受拉区增加钢筋的方法,因为它起不到加固作用。总体效应方面的要求是指在选取加固方案时不能采用头痛医头、脚痛医脚的办法,要考虑加固后建筑物的总体效果。例如对房屋其一层柱子或墙体加固时,有可能改变整个结构的动力特性,从而产生薄弱层,很不利于抗震。

3. 加固设计要求

加固设计包括材料选取、荷载计算、承载力验算、构造处理和绘制施工图等五部分工作。

它们的具体要求如下:

(1)材料

1)原结构材料强度要求

①当原结构材料种类和性能与原设计一致时,按原设计(或规范)值取用;

②当原结构无材料强度资料时,通过实测评定材料强度等级,再按现行规范取值。

2)加固材料要求

①加固用水泥宜选取普通硅酸盐水泥,强度等级不应低于 32.5;

②加固用混凝土强度等级,应比原结构的混凝土强度等级提高一级,且加固上部结构构件的混凝土不应低于 C20,加固混凝土中不应掺入粉煤灰、火山灰和高炉矿渣等混合材料;

③黏结材料及化学灌浆材料的黏结强度应高于被黏结结构混凝土的抗拉强度和抗剪强度,一般采用成品,当工程单位自行配制时,应进行试配,并检验其与混凝土间的黏结强度;

④加固用钢筋一般选用 HPB300 级或 HRB335 级钢筋。

(2)荷载取值

对加固结构承受的荷载,应实地调查后取值。对于现行的荷载规范未作规定的永久荷载可进行抽样实测确定,抽样数不得少于 5 个。对于工艺荷载、吊车荷载等,应根据使用单位提供的数据取值。

(3)承载力验算

承载力验算包括事故处理阶段和完成后使用阶段两种情况。这两种情况验算所取的计算简图,应根据结构的实际受力状况和结构的实际尺寸确定。构件的截面面积应取用有效值,即应考虑结构的损伤、缺陷、腐蚀、锈蚀等不利影响。在使用阶段验算时,还应特别注意新加部分与原结构的协同工作情况。由于新加部分应力滞后于原结构构件,故应对其材料强度设计值适当折减。此外,还应考虑实际荷载的偏心、结构变形、局部损伤、温度作用等引起的附加内力。当加固后使结构的重量显著加大时,还应对相关结构及建筑物基础进行验算。

(4)构造处理

加固结构不仅应满足新加构件自身的构造要求,还应特别注意新加构件与原结构的连接构造。

4. 加固施工要求

多数情况下,加固工程的施工是在负荷或部分负荷的情况下进行的。因此,应十分重视施工时的安全。一般要求在施工前,尽可能卸除全部或部分外荷载,并施加预应力支撑,以减小原构件的应力。在加固工程施工的前期,应特别注意观察是否与原检测情况相符。工程技术人员应亲临现场,随时观察有无意外情况出现。如有意外,应立即停止施工,并采取措施妥善处理。在补加加固件时,应检查新旧构件结合部位的黏结或连接质量。整个施工过程宜速战速决,以减少用户的不便或避免发生意外。

二、加固技术的应用

(一)外包钢加固技术

1. 加固方法

外包钢加固就是在构件外包型钢的一种加固方法(图 4-15)。习惯上将其分为干式外包钢加固和湿式外包钢加固两种。

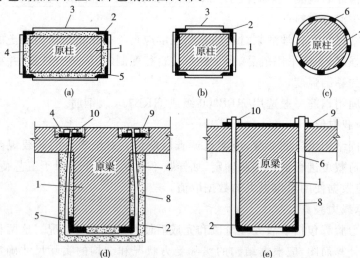

图 4-15 外包钢加固混凝土构件示意

1-原构件;2-角铁;3-缀板;4-填充混凝土或砂浆;5-胶黏剂

6-扁铁;7-套箍;8-U 形螺栓;9-垫板;10-螺帽

所谓干式外包钢加固,就是把型钢直接外包于原构件(与原构件间没有黏结),或虽填塞有水泥砂浆,但不能保证结合面剪力有效传递的外包钢加固方法[如图 4-15(b)、(c)、(e)]。所谓湿式外包钢加固,就是在型钢与原柱间留有一定间隙,并在其间填塞乳胶水泥浆或环氧砂浆或浇灌细石混凝土,将两者黏结成一体的加固方法[图 4-15(a)、(d)]。

通常,对梁多采用单面外包钢加固,对柱常用双面外包钢加固。外包钢加固的优点是,构件的尺寸增加不多,但其承载力和延性却可大幅度提高。

2. 构造及施工要求

采用外包钢加固,应符合如下要求:

(1)外包角钢的边长,对柱,不宜小于 75mm;对梁及桁架不宜小于 50mm;缀板截面不宜小于 25mm×3mm,间距不宜大于 20r(r 为单根角钢截面的最小回转半径),同时不宜大于 500mm。

(2)加固柱的外包角钢必须通长、连续,在中间穿过各层楼板时不得断开;角钢下端应伸到基础顶面,用环氧砂浆加以粘锚;角钢上端应有足够的锚固长度,如有可能,应在上端设置柱帽,并与角钢焊接。

(3)加固梁的外包角钢,两端应有可靠的连接,并应有一定的锚固(传力)长度。

(4)当采用环氧树脂化学灌浆外包钢加固时,缀板应紧贴混凝土表面,并与角钢平焊连接。焊好后,用环氧胶泥将型钢周围封闭,并留出排气孔,然后按第七节所述方法进行灌黏结。

(5)当采用乳胶水泥砂浆粘贴外包钢时,缀板可焊于角钢外面。乳胶含量应不少于 5%。

(6)型钢表面宜抹厚 25mm 的 1:3 水泥砂浆保护层,也可采用其他饰面防腐材料加以保护。

3. 案例

北京市新华社报刊楼位于宣武门西大街 57 号,地上 10 层,地下 1 层,建筑面积为 11200m²,为预制装配式框架结构。该楼始建于 1967 年,不仅年代已久,原结构也不能满足国家规定的 8 度抗震设防要求。随着国家经济建设的发展,原有规模和使用功能已远远不能满足现代化办公的需要。新华社大改办委托中国冶金工业部建筑研究总院,对报刊楼进行了原结构检测和加固设计。在保证报刊楼正常办公的前提下,对该楼进行改造加固方案的设计优化。对部分柱采取外包钢加固措施,不仅缩小了对办公区的施工干扰的范围和施工作业面的操作空间,还大大减少了对原结构的二次破坏。

角钢及缀板与混凝土柱之间空隙用厚 30mm 的 CGM 填实以加大柱断面,不需要振动器振捣,避免了机械噪声。钢材均采用 Q235b,角钢为 Z100mm×

100mm×8mm,缀板为钢板条,螺栓、钢筋均采用Ⅰ级钢,焊条采用4301~4312系列。

施工顺序为:隔离施工区→拆除装饰→处理柱基层→测量放线→拼焊角钢→支模→灌CGM。

中柱节点处的处理方法和柱加固穿过楼板处节点处理如图4-16所示。

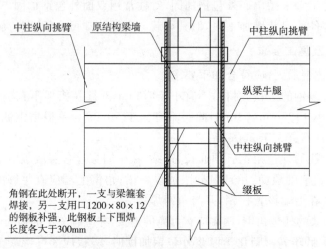

图 4-16 中柱节点处的处理

本工程采用了柱外包钢加固方案,不仅保证了工程工期,提高了劳动工效,还保证了施工质量。它避免了柱外包混凝土加大断面加固的施工难度和复杂性,达到了加大断面的加固效果。

(二)加大截面补强法

混凝土构件因孔洞、蜂窝或强度达不到设计等级需要加固时,可用扩大断面、增加配筋的方法。这种加固方法的优点是施工工艺简单、易于掌握,有成熟的设计和施工经验;缺点是施工繁杂,工序多,施工时间长,且加固后的建筑物净空有一定的减小。这种加固方法的技术关键是新旧混凝土必须黏结可靠,新浇筑混凝土必须密实。此方法一般加固于受压柱和受弯构件。

(1)加大截面法加固受压柱

扩大断面可用单面(上面或下面)、双面、三面甚至四面包套的方法。所需增加的断面一般应通过计算确定,在保证新旧混凝土有良好黏结的情况下可按统一构件(或叠合构件)计算。增加部分断面的厚度较小,故常用豆石混凝土或喷射混凝土等,当厚度小于20mm时还可用砂浆。增加的钢筋应与原构件钢筋能组成骨架,应与原钢筋的某些点焊接连好。加大混凝土截面法是加固柱子的常用方法。由于加大了柱子的截面及配筋量,不仅可以提高柱子承载力,还可降低柱子长细比,加固效果很好。加大截面方式有四边加大、两边加大或一边加大等,如图 4-17 所示。

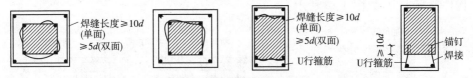

图 4-17　加大截面方式及构造要求
(a)焊接封闭钢箍;(b)锚入封闭钢箍;(c)焊接 U 形箍;(d)锚栓 U 形箍

新增混凝土厚度应不小于 60mm(若采用喷射混凝土,厚度不小于 50mm),新浇混凝土应紧顶梁底或板底,不得留有间隙。

新增钢筋宜用带肋钢筋,直径宜不小于 14mm,但不宜大于 25mm。新增受力筋应锚入基础。对于框架柱,受拉钢筋不应在楼板处切断,受压钢筋至少有 50%穿过楼板。在受力钢筋施焊前,应采取卸荷或支顶措施,并应逐根分区分段分层进行焊接,以减少原受力钢筋的热变形,使原结构的承载力不致遭受较大影响。加大截面加固法施工不如整体浇筑混凝土构件方便,必须采取措施,保证浇筑和振捣的质量,达到混凝土密实度要求,加强养护,养护期为 14d。为了加强新、旧混凝土的结合,构件表面应凿毛,要求打成麻坑或沟槽,沟槽深度不宜小于 6mm,间距不宜大于箍筋的间距或 200mm,同时应除去浮块,并清理原构件混凝土存在的缺陷至密实部位。当采用三面或四面外包方法加固梁或柱时,应轻敲梁、柱的棱角,松者去掉,同时应除去浮渣、尘土。原有混凝土表面应冲洗干净,浇筑混凝土前,原混凝土表面应以水泥浆等界面剂进行处理,以加强新、旧混凝土的结合。

(2)加大截面法加固受弯构件

可根据实际情况分别采用受压区加层加固、受拉区加大加固。

1)增加受压层加固非整体工作情况

由于加固构件在浇筑之前,没有对被污染或有沥青防水层的原构件表面作很好的处理,导致黏合面黏结强度不足,因此,当构件受力后不能保证其变形符合平截面假定时,不能将新旧混凝土截面作为整体进行截面设计和承载力计算。这种构件在加固后的承载力计算,只可按新旧混凝土截面各自独立工作考虑,新旧混凝土截面各自承担的弯矩按截面刚度进行分配。

2)保证受压层与原梁板混凝土黏结力的措施

对混凝土结合面可采取以下措施之一:

①将原构件顶面凿毛、洗净,并隔一定间距凿一凹槽,以便二次浇筑混凝土时形成剪力键,或者将原构件表面凿毛、清洁后,涂上一层黏结力强的浆液(如丙

乳胶水泥浆、107胶聚合水泥浆),同时浇筑新混凝土。

②在后浇层中加配箍筋及架立筋,并设法与原构件中的钢筋连接或锚入原构件混凝土中,如图4-18所示。

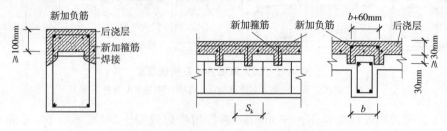

图4-18　加厚梁(板)受压区的连接构造
(a)独立梁上做后浇层;(b)利用板上后浇层做叠合梁

3)受拉区增厚并增加钢筋

在梁、板底面增加混凝土厚度的主要目的在于增加受拉钢筋,通常是紧贴原梁底增加受拉筋,将增加的受拉筋与原主筋连接。为增大内偶力臂,也可在受拉区增厚混凝土,这时增加的拉筋可通过附加弯起筋与原主筋焊接。也可采用其他形式锚筋与原梁牢固结合。当受拉区厚度较大时,还应增加U形箍筋,并与原结构连接牢固。

加大截面法也常用于偏心受压构件的加固。

(三)喷射混凝土加固法

喷射混凝土是用压缩空气将水泥砂浆或细石混凝土喷射到受喷面上,保护、参与或替代原结构工作,以恢复或提高结构的承载力、刚度和耐久性。

1. 适用范围及其特点

喷浆和喷射混凝土在建筑物加固中的应用十分广泛,它常与钢筋网、钢丝网、金属套箍、扒钉等共同使用。

喷浆和喷射混凝土常应用于:局部和全部地更换已损伤混凝土;填补混凝土结构中的孔洞、缝隙、麻面等。

喷浆和喷射混凝土有如下特点:

(1)喷射层以原有结构作为附着面,不需另设模板。在高空对板、梁的底面或复杂曲面施工较方便。

(2)对混凝土、坚固的岩石有较强的黏结力。

(3)喷射层密度大,强度高,抗渗性好。

(4)工艺简单,施工高速、高效。

(5)可在拌和料中加大速凝剂,使水泥浆在10min内终凝,2h具有强度,可以大大缩短工期。喷射混凝土的密度一般取 $2200kg/m^3$，设计强度不应低于 $15MPa(C15)$。

2. 施工工艺及技术要求

喷射混凝土的施工工艺如下：

待喷面处理→补配钢筋→埋设喷厚标志→喷射→养护

（1）待喷面处理

待喷面的处理是结构构件加固的关键工序。待喷面的处理包括裂缝或空洞的外形处理和受损伤构造的处理等。

用喷浆修补结构裂缝和孔穴时，应将裂缝和孔穴修成"V"形，使灰浆可以顺利喷入并堆积密实。当待喷面比较光滑时，则应凿成麻面，以保证新旧混凝土的黏结。

结构待喷面为受损伤混凝土时，一般应铲除至坚实的结构层为止。如果铲除得不彻底，会造成"夹焰"，影响喷射层的黏结、耐久性和新旧结构层的共同受力。

（2）补配钢筋

若经结构评定，认为应在喷射层内加配钢筋时，可在待喷面处理之后补绑钢筋。当附着面上出现透孔现象，应注意透孔的尺寸，并分别作出处理。当透孔较小时，可直接喷补；当孔洞面积较大（0.2m² 以下）时，可先绑扎 4～6 钢筋网后再喷补。

对于承载力不足的混凝土梁、混凝土柱及钢柱，应补配钢筋，或钢筋网，或钢丝网，随后才可喷射。钢筋网与受喷面间的距离不宜小于 2D（D 为最大骨料粒径）。

（3）埋设喷射层厚度标志

每次不能喷得太厚。一次喷射厚度见表4-13。在喷射前应埋设喷层厚度的标志，以方便喷射施工和保证喷射质量。

表 4-13　喷射混凝土一次喷射

喷射方向	一次喷射厚度（mm）	
	加速凝剂	不加速凝剂
向上	50～70	30～50
水平	70～100	60～70
向下	100～150	100～150

（4）喷射

喷射混凝土可分为干法喷射、湿法喷射和半湿法喷射三种。

所谓干法喷射,是将材料干拌和后,用气压把它以悬浮状态通过软管带到喷嘴,在距喷嘴口 25～30cm 处,将多股细水流加入料中进行混合,最后喷到喷射面上。

为了减少喷射粉尘,在喷嘴数米处供给压力水,这样拌和的材料为干料,而喷嘴喷出的材料为湿料。因此,这种方法称为半湿法。

所谓湿法喷射,是将干料与水搅拌后,用泵将湿料送至喷嘴,在喷嘴处加入速凝剂后,用气压将混凝土喷出。

干法喷射具有材料输送距离长,能喷射轻型多孔集料等优点;其缺点是回弹大,粉尘较大。湿法喷射具有用水量及配合比控制较准确,材料能充分搅拌,回弹小,节约材料,粉尘较小等优点;其缺点是输送的混合料含水量较大,因而其强度、抗渗性、抗冻性受到一定的影响。在结构的修理加固中,干法喷射采用得较为普遍。

1)干法喷射工艺如下

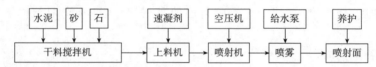

干法喷射的质量控制应注意以下事项:

①骨料的级配要好;

②混合物在进入喷嘴与水混合之前,其含水率控制在 2%～5%,如果小于 2%,会增大粉尘;若大于 5%,易造成管道堵塞;

③喷嘴距喷面应保持 0.9～1.2m 的距离。

2)湿法喷射工艺如下:

湿法喷射工艺既可用于细石混凝土的喷射,也可用于水泥浆的喷射。

3)喷射施工时应注意以下事项:

①水灰比是控制混凝土强度的关键因素,应控制在 0.4～0.5。当水灰比小于 0.35 时,强度会急剧降低,喷射面出现干斑;当水灰比大于 0.5 时,会出现流淌、下坠现象;

②喷枪与受喷面之间的距离应在 1m 左右。距离过大、过小都会增加回弹量;

③喷射机使用压力为喷射枪处气压与输送管道内气压损失之和。喷枪处气压一般以 0.1～0.13MPa 为宜;

④当喷枪与受喷面相垂直时,回弹最小,喷射密度最大。

3. 养护

对于喷射薄层混凝土,尤其对于砖砌体的喷射混凝土加固层,喷射施工完毕后,加强养护是非常重要的。第一次洒水养护一般应在喷射后 1~2h 进行,以后的洒水养护应以保持表面湿润为准。

4. 案例

唐山一轧钢厂发生火灾,Ⅰ类烧伤的梁板混凝土保护层严重脱落,露筋面积达 25%~70%,局部达 90%。混凝土碳化深度为 50~70mm。钢筋和混凝土黏结受到严重破坏,估计钢筋强度降低 20%~30%。Ⅱ类烧伤的梁板结构,部分保护层混凝土脱落,碳化深度 15~40mm,估计钢筋强度,降低 10%~15%。Ⅲ类烧伤的构件炭化深度小于 25mm,估计钢筋强度降低 5%~10%。

经论证后,决定采用干法喷射混凝土进行加固。加固措施和施工工艺如下:

(1)将烧伤梁板中的已碳化的混凝土层凿除。Ⅰ类烧伤梁的最大凿深达 70mm,Ⅱ类烧伤梁底面至少凿去保护层混凝土,Ⅲ类烧伤梁视烧伤情况,作局部清除。

(2)对Ⅰ类烧伤板增配 20%~30% 的下部钢筋,新加受力钢筋采用 $\phi 10@1250$。板底喷射 C25 级细石混凝土,喷射厚度按 15mm 钢筋保护层的要求确定。对Ⅱ类烧伤板不再补配钢筋,在板底喷射厚 15~20mm 的细石混凝土。

(3)对Ⅰ类烧伤梁增配 $2\phi 28$ 纵向钢筋,用 100mm 长的短钢筋头与原主筋焊接,间距为 750mm,梁底喷射厚度为 50~60mm 的 C25 级钢纤维细石混凝土,梁两侧喷射比原梁厚 15~20mm 的 C25 级细石混凝土。Ⅱ类烧伤的梁,经验算没有补配纵筋,在梁底喷射比原梁厚 30~35mm 的 C25 级细石混凝土,梁两侧喷射比原梁厚 15~20mm 的细石混凝土。

(4)采用 0.4m³ 的单罐式喷射机施工,喷射时先喷射主、次梁的底面,再喷射主、次梁的侧面和楼板底。为使梁的棱角清晰,在喷射底面前应在梁侧支设模板;在喷射侧面前,应在梁底支模。板面喷射时,喷射起伏差不超过 15mm。

(5)细石混凝土的配合比为水泥:砂:石=1:2:2。速凝剂掺量占水泥质量的 3%~4%。钢纤维混凝土中的钢纤维直径为 0.3~0.6mm,长度为 20~25mm,每立方米混凝土中掺入 80kg。

(四)预应力加固法

1. 预应力拉杆的锚固与张拉

(1)预应力锚固方法

首先将钢套、钢板等锚固件与梁连牢,然后将预应力筋与锚固件连接,连接的方法主要有两种,一种是焊接,一种是螺栓连接,如图 4-19 所示。

当然还有其他锚固方法,如用高强螺栓、预应力混凝土锚固等。

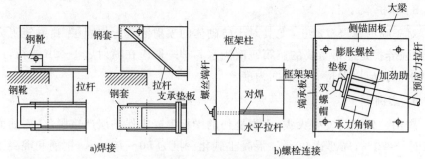

图 4-19　预应力筋端部锚固

（2）预应力筋的张拉主要方法

1）用千斤顶在梁端直接张拉，见图 4-20；

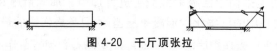

图 4-20　千斤顶张拉

2）用花篮螺丝在中间紧缩张拉，见图 4-21；

3）将两端固定后，中间将预应力筋收紧（又分竖向收紧和横向收紧两种）张拉，见图 4-22、图 4-23；

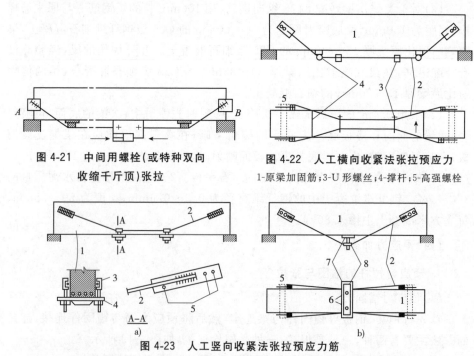

图 4-21　中间用螺栓（或特种双向
收缩千斤顶）张拉

图 4-22　人工横向收紧法张拉预应力
1-原梁加固筋；3-U 形螺丝；4-撑杆；5-高强螺栓

图 4-23　人工竖向收紧法张拉预应力筋
1-原梁；2-加固筋；3-收紧螺栓；4-钢板；5-高强螺栓；6-顶撑螺丝；7-上钢板；8-下钢板

4）电热法张拉等

2. 张拉控制应力及预应力损失

一般说来，需要加固的梁中受拉钢筋应力已较高，梁的挠度也较大，裂缝也较宽，因而对加固拉杆施加的预应力值越高，可更好地改善被加固梁的受力状态，故加固拉杆张拉控制应力 σ_{con} 宜定得高些。但也不能定得太高，因为有可能存在超张拉，致使个别钢筋达到或超过其实际屈服强度，以致发生危险。因此拉杆中的预应力值绝不可超过《混凝土结构设计规范》（GB 50010—2010）的相关规定。

（五）碳纤维布加固法

碳纤维布加固法修复混凝土结构技术是一项新型、高效的结构加固修补技术，较传统的结构加固方法具有明显的高强、高效、施工便捷、适用面广等优越性。它是利用浸渍树脂将碳纤维布粘贴于混凝土表面，共同工作，达到对混凝土结构构件加固补强的目的。

碳纤维布加固法修复混凝土结构技术所用材料有碳纤维布及黏结材料两种。目前，施工中常用碳纤维布的各项指标见表 4-14。

表 4-14　碳纤维布物理力学性能

碳纤维布材料	纤维质量 （g/m²）	设计厚度 （mm）	设计抗拉强度 （MPa）	弹性模量 （MPa）
FTS—C1—120	200	0.111	3550	2.35×10^5
FTS—C1—30	300	0.167	3550	2.35×10^5
FTS—C1—45	450	0.250	3550	2.35×10^5
FTS—C5—30	300	0.165	3000	4.0×10^5

与碳纤维布配套施工用黏结材料有底层树脂（FP），找平材料（FE）及浸渍树脂（FR），其各项指标见表 4-15。

表 4-15　黏结材料的物理力学指标

类型	项目					
	黏度 （MPa·s）	拉伸强度 （MPa）	压缩强度 （MPa）	拉伸剪切强度 （MPa）	正拉黏结强度 （MPa）	弯曲强度 （MPa）
底层树脂 FP	800～1600				≥5	
找平材料 FE		≥50		≥10		
浸渍树脂 ER	3000～5000	≥30	≥60	≥10		≥40

1. 受弯加固

(1)破坏形态

根据试验研究结果,碳纤维片材加固(见图4-24)受弯构件的破坏形态主要有以下几种:

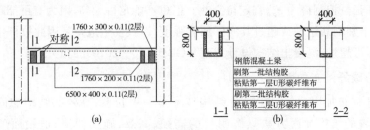

图4-24 碳纤维加固配置图(单位:mm)

(a)立面;(b)截面

1)受拉钢筋屈服后,在碳纤维未达极限强度前压区混凝土受压破坏;

2)受拉钢筋屈服后,碳纤维片材拉断,而此时前压区混凝土尚未压坏;

3)受拉钢筋达到极限前压区混凝土压坏;

4)碳纤维片材与混凝土产生剥离破坏。

前三种破坏形态是由于加固量过大造成的,碳纤维强度未得到发挥,在实际设计中可通过控制加固量来避免。第四种破坏形态,黏结面破坏后剥离无法继续传递力,构件则不能达到预期的承载力,应采取构造措施加以避免。为了避免碳纤维被拉断而发生脆性破坏,可采用碳纤维的允许极限拉伸应变$[\varepsilon_{cf}]$进行限制。

(2)构造措施

1)当对梁、板正弯矩进行受弯加固时,碳纤维片材宜延伸至支座边缘(见图4-25)。

2)当碳纤维片材的延伸长度无法满足上述计算延伸长度的要求时,应采取附加锚固措施。对梁,在延伸长度范围内设置碳纤维片材U形箍;对板,可设置垂直于受力碳纤维方向的压条。

3)在碳纤维片材延伸长度端部和集中荷载作用点两侧宜设置构造碳纤维片材U形箍或横向压条。

(3)施工技术要点

加固施工的主要程序如下:

1)将待加工的梁底表面打磨平整;

2)涂刷一层界面剂,渗透于混凝土内,用于增强碳纤维布与混凝土间的黏结力;

3)待上一层界面剂晾干,刮腻子一层,对混凝土表面进行找平;

4)涂刷黏结胶,粘贴碳纤维布;

5)重复步骤4),粘贴第二层布,直到贴完加固碳纤维层。

在上述施工过程中,尤其重要的是混凝土表面必须打磨平整并清理干净,这将直接影响碳纤维布与混凝土的黏结力。在构件上粘贴 U 形箍条位置处的混凝土转角应打磨成光滑的圆弧形,以保证碳纤维布与混凝土的黏结效果及消除此处过大的应力集中现象。碳纤维布的搭接长度必须保证不小于 150mm。粘贴碳纤维布时,应用滚筒严密滚压,将空气挤出。

2. 受剪加固

(1)加固形式

采用碳纤维布受剪加固的主要粘贴方式有全截面封闭粘贴、U 形粘贴和两侧面粘贴,如图 4-26 所示。其中,封闭粘贴的加固效果最好,U 形粘贴次之,最后是侧面粘贴。

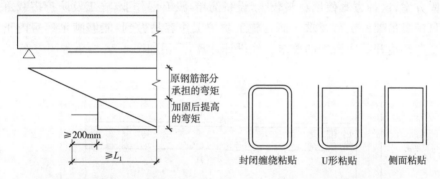

图 4-25　碳纤维片材的延伸长度　　　　图 4-26　粘贴方式

(2)构造措施

1)对于梁,U 形粘贴和侧面粘贴的粘贴高度 h_{cf} 宜粘贴至板底。

2)对于 U 形粘贴形式,宜在上端粘贴纵向碳纤维片材压条;对侧面粘贴形式,宜在上、下端粘贴纵向碳纤维片材压条,如图 4-27 所示。

3)也可采用机械锚固措施。

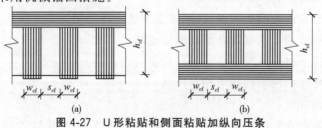

图 4-27　U 形粘贴和侧面粘贴加纵向压条

(a)U 形粘贴;(b)侧面粘贴

3. 案例

河北某选矿厂再磨车间厂房始建于 20 世纪 90 年代,为多层钢筋混凝土框架结构,主厂房 4 层,局部 5 层,建筑面积为 6000m² 左右。使用及生产情况与设计相吻合,2003 年厂方由于技术改造需要,拟在 +21.860m 屋面框架梁上悬挂桥式电葫芦,原屋面梁经可靠性鉴定,现有结构承载能力不满足改造要求,故对 +21.860m 屋面框架梁采用碳纤维进行加固,经过加固,达到了 2003 年厂房在 +21.860m 屋面框架上悬挂桥式电葫芦的技术改造要求。

（1）加固方案的选择

在加固方案的选择上考虑该厂房环境窄小,车间要求加固施工必须在不停产的情况下进行,而且必须保持生产环境清洁干净,上部绝对不能有粉尘及杂物掉落。经现场考查该厂房的楼层较高,在上面可搭吊架进行操作,并且只有选择所有加固操作在上面进行,才能保证在不停产的情况下进行,所以首选了碳纤维加固方案,这种方案使用材料较少,设备简单,没有湿作业,施工及防护搭载重量均可满足吊架的负荷要求。而且施工防护工作容易做到,能够满足厂房内正常的生产环境和干净清洁的要求。经设计计算,采用如图 4-28 所示加固方案。

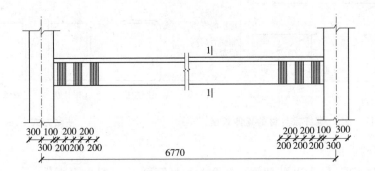

图 4-28　框架梁粘贴碳纤维示意图（单位:mm）

（2）施工工艺

1）严格按规程要求做好施工准备;

2）混凝土表面处理要彻底,必须按规程要求露出坚实的基层;

3）按材料使用要求配制并涂刷底层树脂;

4）配制找平材料并对不平处进行修复处理;

5）配制并涂刷浸渍树脂或粘贴树脂;

6）粘贴碳纤维;

7）刷两遍聚合物防水涂料对全梁进行耐久性处理,并注意养护,不能损伤碳纤维布及聚合物涂料层。

(六)其他加固方法

除以上几种方法外,还有以下几种方法:

(1)增加构件加固法

(2)黏结钢板加固法

(3)托梁拔柱法

(4)型钢加固混凝土

(5)化学灌浆加固法

(6)增设支点加固法

总之,建筑物破损的情况是各种各样的,加固方法也应根据具体情况的不同而采取不同的加固方法。

小 结 一 下

本章主要介绍了钢筋混凝土结构钢筋工程事故、混凝土工程事故、模板及装配工程事故、以及混凝土结构常用加固补强技术,以大量实例介绍了钢筋混凝土结构工程事故的原因分析与防治措施。

【知识小课堂】

钢筋混凝土诞生记

随着钢筋混凝土的诞生,便以其优良的性能特点被广泛应用。现如今钢筋混凝土已是最主要的建筑材料之一。那么他是怎么诞生的呢? 接下来为您揭晓。

早在1756年就已发明了水泥,是否一有水泥,马上就发明了钢筋混凝土呢? 不是,虽然当时水泥、钢筋、石子、沙等都有了,但就是没有人想到,将它们掺合在一起就可以形成一种十分坚固的建筑材料。

钢筋混凝土的发明者,既不是工程师,也不是建筑材料专家,而是法国的一位园艺师,名叫约琴夫·莫里埃。莫里埃经营一个很大的花园,由于他技术高超而且勤劳,一年四季,五颜六色的鲜花开得满园都是。游客慕名前往,纷至沓来,从赏花得到美的享受。莫里埃也因此感到快慰,因为他的一幅幅杰作受到了众人的赞扬。

1865年春,莫里埃花园的花开得格外美丽。春天是鲜花的季节,也是一切爱美者的季节,于是,花园里的游客也就出奇的多。俗话说:"人上一百,种种色色"。人一多,就免不了会有不守规矩的人。有时一天过后,漂漂亮亮的花园,被弄得一团糟;特别艳丽诱人的花被多情者摘走了;花草下面疏松的土被踩得板板结结;花坛也被踏碎了。这些本是少数不守公德的人干的,但偏爱花更偏爱赏花的莫里埃却不这样认为。他觉得,人多了少不了会出点岔子,这是正常的,如果主人想想办法,便可以避免某些不愉快的事情发生。为了不让游客摘花、踩土,他就将名贵花围起来,挂上"请勿摘花""请勿踏花坛"等牌子。这样做果然见了些效。最令他头痛的是踏破花坛。当时的水泥制品硬而脆,很容易断裂。莫里埃用水泥制作的花坛十分精美,但就是时常被人踏碎。为了保护花坛,他先是将写有"请勿踏花坛"的牌子立在花坛里,但根本不管用,观赏者为了一饱眼福,照踏不误。

后来他又在花坛周围打上木桩,用绳子将整个花坛围起来,但照样有人闯入"禁区",花坛被踏碎的事仍时有发生,真是令他哭笑不得。为此莫里埃琢磨了好久,始终找不到一种上策。终于有一天,他在花园里劳动,将用瓦盆培育的木本花移栽到花坛中去,搬动的时候,不慎失手滑落花盆。随着"哎哟"一声,他想:完了,花根周围的土肯定摔散了,可低头一看,尽管花盆破成许多碎片,花根四周上的却包成一?连松都未松。他感到奇怪,蹲下去仔细一看,原来花木发达的根系纵横交错,把松软的泥土牢牢地连在一起。他重新搬起来有意地又摔了一下,土仍然没有散。

这件事令他一下子想起了花坛容易被踏碎之事:泥土极易摔碎,但被花根盘结在一起就不容易摔碎了。水泥比泥土的粘连性强多了,如果制作水泥花坛的时候,放些花根在中间不就难得踏碎了吗?但他仔细一想又不对,花根与水泥一起用不大合适。经过一番思索,他想,将铁丝仿照花木的根系编成网状,然后和水泥、沙石一起浇铸,这样做成的花坛一定牢固,再也不怕人踏了。他按照设想做了一个新花坛,果然踏不碎,他甚至鼓励别人弄坏它,可谁也弄不碎。由此,莫里埃想到了做房子,并将铁丝换成粗钢筋,这样一来,钢筋混凝土就问世啦。

后来,经过专家对它进行了深入研究,使其配法更科学,加上水泥、钢筋的质量不断提高,钢筋混凝土的牢度和作用也就越来越大了。

第五章 钢结构工程

钢结构作为一种承重结构体系,由于其自重轻、强度高、塑性韧性好、抗震性能优越、工业装配化程度高、综合经济效益显著、造型美观以及符合绿色建筑等众多优点,深受广大建筑师和结构工程师的青睐,被广泛应用于各类建筑中,尤其在大跨度和超高层建筑领域显示出无与伦比的优势。目前,我国土木建筑行业面临前所未有的大好形势,大规模的城市建设、房地产开发、西部大开发及众多大型基本建设项目的实施等,都为钢结构的发展提供了很多机会。可以预见,在以后的 10～20 年之间,我国钢结构的数量将大幅度增加。

当我们回顾钢结构取得的巨大成就,展望钢结构美好前景的同时,国内外钢结构的事故也在频繁发生,造成了很大经济损失和人员伤亡,教训是惨痛的。因此,认真分析国内外钢结构重大工程事故,总结经验教训,以促进我国建筑钢结构的健康发展,是很有必要的。

第一节 概 述

一、钢结构事故现状与常见类型

目前我国钢结构工程的数量远比混凝土结构和砌体结构工程少,加之一定规模的钢结构工程,一般都在专业工厂制造,安装企业的资质也较高,工程质量因此较好,质量事故也较少。从现有资料分析,尽管钢结构工程质量事故不多,但造成的损失并不小,尤其是屋盖倒塌等事故往往造成严重的人员伤亡,因此必须十分重视钢结构工程的质量缺陷和质量事故的分析与处理,并从中吸取教训,避免重蹈覆辙。

钢结构工程质量事故可分为两大类:

整体事故——包括结构整体倒塌、错位、变形等;

局部事故——包括构件失稳、连接失效、构件错位、变形以及局部倒塌事故等。

常见的钢结构工程质量事故有以下五类:

(1)钢结构连接损伤事故;

(2)钢柱损坏及地脚螺栓事故;

(3)起重机梁工程事故;

(4)钢屋盖工程事故;

(5)空间钢网架工程事故。

二、钢结构质量事故处理方法及注意事项

1. 常用处理方法

(1)钢结构或构件连接修复、加固。包括焊接、铆接、螺栓连接等质量缺陷或损伤的修复、加固。

(2)纠偏复位。钢结构或构件的变形或错位过大时常用此法处理。

(3)减小内力。当钢结构或钢构件承载力不足时,可用减小内力的方法处理。具体的措施有结构卸荷、改变计算图形等方法。

(4)结构补强。当结构或构件的承载力或刚度等达不到规定要求时,常采用结构补强处理。钢结构补强的方法很多,施工也较简单,如加焊钢板或型钢就可补强结构或构件。

(5)局部割除更换。钢结构局部损坏或有严重质量缺陷又无法修复时,可采用此法,更换部分常用焊接与原有部分连接。

(6)增设支撑。例如屋盖中钢屋架变形过大或屋架内压杆计算长度过大等均可采用此法处理。

(7)其他。更换不合格材料或构件,修改设计等。

2. 钢结构质量事故处理应注意事项

(1)选择合理的连接方式。钢结构加固补强优先采用电焊连接,在焊接确有困难时,可用高强螺栓或铆钉,不得已的条件下可用精制螺栓,不准使用粗制螺栓作加固连接件。轻钢结构在负荷条件下,不准采用电焊加固。

(2)正确选择焊接工艺。力求减少焊接变形、降低焊接应力。

(3)注意环境温度影响。加固焊接应在 0℃ 以上环境进行。

(4)注意高温对结构安全的影响。负荷条件下,作电焊加固或加热校正变形,应注意被处理构件过热而降低承载能力。

第二节　常见质量问题分析与处理

一、钢结构制作质量常见问题

(1)卷制圆柱形筒身时,常见的外形缺陷主要有过弯、锥形、鼓形、束腰、边缘歪斜和棱角等缺陷。造成外形缺陷的原因如下:

1)过弯:轴辊调节过量;

2)锥形:上下辊的中心线不平行;

3)鼓形:轴辊发生弯曲变形;

4)束腰:上下辊压力和顶力太大;

5)边缘歪斜:板料没有对中;

6)棱角:预弯过大或过小。

卷弯过程中,可根据上述缺陷形成的原因,分别采取相应措施予以解决。

(2)弯曲加工时常见的缺陷

1)弯裂

①原因分析

上模弯曲半径过小,板材的塑性较低,下料时毛坯硬化层过大。

②处理方法

适当增大上模圆角半径,采用经退火或塑性较好的材料。

2)底部不平

①原因分析

压弯时板料与上模底部没有靠紧坯料。

②处理方法

采用带有压料顶板的模具,对毛坯施加足够的压力。

3)翘曲

①原因分析

由变形区应变状态引起横向应变(沿弯曲线方向),在外侧为压应变,内侧为拉应变,使横向形成翘曲。

②处理方法

采用校正弯曲方法,根据预定的弹性变形量,修正上下模。

4)擦伤

①原因分析

坯料表面未擦刷清理干净,下模的圆角半径过小或间隙过小。

②处理方法

适当增大下模圆角半径,采用合理间隙值,消除坯料表面脏物。

5)弹性变形

①原因分析

由于模具设计或材质的关系等原因产生变形。

②处理方法

以校正弯曲代替自由弯曲,以预定的弹性回复来修正上下模的角度。

6)偏移

①原因分析

坯料受压时两边摩擦阻力不相等,而发生尺寸偏移;这以不对称形状的工件压变尤为显著。

②处理方法

采用压料顶板的模具,坯料定位要准确,尽可能采用对称性弯曲。

7)孔的变形

①原因分析

孔边距弯曲线太近,内侧受压缩变形,外侧受拉伸变形,导致孔的变化。

②处理方法

保证从孔边到弯曲半径 R 中心的距离大于一定值。

8)端部鼓起

①原因分析

弯曲时,纵向被压缩而缩短,宽度方向伸长,使宽度方向边缘出现突起,这以厚板小角度弯曲尤为明显。

②处理方法

在弯曲部位两端预先做成圆弧切口,将毛坯毛刺一边放在弯曲内侧。

(3)压制封头常见的缺陷。

1)起皱

①原因分析

加热不均匀,压边力太小或不均匀,上下模间隙太大,曲率不均。

②处理方法

加热要均匀,压边力大小和模具间隙要合理。

2)起包

①原因分析

加热不均匀材质差,上下模间隙太大,压边力太小,压边圈未起作用。

②处理方法

保证坯料材质合格,加热均匀,模具间隙合理。

3)直边拉痕压坑

①原因分析

下模表面粗糙或有拉毛现象,坯料气割后熔渣消除不清。

②处理方法

提高下模及压边圈表面光洁度,做好坯料清洁工作。

4)表面微细裂纹

①原因分析

加热不合理,下模圆角太小,坯料尺寸过大,冷却速度太快。

②处理方法

提高下模表面光洁度,下模圆角设计和坯料尺寸要合理。

5)开裂

①产生原因

加热不规范,坯料边缘有损坏痕迹或缺口,材质塑性差或有杂质。

②处理方法

保证加热均匀,提高坯料边缘光洁度及表面质量。

6)偏斜

①原因分析

压延间隙大小不均,定位不准,压边力不均匀,润滑剂涂抹不合理。

②处理方法

合理加热保证坯料压边力均匀,润滑剂涂抹均匀。

7)椭圆

①原因分析

脱模方法不好,封头起吊或搬运时温度太高,模具精度差,配合误差大。

②处理方法

改进脱模方法,合理降温后再起吊与搬运,提高模具精度。

8)直径大小不均

①原因分析

成形压制时,脱模温度高低不一,冷却情况不相同。

②处理方法

保证脱模温度合理一致,冷却方法相同,且合理。

二、高层钢结构柱－柱焊接质量常见问题

1. 现象

焊接过程及焊后柱垂偏超标。

2. 原因分析

(1)焊接工艺参数不准确。

(2)焊接工艺不合理。

(3)阳光照射温差的影响。

(4)焊接过程跟踪校正不及时,造成偏差。

3. 处理方法

(1)钢结构安装前,应进行焊接工艺试验(正温及负温,根据当地情况而定),

制定所用钢材、焊接材料及有关工艺参数和技术措施。一般情况,手工电弧焊打底采用ϕ3.2、电流150A,ϕ4.0、电流170A,焊速150mm/min;CO_2焊打底采用ϕ3.2、电流150A,焊速150mm/min,焊丝直径ϕ1.2;填充层电流280~320A,电压9~36V;盖面层电流250~290A,电压25~34V,焊速350~450mm/min,层间温度100~150℃,焊丝伸出长度20mm;气体流量20~80L/min。

1)在上下柱无耳板侧,由2名焊工在两侧对称等速焊至板厚1/3,切去耳板。

2)在切去耳板侧由2名焊工在两侧焊至板厚1/3。

3)2名焊工分别承担相邻两侧两面焊接,即1名焊工在一面焊完一层后,立即转过90°接着焊另一面,而另一面焊工在对称侧以相同的方式保持对称同步焊接,直至焊接完毕。

4)两层之间焊道接头应相互错开,2名焊工焊接的焊道接头每层也要错开。

(2)阳光照射对钢柱垂偏影响很大,应根据温差大小,柱子端面形状、大小、材质,不断总结经验,找出规律,确定留出预留偏差值。

(3)柱—柱焊接过程,必须采用2台经纬仪呈90°跟踪校正,由于焊工施焊速度、风向、焊缝冷却速度不同,柱—柱节点装配间隙不同,焊缝熔敷金属不同,焊接过程就出现偏差,测工有权指挥,利用焊接来纠偏。

第三节　钢结构的缺陷

一、钢材的质量缺陷

钢材的种类繁多,但在建筑钢结构中,常用的有两种类型钢材,即低碳钢和低合金钢。钢材的质量主要取决于冶炼、浇铸和轧制过程中的质量控制,如果某些环节出现问题,就会产生这样或那样的缺陷。

1. 化学成分的缺陷

化学成分对钢材的性能有重要影响,从有害影响的角度来讲,化学成分将会产生一种先天缺陷。就HPB300钢材而言,其中Fe约占99%,其余的1%为C、Mn、Si、S、P、O、N、H等,它们虽然仅占1%,但其影响极大。普通低碳钢的几种化学成分均对钢材的性能有不利影响,其中的C、Mn、Si是有益元素,但不可过量;P、O、N、H纯属有害杂质。因此,我们将其影响视为先天性缺陷,并加以严格控制。

2. 冶炼及轧制缺陷

钢材在冶炼和轧制过程中,由于工艺参数控制不严等问题,就会造成以下缺陷:

(1)斑疤。钢材表面局部薄皮状重叠称为斑疤,其特征为:因水容易侵入缺陷下部,会使钢材冷却加快,故缺陷处呈现棕色或黑色,斑疤容易脱落,形成表面凹坑。这是一种表面粗糙的缺陷，它可能产生在各种轧材、型钢及钢板的表面。其长度和宽度可达几毫米，深度为 0.01～1.0mm 不等。斑疤会使薄钢板成型时的冲压性能变坏，甚至产生裂纹和破裂。

（2）白点。钢材的白点是因含氢量过大和组织内应力太大相互影响而形成的。它使钢材质地变松、变脆、丧失韧性、产生破裂。

（3）发裂。发裂主要是由热变形过程中（轧制或锻造）钢内的气泡及非金属夹杂物引起的，经常出现在轧件纵长方向上。发裂几乎出现在所有钢材的表面和内部。发裂的防止最好由冶金工艺解决。

（4）分层。分层是钢材在厚度方向不密合，分成多层，但各层间依然相互连接并不脱离的现象。分层不影响垂直厚度方向的强度，但显著降低冷弯性能。分层将严重降低钢材的冲击韧性、疲劳强度和抗脆断能力。

（5）内部破裂。轧制钢材过程中，若钢材塑性较低或是轧制时压量过小，特别是上下轧辊的压力曲线不"相交"时，则会与外层的延伸量不等，从而引起钢材的内部破裂。这种缺陷可以用合适的轧制压缩比（钢锭直径与钢坯直径之比）来补救。

（6）脱碳。脱碳是指金属加热表面氧化后，表面含碳量比金属内层低的现象。钢材脱碳后淬火将会降低钢材的强度、硬度及耐磨性，主要出现在优质高碳钢、合金钢、低合金钢中，中碳钢有时也有此缺陷。

（7）切痕。切痕是薄板表面上常见的折叠比较好的形似接缝的褶皱，在屋面板与薄铁板的表面上尤为常见。如果将形成的切痕的褶皱展平，钢板易在该处裂开。

（8）夹杂。夹杂通常指非金属夹杂，如常见的硫化物和氧化物，前者使钢材在 800～1200℃ 高温下变脆，后者将降低钢材的力学性能和工艺性能。

（9）过烧。当金属的加热温度很高时，钢内杂质集中的边界开始氧化或部分熔化时会发生过烧现象。由于熔化的结果，晶粒边界周围形成一层很小的非金属薄膜将晶粒隔开。过烧的金属为废品，不论用什么热处理方法都不能挽回，只能回炉重炼。

（10）划痕。划痕一般都是产生在钢板的下表面上，主要是由轧钢设备的某些零件摩擦所致。划痕的宽度和深度肉眼可见，长度不等，有时贯穿全长。

（11）过热。过热是指钢材加热到上临界点后，还继续升温度时，其机械性能变差，如抗拉强度，特别是冲击韧性显著降低的现象。它是由于钢材晶粒在经过上临界点后开始胀大所引起的，如抗拉强度，特别是冲击韧性显著降低的现象。可用退火的方法使过热金属的结晶颗粒变细，恢复其机械性能。

（12）机械性能不合格。钢材的机械性能一般要求抗拉强度、屈服强度、伸长率和截面收缩率四项指标得到保证，有时再加上冷弯，用在动力荷载和低温时还必须要求冲击韧性。如果上述机械性能大部分不合格，钢材只能报废，若仅有个别项达不到要求，可作等外品处理或用于次要构件。

(13)钢材夹渣或夹层,这类缺陷大多数在加工构件时不易发现,当气割、焊接等热加工后才显露出来,所以等到发现这类质量问题时,往往已加工成半成品了,处理起来比较麻烦。

1)缺陷范围的确定

探明夹层深度的方法可用超声波仪探测,也可在板上钻一小孔,用酸腐蚀后用放大镜观察。处理前应查清夹层范围有多大,方可有针对性地采取适当的处理方法。

2)常用构件的钢板夹层的处理方法

①桁架节点板

对于承受静荷载的桁架,节点板钢材夹层不太严重时,经过处理可以使用。例如当夹层深度小于节点板高度的1/3时,可将夹层表面铲出V形坡口,焊合处理;当容许在角钢和节点板上钻孔时,也可用高强螺栓拧合。当夹层深度≥1/3节点板高度时,应作节点板拆换处理。

②实腹式梁、柱翼板夹层处理

当承受静荷载时,分情况采用下述方法处理:

a. 在1m长度内,夹层总长度(连续或间断的累计)不超过200mm,且夹层深度不超过翼缘板断面高度1/5、同时≤100mm时,可不作处理,继续使用。

b. 当夹层总长度超过200mm,而夹层深度不超过翼缘断面高度1/5,可将夹层表面铲成V形坡口予以焊合。

c. 当夹层深度≤1/2翼缘断面高度,可在夹层处钻孔,用高强螺栓拧合,此时尚应验算钻孔后所削弱的截面。

d. 当夹层深度>1/2翼缘断面高度,应将有夹层的一段的翼板全部切除,另换新板。

3. 案例分析

(1)工程事故概述

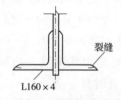

图 5-1 屋架下弦角钢裂缝示意图

某车间为五跨单层厂房,全长759m,宽159m,屋盖共用钢屋架118榀,其中40榀屋架下弦角钢为2∟160×14,其肢端普遍存在不同程度的裂缝,如图5-1所示,裂缝深2~5mm,个别达20mm,缝宽0.1~0.7mm,长0.5~10mm 不等。

(2)原因分析

经取样检验,该批角钢材质符合 Q235F 标准,估计裂缝是在钢材生产过程中形成的,由于现场缺乏严格的质量检验制度,管理混乱,而将这批钢材用到工程上。

(3)处理方法

由于角钢裂缝造成截面削弱,强度与耐久性降低,必须采取加固措施处理。

1）加固原则

加固钢材截面一律按已知裂缝最大深度 20mm 加倍考虑，并与屋架下弦角钢重心基本重合，不产生偏心受拉，其断面按双肢和对称考虑，钢材焊接时，要求不损害原下弦杆件并要防止结构变形。

2）加固方法

在下弦两侧沿长度方向各加焊 1 根规格为∟90×56×6 的不等边角钢。加固长度为：当端节间无裂缝时，仅加固到第二节点延伸至节点板一端，如图 5-2（a）所示；当端节间下弦有裂缝，则按全长加固，如图 5-2（b）所示。加固角钢在屋架下弦节点板及下弦拼接板范围内，均采用连续焊缝焊接，其余部位采用间断焊缝与下弦焊接，若加固角钢与原下弦拼接角钢相碰，则在相碰部分切去 14mm，切除部分两端加工成弧形，并另在底部加焊一根∟63×6（材质为 Q235F）加强。若在屋架下弦节点及拼接板处有裂缝，均在底部加焊一根∟63×6 角钢，加固角钢本身的拼接在端头适当削坡等强对接，但要求与原下弦角钢拼接错开不少于500mm。所有下弦角钢裂缝部分用砂轮将表面打磨后，用直径 3mm 焊条电焊封闭，以防锈蚀，焊条用 E4303。

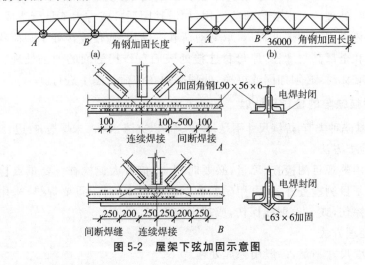

图 5-2　屋架下弦加固示意图

二、钢结构的连接缺陷

1. 铆钉、螺栓连接缺陷检查、分析、处理

铆钉连接的常见缺陷有：铆钉松动、钉头开裂、铆钉被剪断、漏铆以及个别铆钉连接处贴合不紧密。

高强螺栓连接的常见缺陷有：螺栓断裂、摩擦型螺栓连接滑移、连接盖板断裂、构件母材裂断。

（1）检查方法

铆钉检查采用目测或敲击，常用方法是两者的结合，所用工具有手锤、塞尺、弦线和 10 倍以上的放大镜。

螺栓质量缺陷检查除了目测和敲击外，尚需用扳手测试，对于高强螺栓要用测力扳手等工具测试。

要正确判断铆钉和螺栓是否松动或断裂，需要有一定的实践经验，故对重要的结构检查，至少换人重复检查 1～2 次，并做好记录。

（2）分析及处理

铆钉松动、开裂、剪断应更换，漏铆应及时补铆。不得采用焊补、加热再铆的方法处理。个别铆钉连接处贴合不紧密，可用耐腐蚀的合成树脂充填缝隙。

高强螺栓断裂者应及时拆换，处理时要严格遵守单个拆换和对重要受力部位按先加固或先卸荷，后拆换的原则进行。

一般高强螺栓连接处出现滑移，而使螺杆受剪，由于高强螺栓抗剪能力较大，连接处出现滑移后仍能继续承载，只要板材和螺栓本身无异常现象，整个连接并无危险。但是对于摩擦型的高强螺栓连接，出现滑移就意味着连接已"破坏"，应进行处理。对承受静荷载结构，如滑移因漏拧或拧力不足所造成，可采用补拧并在盖板周边加焊处理；对承受动荷载的结构，应使连接处于卸荷状态下更换接头板和全部高强螺栓，原母材连接处表面重作接触面的加工处理。当盖板和母材有破坏时，必须加固或更换，处理必须在卸荷状态下进行。

2. 焊接缺陷的检查与处理

常见缺陷种类有：焊缝尺寸不足、裂纹、气孔、夹渣、焊瘤、未焊透、咬边、弧坑等。

（1）检查方法

一般用外观目测检查、尺量，必要时用 10 倍放大镜检查。要重点检查焊接裂缝。除了目测检查外，还可用硝酸酒精浸蚀检查，对于重要焊缝，采用红色渗透液着色探伤，或 x、γ 射线探伤，或超声波检查。

（2）处理方法

1）焊缝尺寸不足，一般用补焊处理。

2）焊缝裂纹处理。对检查发现的裂纹应作标识，分析裂纹原因。属使用阶段产生的，要根据原因有针对性地治理；对于焊接过程中产生的裂纹，原则上应刨（铲）掉后重焊。但是对承受静荷载的实腹梁翼缘和腹板处的焊接裂纹，可采用裂纹两端钻止裂孔，并在两板之间加焊短斜板方法处理，斜板长度应大于裂缝长度，如图 5-3 所示。工序中，做到全方位、多层次把关，才能确保高

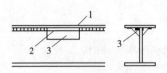

图 5-3　焊接裂纹处理
1-裂纹；2-止裂孔；3-斜板

强螺栓施工的高质量。

3. 案例

（1）工程事故概述

美国某体育馆建于 1994 年，承重结构为三个立体钢框架，屋盖钢桁架悬挂在立体框架梁上，每个悬挂节点用 4 个 A490 高强螺栓连接。1999 年 6 月 4 日晚，高强螺栓断裂，屋盖中心部分突然塌落。

（2）原因分析

屋盖倒塌的主要原因是，高强螺栓长期在风载作用下发生疲劳破坏。

悬挂节点按静载条件设计，设计恒载 $1.27kN/m^2$，活载 $1.22kN/m^2$，每个螺栓设计受荷 238.1kN，而每个螺栓的设计承载力为 362.5kN，破坏荷载为 725.6kN。按照屋盖发生破坏时的荷载，每个螺栓实际受力 136～181kN，因此，在静载条件下，高强螺栓不会发生破坏。

在风荷载作用下，屋盖钢桁架与立体框架梁间产生相对移动，使吊管式悬挂节点连接中产生弯矩，从而使高强螺栓承受了反复荷载。而高强螺栓受拉疲劳强度仅为其初始最大承载力的 20%，对 A490 高强螺栓的试验表明，在松、紧五次后，其强度仅为原有承载力的 1/3。另外，螺栓在安装时没有拧紧，连接件中各钢板没有紧密接触，加剧和加速了螺栓的破坏。

（3）处理方法

体育馆主要承重结构立体框架完好、正常。由于屋顶悬挂设计成吊管连接不适宜，因此，屋顶重新设计，更换所有的吊管连接件。

（4）事故教训

设计人员常忽视将风荷载看成动荷载。这一事故告诫我们，只要使用螺栓作为纯拉构件，并且这些螺栓只承受由风载产生的动荷载，都必须严肃地考虑螺栓可能存在的疲劳。

第四节 钢结构的事故分析及处理

一、钢结构工程质量事故的原因分析

1. 一般原因分析

钢结构工程事故原因可以分为四类，即设计、制造、安装和使用。各类的具体原因分析如下：

（1）设计方面的原因

1）结构设计方案不合理。

2)计算简图不当,结构计算错误。

3)结构荷载和实际受力情况估计不足。

4)材料选用不妥,包括强度、韧性、疲劳、焊接性能等因素,不能满足工程需要。

5)结构节点构造不良。

6)未考虑施工特点、要求以及忽视使用阶段的一些特殊条件(高温或低温、冲击、振动、重复荷载等)。

(2)制作方面的原因

1)任意修改施工图,不按图纸要求制作。

2)制作尺寸偏差过大。

3)不遵守施工及验收规范和操作规程的规定。

4)制作工艺不良,设备、工具不适用。

5)缺少熟练的技术工人和称职的管理人员。

6)不按照有关标准规范检查验收。

(3)安装方面的原因

1)安装顺序和工艺不当,甚至错误。

2)吊装、定位、校正方法不正确。

3)安装连接达不到要求。

4)临时支撑刚度不足,安装中的稳定性差。

5)见制作方面的原因之3)、4)、5)、6)。

(4)使用方面的原因

1)超载使用,任意开洞而削弱构件截面。

2)生产条件改变,但对钢结构工程没有进行适当的加固或改造。

3)生产操作不当,造成构件或结构损坏,又不及时进行修复。

4)使用不当引发过大的地基下沉。

5)使用条件恶劣,又不认真执行结构定期检查维修的规定。

2. 钢结构破坏的常见原因分析

(1)结构设计方案不合理,杆件设计计算错误,焊缝和螺栓等连接件截面不够,节点构造不当。

(2)钢材质量低劣,或错用钢种、规格、型号。

(3)缺少必要而完善的支撑系统。

(4)制作钢结构时,任意变更构件截面,任意修改节点构造。

(5)结构安装顺序错误。

(6)焊缝质量不符合要求。

（7）柱、梁、屋架支承连接方式错误，因而改变了结构计算图形。

（8）对施工质量不认真检查验收。

（9）超载严重。

（10）地基产生过大的不均匀沉降。

（11）维修不善，锈蚀严重等。

3. 钢网架事故的主要原因分析

（1）设计方面的原因

1）结构形式选择不合理，支撑体系或再分杆体系设计不周，网架尺寸不合理。

2）力学模型、计算简图与实际不符。

3）计算方法的选择、假设条件、电算程序、近似计算法使用的图表有误，未能发现。

4）杆件截面匹配不合理，忽视杆件初弯曲、初偏心和次应力影响。

5）荷载少算或组合不当。

6）材料（包括钢材、连接材料）选择不合理。

7）设计计算后，不经复核就增设杆件或大面积的代换杆件，导致出现过高内力的杆件。

8）设计图纸错误或不完备。

9）节点形式及构造错误。

（2）制作方面的原因

1）材料验收管理混乱，造成钢材错用。

2）杆件下料尺寸不准，特别是压杆超长，拉杆超短。

3）不按规范规定对钢管剖口，对接焊缝时不加衬管或不按对接焊缝要求焊接。

4）高强螺栓材料有杂质，热处理淬火不透，有微裂缝。

5）球体或螺栓的机加工有缺陷，球孔角度偏差过大。

6）螺栓未拧紧。

7）支座底板及底板连接的钢管或肋板采用氧气切割而不将其端面刨平，组装时不能紧密顶紧，支座受力时产生应力集中或改变了传力路线。

8）焊缝质量差，焊缝高度不足。

（3）拼装和吊装方面的原因

1）拼装前杆件有初弯曲不调直。

2）胎具或拼装平台不合格。

3）焊接工艺、焊接顺序错误。

4）拼装后的偏差、变形不修正，强行安装，造成杆件弯曲或产生次应力。

5）网架吊装应力不验算，也不采取必要的加固措施。

6）施工方案错误，分条分块施工时，没有可靠的加固措施，使局部网架成为几何可变体系。

7)多台起重机抬吊时,各吊点提升或下降不协调;用滑移法施工时,牵引力和牵引速度不同步,使部分杆件弯曲。

8)支座预埋钢板、锚栓偏差较大,造成网架就位困难,为图省事而强迫就位或预埋板与支座板焊死,从而改变了支承的约束条件。

9)看错图纸,导件杆件安装错误。

10)不经计算校核,随意增加杆件或网架支点。

(4)使用方面的原因

1)使用荷载超过设计荷载。如屋面排水不畅,积灰不及时清扫,屋面上随意堆料等。

2)使用环境变化(温度、湿度、腐蚀性),使用用途改变。

3)网架在使用期间接缝处出现缝隙,螺栓受水汽浸入而锈蚀。

4)地基基础不均匀沉降。

5)地震影响。

二、钢结构事故的分析、处理与预防

(一)钢材缺陷引起的事故

1. 材料事故产生原因

钢结构所用材料主要包括钢材和连接材料两大类。钢材常用种类为 Q235、16Mn、15MnV。连接材料有铆钉、螺栓和焊接材料。材料本身性能的好坏直接影响到钢结构的可靠性,当材料的缺陷累积或严重到一定程度就会导致钢结构事故发生。钢结构材料产生事故的常见原因如下:

(1)钢材质量不合格

(2)铆钉质量不合格

(3)螺栓质量不合格

(4)焊接材料质量不合格

(5)设计时选材不合理

(6)安装时管理混乱,导致材料混用或随意替代

(7)制作时工艺参数不合理,钢材与焊接材料不匹配

2. 案例

(1)工程事故概述

兰州市某山区建有一座大型石油储罐,直径为 20m,高为 18m,采用厚度为 12mm 的钢板焊接而成。该储罐 1973 年建成,1975 年突然崩塌,原油外流,结果

引起大火,绵延约 2km,引起人们的极大恐慌。

(2)原因分析

事故发生后,通过对设计、材料、施工等环节的调查复核,结果发现,原设计没有问题,钢材的力学性能也满足要求,但化学成分不满足,主要是含硫量过高,其含硫量为 0.9%,超过允许值 0.40%~0.65% 近一倍。当钢材温度达 800~1000℃时,硫使钢材变脆,在焊接高温影响下会引起热裂纹。此外,硫含量过高还会降低钢材的冲击韧性、疲劳强度和抗锈蚀性能。该储罐钢材含硫量过高,可焊性差,焊接引起的裂缝在外力作用下逐渐扩展,最终引起崩塌,造成重大事故。

(二)钢结构锈蚀事故

1. 锈蚀的类型

通常,我们将钢材由于和外界介质相互作用而产生的损坏过程称为"锈蚀",有时也叫"钢材锈蚀"。钢材锈蚀,按其作用可分为以下两类:

(1)化学腐蚀

化学腐蚀是指钢材直接与大气或工业废气中含有的氧气、碳酸气、硫酸气或非电介质液体发生表面化学反应而产生的腐蚀。

(2)电化学腐蚀

电化学腐蚀是由于钢材内部有其他金属杂质,它们具有不同的电极电位,在与电介质或水、潮湿气接触时,产生原电池作用,使钢材腐蚀。实际工程中,绝大多数钢材是电化学腐蚀或是化学腐蚀与电化学腐蚀同时作用的结果。

2. 原因分析

钢材的电化学腐蚀是最重要的腐蚀类型,简单来讲是指铁与周围介质之间发生氧化还原反映的过程。腐蚀的原因与钢材并非绝对纯净有关,它总是含各种杂质,其化学组成除铁(Fe)外,还含有少量其他金属(如 Mn、V、Ti 等)和非金属(如 Si、C、P、S、O、N 等)元素形成固溶体、化合物或机械混合物的形态共存于钢材结构中。同时,还存在晶界面和缺陷。因此,当钢材表面从空气中吸附溶有 CO_2、O_2、SO_2 的水分时,就产生了一层电解质水膜,这层水膜的形成,使得钢材表面的不同成分或晶界面之间构成了千千万万的微电池,称为腐蚀电池。

3. 案例

(1)工程事故概述

某研究所食堂为直径圆形砖墙上扶壁柱承重的单层建筑,檐口总高度为 6.4m,屋盖采用 17.5m 直径的悬索结构,如图 6-11 所示。悬索由 90 根直径为 7.5mm 的钢绞索组成,预制钢筋混凝土异型板搭接于钢绞索上,板缝内浇筑配筋混凝土,屋面铺油毡防水层,板底平顶粉刷。该食堂使用 20 年后,屋盖突然整体塌落,经检查 90 根钢绞索全部沿周边折断,门窗部分震裂,但周围砖墙和圈梁无塌陷损坏。

（2）原因分析

该工程原为探索大跨度悬索结构屋盖应用技术的实验性建筑,在改为食堂之前,一直在进行观察。改为食堂后,建筑物使用情况正常,除曾因油毡屋面局部渗漏,做过一般性修补外,悬索部分因被油毡面层和平顶粉刷所掩蔽,未能发现其锈蚀情况,塌落前未见任何异常迹象。屋盖塌落后,经综合分析认为,屋盖的塌落主要与钢绞索的锈蚀有关,而钢绞索的锈蚀除与屋面渗水有关外,另一主要原因是食堂的水蒸气上升,上部通风不良,因而加剧了钢绞索的大气电化学腐蚀和某些化学腐蚀(如盐类腐蚀)。由于长时间腐蚀,钢筋断面减小,承载能力降低,当超过极限承载能力后断裂。至于均沿周边断裂,则与周边夹头夹持、钢索处于复杂应力状态(拉应力、剪应力共同存在)有关。

（3）事故教训

1）应加强钢索的防锈保护,可从材料构造等方面着手;

2）设计合理的夹头方向,夹头方向应使钢索处于有利的受力状态;

3）实验性建筑应保持长时间观察,以免发生类似事故。

（三）钢结构火灾事故

1. 事故分析

火灾下钢结构的高温受力性能的分析和确定很复杂。钢结构处于高温下不仅要测定其耐火极限,更重要的是从理论和实践中研究其受力性能。在高温下,钢材的强度、变形都将发生显著的变化,甚至达到极限状态,导致结构破坏。影响这种变化程度的因素很多,且错综复杂,如钢材的种类、规格、荷载水平、温度高低、生温速率、温度蠕变等。对于已建成的承重结构来说,火灾的温度和作用时间又与此时室内的可燃性材料的种类及数量、可燃性材料燃烧时的热值、室内通风情况、墙体及吊顶等的传热特性以及当时气候情况(季风、风的强度、风向)等因素有关。火灾一般都是意外的、突发的,发生现场比较混乱又忙于救火,很少进行、甚至没有条件进行实际检测火的温度及分布情况,这给火灾事故分析及结构的修复加固带来了许多困难。关于高温下钢材力学性能各项指标的确定,由于材性模型、分析理论和试验方法的不同,以及其他各种因素的影响,各国的见解和规范也不尽统一,但是一般变化规律如图 5-4 所示:当温度升高时,钢材的屈服强度 f_y、抗拉强度 f_u 和

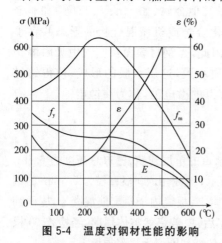

图 5-4 温度对钢材性能的影响

弹性模量 E 的总趋势是降低的,但在 200℃ 以下时变化不大。当温度在 250℃ 左右时,钢材的抗拉强度 f_u 反而有较大提高,而塑性和冲击韧性下降,此现象称为"蓝脆"现象。当温度超过 300℃ 时,钢材的 f_y、f_u 和 E 开始显著下降,而塑性伸长率 S 显著增大,钢材产生徐变。当温度超过 400℃ 时,强度和弹性模量都急剧降低。达 600℃ 时,f_y、f_u 和 E 均接近于零,其承载力几乎完全丧失。

2. 钢结构的防火方法

钢结构的防火保护,最初是采用在钢结构表面浇筑混凝土、涂抹水泥砂浆或用不燃(难燃)材料包裹等方法。就目前应用最为流行的做法涂抹防火涂料。防火涂料主要有以下两个作用:当涂覆于可燃基材上时,除起到与普通装饰涂料相同的装饰、防腐及延长被保护材料的使用寿命外,遇到火焰或热辐射时,防火涂料迅速发生物理、化学变化,隔绝热量,阻止火焰传播蔓延,起到阻燃作用;当涂覆于构件表面时,除具有防锈、耐酸碱、耐烟雾作用外,遇火时还能隔绝热量,降低构件表面温度,起到耐火作用。钢结构防火涂料遇火时具有优良的隔热性能,减缓了构件自身的温升,从而提高了构件的耐火极限。

钢结构耐火性能差,因此为了确保钢结构达到规定的耐火极限要求,必须采取防火保护措施。通常不加保护的钢构件的耐火极限仅为 $10\sim20min$。钢结构的防火通常按照构造形式概括为以下三种:

(1)紧贴包裹法

一般采用防火涂料紧贴钢结构的外露表面将钢构件包裹起来,见图 5-5a。

(2)空心包裹法

一般采用防火板、石膏板、蛭石板、硅酸盖板、珍珠岩板将钢构件包裹起来,见图 5-5b。

(3)实心包裹法

一般采用混凝土将钢结构浇筑在其中,见图 5-5c。

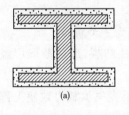 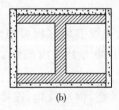 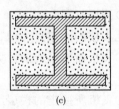

图 5-5　钢构件的防火方法

(a)紧贴包裹法;(b)空心包裹法;(c)实心包裹法

3. 案例

(1)工程事故概述

纽约世界贸易中心姊妹塔楼,地下 6 层,地上 110 层,高度为 411m。设计人为著名的美籍日裔建筑师山崎实(MinoruYamasaki),熊谷组施工,两幢楼的建筑时间为 1966～1973 年。每幢楼建筑面积为 41.8 万 m^2,标准层平面尺寸为 63.5m×63.5m,内筒尺寸为 24m×24m,标准层层高为 3.66m,吊顶下净高为 2.62m,一层入口大堂高度为 22.3m,建筑高宽比为 6.5。整个世界贸易中心可容纳 5 万人工作,每天来办公和参观的约 3 万人。纽约世界贸易中心姊妹塔楼为超高层钢结构建筑,采用"外筒结构体系",外筒承担全部水平荷载,内筒只承担竖向荷载。外筒由密柱深梁构成,每一外墙上有 59 根箱形截面柱,柱距为 1.02m,裙梁截面高度为 1.32m,外筒立面的开洞率为 36%。外筒柱在标高 12m 以上截面尺寸均为 450mm×450mm,钢板厚度随高度逐渐变薄,由 12.5mm 减至 7.5mm。在标高 12m 以下为满足使用要求需加大柱距,故将三柱合一,柱距扩大为 3.06m,截面尺寸为 800mm×800mm。楼面结构采用格架式梁,由主次梁组成,主梁间距为 2.04m。楼板为压型钢板组合楼板,上浇 100mm 厚混凝土。每幢楼总用钢量为 78000t,单位用钢量为 186.6kg/m^2。大楼建成后在风荷载作用下,实测最大位移为 280mm。

2001 年 9 月 11 日,美国纽约和华盛顿及其他城市相继遭受有史以来最严重的恐怖袭击。美国东部时间 9 月 11 日 8 时 45 分,载有 92 位乘客的美国航空公司波音 767 客机 11 次航班从波士顿飞往洛杉矶途中遭受劫持并撞击世贸中心北楼。美国东部时间 9 月 11 日 9 时零 3 分,载有 65 位乘客的联合航空公司波音 757 客机 175 次航班从波士顿飞往洛杉矶途中遭受劫持并撞击世贸中心南楼。美国东部时间 9 月 11 日 10 时零 5 分,世贸中心南楼轰然倒塌,美国东部时间 9 月 11 日 10 时 37 分,世贸中心北楼轰然倒塌。

(2)倒塌原因分析

纽约世贸中心大楼的完全倒塌,许多人深感困惑。飞机撞击大楼的中上部为何会造成下部倒塌?大楼为何在撞去时没有立刻倒塌,而持续 1h 左右后才倒塌?

1)倒塌过程

就大楼的倒塌过程而言,其连续破坏过程可划分为三个阶段:

①飞机撞击形成的巨大水平冲击力造成部分梁柱断裂,形成薄弱层或薄弱部位;

②飞机所撞击的楼层起火燃烧,钢材软化,该楼层丧失承载力致使上部楼层塌落;

③上部塌落的楼层化为一个巨大的竖向冲击力,致使下面楼层结构难以承受,于是发生整体失稳或断裂,层层垂直垮塌。

2)倒塌原因

飞机撞击大楼纯属意外,就形成的水平冲击力而言,纯属不可抗力,可谓百年或千年不遇。纽约世贸中心大楼历经 30 年风雨依然完好。本次撞击大楼的波音 757 飞机起飞质量为 104t,波音 767 飞机起飞质量为 156t,飞行速度约为 1000km/h,在如此巨大的冲击下,大楼虽然晃动近 1m 但未立即倾倒,无论内部还是外部并无严重塌落,这充分证明大楼的结构设计和施工没有问题。

钢结构作为一种结构体系,尤其在超高层建筑中有着无与伦比的优势,但耐火性能差是自身致命的缺陷。本次撞击北楼的波音飞机装载 51t 燃油,撞击南楼的波音 757 飞机装载 35t 燃油,撞击后引起大火。世贸大厦在飞机撞击后并没有立即倒塌,而是在爆炸、断电、消防系统失灵,在火势无法及时扑灭的情况下,熊熊烈火燃烧了一个多小时后才倒塌,这充分说明了倒塌是由于火灾造成钢材软化引起的,而不是飞机直接撞塌的。

3)纽约世界贸易中心双塔钢结构耐火保护存在的问题观察和研究表明,纽约世界贸易中心双塔的钢结构耐火保护存在多方面的问题。

①涂层未完全闭合,露底、漏涂较普遍;

②涂层厚度不符合设计要求;

③钢基材未彻底除锈,涂层空鼓、脱落现象明显;

④涂层受外力破坏现象普遍;

⑤缺乏对施工质量的必要测试。

图 5-6　纽约世贸姊妹楼被撞瞬间

(四)轻钢结构事故

轻钢结构是目前十分流行的结构体系,在国内外得到了广泛的应用。何为轻钢结构,目前学术界没有确切的定义,但有以下共识:①用钢量小;②以冷弯薄壁型钢以及 H 型钢作承重体系;③采用彩钢复合板等轻质墙板作维护结构。近年来,中国轻钢结构发展迅猛,被广泛应用于厂房、超市、展厅、体育馆、活动房屋以及加层建筑等。低于混凝土结构的造价优势和工期短是广泛应用轻钢结构的主要原因。

1. 轻钢结构事故类型

在轻钢结构中,冷弯薄壁型钢是最主要的承重构件,它主要用作墙面梁及屋面檩条。目前常见的破坏形式如下:

(1)主体刚架承重结构的失稳破坏;

(2)檩条、墙梁的屈曲;

(3)轻型屋面板被风载掀起;

(4)屋面板锈蚀,严重时使板产生空洞,甚至断裂;

(5)屋面漏雨,影响正常使用。

2. 轻钢结构事故原因

事故发生的原因是多方面的,虽然有台风、大雪等偶然性的诱发因素,但是设计、制作、安装、使用等过程所留下的隐患却是事故发生的内在原因。

(1)设计方面

设计方面的问题主要集中在以下几个方面:

1)结构选型、计算简图不合理;

2)荷载取值错误;

3)节点构造不合理;

4)面板系统无设计;

5)设计图中配件规格不详。

(2)钢结构构件制作方面

1)材料采购不合格;

2)制作质量差。

(3)安装方面

1)构件安装顺序错误,没有安装工艺;

2)现场施工随意性大,不遵守操作规程;

3)缺少必要的临时支撑。

(4)使用方面

1)改变建筑物使用性质;

2)随意增加荷载;

3)结构所处环境条件差、涂层质量差或维护管理不及时,使钢材锈蚀。

3. 轻钢结构事故预防

应从工程事故中吸取教训,做到防范为主,并遵守以下原则:

1)设计人员应遵守规范要求,不能因为降低造价而随意降低设计指标;

2)通过行业协会等积极提高钢结构设计、制造、施工等技术人员的业务水平；

3)加强设计资质、制作安装资质的管理,制止无证设计、无证施工；

4)开展事故原因分析和预防工作,建立钢结构事故专家系统。

4. 案例

(1)工程事故概述

河北某轻钢结构厂房为单层单跨双坡非对称变截面门式刚架钢结构轻型厂房,跨度为 27m(柱下端轴线间距),柱距为 6m,长度为 174m(轴线距离),门式刚架高度 A 轴为 9.837m,F 轴为 5.102m,屋脊高 23.5m,在标高 17.20m 处有一平台梁。柱脚与基础的连接采用铰接,④轴、⑧轴采用 4 个 M24 锚栓,山墙抗风柱采用 2 个 M24 锚栓。由于施工不慎,在钢结构安装过程中发生整体倒塌,当时,钢结构主体已经基本安装完成,倒塌时呈现多米诺骨牌状,由西向东逐渐倾斜然后倒塌。

(2)事故原因分析

1)施工程序

根据调查,施工过程中存在如下问题：

①钢结构总包单位在施工前未向吊装单位进行技术交底和提供全套施工图；

②施工过程中未严格按规范规定进行工序验收；

③施工过程中存在私自修改设计现象而没有得到纠正。

2)基础施工

根据调查,基础施工过程中存在如下问题：

①基础顶面作为柱的支撑面,未按施工图留凹坑,用于螺栓定位的钢板在基础混凝土浇筑完后留在基础表面,造成柱底抗剪键直接平放在定位钢板上,且部分柱支撑面标高偏差超过规范要求；

②预埋的地脚螺栓中心偏移超过规范要求,而且有的地脚螺栓偏差还较大,在钢柱吊装前没有得到有效的整改,造成钢柱底板违规采取气焊扩孔才能进行安装；

③柱底板和基础顶面的空隙没有及时采用细石混凝土二次浇筑。

3)制作

根据调查,钢结构制作存在如下问题：

①制作过程中焊缝不符合规范要求,钢结构螺栓孔现场采用气割；

②将设计图中的柱间支撑不带钩花篮螺栓连接改为带钩花篮螺栓连接,双螺母连接改为单螺母连接,连接板 10mm 厚改为 6mm 厚；

③C 型钢檩条的长度偏差有的达 10～20mm,造成现场割除和割孔,甚至把

端部翼缘也切割；

④梁制作有偏差，造成梁柱节点拼装困难，甚至不闭合；

⑤将 φ95×2 系类杆改为 φ89×2。

4）安装

根据调查，安装存在如下问题：

①吊装施工违反钢结构吊装程序，仅安装 C 型钢檩条，系杆、柱间支撑，屋面斜撑、顶撑、拉条没有安装；

②柱校正完毕后，地脚螺栓的垫片没有同立柱焊接连接成整体；

③柱间支撑同立柱仅用螺栓连接，没有按设计要求进行焊接。

5）安全措施

由于房屋体形特殊，构件截面比较大，施工阶段风荷载作用在每榀刚架上。根据计算，风荷载作用下，柱间支撑、系杆、屋面檩条承载力均不满足要求，光靠柱间支撑不能保证结构的稳定，应设置揽风绳。

（3）结论与教训

经过对钢结构厂房倒塌施工过程的调查，对照规范和建设工程程序，通过分析，得出如下结论：

1）施工管理不善，违反建设工程程序是厂房倒塌的重要原因；

2）吊装单位吊装施工违反钢结构吊装程序，钢结构制作单位未按设计、规范进行制作是厂房倒塌的主要技术原因；

3）基础施工单位未按图施工和施工偏差大，客观上促使了钢结构制作单位对构件进行违规操作，造成了柱脚的不稳固，也是一个不能忽视的施工技术原因。

4）应加强施工安全措施，对体形特殊的结构，应进行施工阶段的稳定性验算。

第五节　钢结构典型案例分析

一、钢结构裂缝事故

1. 工程事故概述

某钢厂均热炉车间内设特重级钳式起重机两台（20t、30t）。厂房建成使用10 年左右，发现运锭一侧一列柱子的 39 根柱中，有 26 根（占 67%）柱在起重机肢柱头部位出现严重裂缝，如图 5-7 所示。多数裂缝开始于加劲肋下端，然后向下、向左右开展，有的裂缝已延伸到柱的翼缘，甚至使有的翼缘全宽度裂透，有的裂缝延伸至顶板,并使顶板开裂下陷。

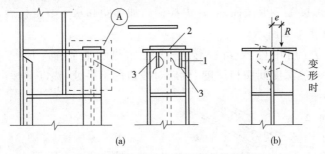

图 5-7 钢柱起重机肢柱头裂缝损坏

(a)起重机肢头裂缝;(b)A 处放大

1-加劲肋;2-顶板;3-裂缝 2. 原因分析

2. 原因分析

通过仔细调查,这批柱的裂缝和损坏又普遍又严重,其主要原因是起重机肢柱头部分设计构造处理不当,作为柱头主要传力部件的加劲肋,设计得太短了,仅有肩梁高的 2/5,如图 5-7 所示,加上起重机肢柱头腹板较薄(16mm),加劲肋下端又无封头板加强,使加劲肋下端腹板平面外刚度很低;其次是起重机梁轨道偏心约 30mm,起重机行走时,随轮压偏心力变化,使加劲肋下端频繁摆动(虚线所示)。其他原因还有:加劲肋端是截面突变处,又是焊接点火或灭火处,应力集中严重,成为裂缝源;再加上起重机自重大(达 3100kN),运行又特别繁重,产生裂缝后不断发展,导致柱头严重损坏。

3. 处理方法

将所有破柱"柱头"(图 5-7 中"A"部分)全部割除更换,更换时把顶板和垫板加厚,加劲肋加长。经过处理后使用 7 年左右,经多次检查,没有发现异常。

二、钢结构构件变形或尺寸偏差过大事故

(一)钢构件焊接变形案例分析

1. 案例 1

某工程主梁为 24m 跨焊接钢板梁,制作时因上翼缘预弯量不足,导致焊接后上翼缘钢板弯折;下翼缘因拼装不正确和焊接应力引起下翼缘与腹板相交时不垂直,如图 5-8 所示。

处理方法:用氧化焰线状加热上翼缘外侧,加热线与焊缝部位对应,加热深度为板厚的 1/2~2/3。再用火焰线状加热下翼缘与腹板钝角一侧的焊缝上部的梁腹板,经过数遍线状加热后,变形逐步纠正。

2. 案例 2

某钢板焊接工字形截面梁,在焊接横向加劲肋和水平节点板后,梁腹板出现凹凸变形,如图 5-9 所示。

处理方法:用中性火焰缓慢地点状加热腹板凸面,加热点直径一般 50~80mm,加热深度同腹板厚度,然后对残留的不平处,垫以平锤击打矫正。

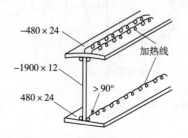
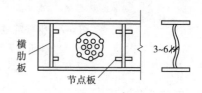

图 5-8　主梁焊接变形与矫正　　　　图 5-9　梁腹板凹凸变形与矫正

(二)钢结构安装变形案例分析

1. 工程事故概述

某单层厂房跨度 36m,柱距 6m,钢屋架安装完成后,发现有两榀屋架上弦中点倾斜度分别为 57mm 和 36mm,下弦中点分别弯曲 23mm 和 7mm,倾斜度超过《钢结构工程施工质量验收规范》(GB 50205—2012)中允许偏差≤h/250(2800/250＝11.2mm)且不大于 15mm 的要求。

2. 原因分析

(1)屋架侧向刚度差,在焊接支撑时发生了变形,没有及时检查纠正。

(2)屋架制作时就存在弯曲。

3. 处理方法

(1)减小上弦平面外的支点间距。在无大型屋面板的天窗部位,将原设计的剪刀撑改为米字形支撑,使支点间距由 6m 减小为 3m,提高承载能力。

(2)屋架上弦原设计水平拉杆为 75×6,改为双角钢 290×6,使其可承受压力。

(3)将屋面板各点焊缝加强,以增大屋面刚度,使其能起上弦支撑的作用,处理情况如图 5-10 所示。

(三)钢屋架尺寸偏差过大案例分析

1. 工程事故概述

某单层厂房有钢屋架 118 榀,其中有 5 榀屋架超长,因柱已最后固定,造成屋架无法安装。经检查超长尺寸一般为 20~40mm,最长达 80mm。

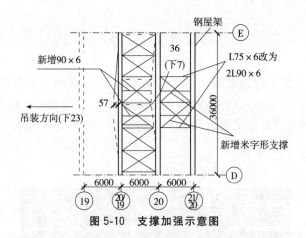

图 5-10　支撑加强示意图

2. 原因分析

(1)下弦端头连接板与接头未顶紧,存在 5~10mm 间隙。

(2)两半屋架拼接时,长度控制不严,存在较大的正偏差。

(3)钢柱安装存在向跨内倾斜的竖向偏差(允许偏差为 H/1000＝18300/1000＝18.3mm),有的实际偏差达 30mm。

3. 处理方法

屋架超长值≤30mm 时,将一端切除 20~25mm,重新焊接端头支承板,并将焊缝加厚 2mm;超长值>30mm 时,两端切除重焊连接板。由于连接板内移,造成下弦及腹杆轴线偏出支承连接板外,使屋架端头杆件内力增大。因此,对端节间的斜腹杆需要加固,在一侧焊楔形角钢或钢板,使轴线交点在屋架端头支承连接板处,如图 5-11 所示。

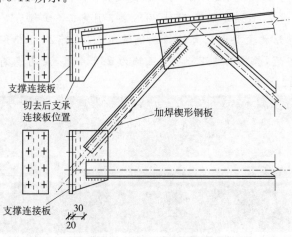

图 5-11　屋架加固示意图

小 结 一 下

本章主要介绍了钢筋混凝土结构钢筋工程事故、混凝土工程事故、模板及装配工程事故、局部倒塌事故的原因分析与防治措施，以及混凝土结构常用加固补强技术，以大量实例介绍了钢筋混凝土结构工程事故的原因分析与防治措施。

【知识小课堂】

钢结构的代表——鸟巢

国家体育场（"鸟巢"）是 2008 年北京奥运会主体育场。由 2001 年普利茨克奖获得者赫尔佐格、德梅隆与中国建筑师李兴刚等合作完成的巨型体育场设计，形态如同孕育生命的"巢"，它更像一个摇篮，寄托着人类对未来的希望。设计者们对这个国家体育场没有做任何多余的处理，只是坦率地把结构暴露在外，因而自然形成了建筑的外观。

国家体育场于 2003 年 12 月 24 日开工建设，2004 年 7 月 30 日因设计调整而暂时停工，同年 12 月 27 日恢复施工，预计 2008 年 3 月完工。工程总造价 22.67 亿元。

"鸟巢"外形结构主要由巨大的门式钢架组成，共有 24 根桁架柱。国家体育场建筑顶面呈鞍形，长轴为 332.3 米，短轴为 296.4 米，最高点高度为 68.5 米，最低点高度为 42.8 米。

国家体育场工程为特级体育建筑，大型体育场馆。主体结构设计使用年限100年，耐火等级为一级，抗震设防裂度8度，地下工程防水等级1级。工程主体建筑呈空间马鞍椭圆形，南北长333米、东西宽294米，高69米。主体钢结构形成整体的巨型空间马鞍形钢桁架编织式"鸟巢"结构，钢结构总用钢量为4.2万吨，混凝土看台分为上、中、下三层，看台混凝土结构为地下1层，地上7层的钢筋混凝土框架—剪力墙结构体系。钢结构与混凝土看台上部完全脱开，互不相连，形式上呈相互围合，基础则坐在一个相连的基础底板上。国家体育场屋顶钢结构上覆盖了双层膜结构，即固定于钢结构上弦之间的透明的上层ETFE膜和固定于钢结构下弦之下及内环侧壁的半透明的下层PTFE声学吊顶。

国家体育场工程按PPP(Private＋Public＋Partnership)模式建设，是由北京市国有资产经营有限责任公司与中国中信集团联合体共同组建的项目公司，主要负责国家体育场的投融资、建设、运营和管理。中信联合体出资42％，北京市国有资产经营有限责任公司代表政府给予58％的资金支持。中信联合体同时拥有赛后30年的特许经营权。

国家体育场工程作为国家标志性建筑，2008年奥运会主体育场，其结构特点十分显著，国家体育场结构复杂。

在设计与施工方面存在很多特点及难点：

(1)体型大，重量重

(2)节点复杂

(3)工期紧

(4)焊接量大：该工程工地连接为焊接吊装分段多，现场焊缝长度长，加之厚板焊接、高强钢焊接、铸钢件焊接等鸟巢居多，造成现场焊接工作量相当大，难度高，高空焊接仰焊多。

(5)冬雨季施工：该工程主结构吊装时间需跨越冬季和春节，所以存在冬雨季施工，施工难度较大。

说起Q460钢材，大多数人可能都不了解。"鸟巢"结构设计奇特新颖，而这次搭建它的钢结构的Q460也有很多独到之处：Q460是一种低合金高强度钢，它在受力强度达到460兆帕时才会发生塑性变形，这个强度要比一般钢材大，因此生产难度很大。这是国内在建筑结构上首次使用Q460规格的钢材；而这次使用的钢板厚度达到110毫米，是以前绝无仅有的，在国家标准中，Q460的最大厚度也只是100毫米。以前这种钢一般从卢森堡、韩国、日本进口。为了给"鸟巢"提供"合身"的Q460，从2004年9月开始，河南舞阳特种钢厂的科研人员开始了长达半年多的科技攻关，前后3次试制终于获得成功。如今，为"鸟巢"准备的Q460钢材已经开始批量生产。2008年，400吨自主创新、具有知识产权的国产 Q460 钢材,将撑起"鸟巢"的铁骨钢筋。

此外,屋顶内环主桁架吊装和立面次结构安装已全面展开。"鸟巢"钢结构所使用的钢材厚度可达 11 厘米,以前从未在国内生产过。另外,在"鸟巢"顶部的网架结构外表面还将贴上一层半透明的膜。使用这种膜后,体育场内的光线不是直射进来的,而是通过漫反射,使光线更柔和,由此形成的漫射光还可解决场内草坪的维护问题,同时也有为座席遮风挡雨的功能。

更为匠心独具的是,"鸟巢"把整个体育场室外地形微微隆起,将很多附属设施置于地形下面,这样既避免了下挖土方所耗的巨大投资,而隆起的坡地在室外广场的边缘缓缓降落,依势筑成热身场地的 2000 个露天座席,与周围环境有机融合,并再次节省了投资。

作为北京奥运会主体育场的国家体育场将采用太阳能光伏发电系统。绿色奥运、科技奥运、人文奥运是北京奥运的三大主题,此次尚德太阳能光伏发电系统落户"鸟巢",将清洁、环保的太阳能发电与国家体育场容为一体,不仅是对北京奥运会三大主题的极好体现,同时对于提倡使用绿色能源、有效控制和减轻北京及周边地区大气污染,倡导绿色环保的生活方式将起到积极的推动作用和良好的示范效应。太阳能光伏发电系统技术目前处于世界先进水平,该太阳能发电系统是由无锡尚德太阳能电力有限公司自主研发并向国家体育场独家提供,安装在国家体育场的 12 个主通道上,总投资 1000 万元人民币,总容量 130 千瓦,对国家体育场电力供应将起到良好的补充。

第六章　装饰装修和外墙外保温工程

第一节　地面工程常见质量问题分析与处理

一、水泥地面和细石混凝土地面

1. 水泥地面和细石混凝土地面裂缝

（1）底层地面裂缝

地面裂缝和室外散水坡、明沟、台阶、花台的裂缝，均影响建筑物的使用功能和美观。

1）原因分析

①基土和垫层都不按规范规定回填夯实。一般多层建筑工程的基坑（槽）深度都大于 2m，在回填土前没有排干积水和清除淤泥，就将现场周围多余的杂质土一次填满基坑，仅在表面夯两遍，下部是没有夯实的虚土。

②地面下的松软土层没有挖除。有的地面下基土是杂堆松土，有的是耕植土。地面施工前，将原土平整夯一遍，上面就铺垫层。由于基土不密实、不均匀，所以不能承托地面的刚性混凝土板块，板块在外力作用下弯沉变形过大，导致地面破坏和裂缝。

③垫层质量差。垫层用的碎石、道渣质量低劣，如风化石过多，含泥量达30％以上。有的用低强度等级的混凝土作垫层时，混凝土是铺刮平整的，与基土之间密实度差。靠墙边、柱边的垫层夯压不到边，又没有加工补夯密实。

④没有按规定留伸缩缝。大面积地面，没有按规定留伸缩缝。有的面层与垫层的伸缩缝和施工缝不在同一条直线上，因伸缩不能同步，常沿错缝处裂缝。

2）处理方法

①破损严重的地面需要查明原因。基土确是松软土层时，要返工重做，挖除松软的腐殖土、淤泥层。选用含水量为 19％～23％的黏土或含水量为 9％～15％的砂质黏土作填土料。按规定分层夯填密实。用环刀法取样测试合格，方可铺垫层夯实，确保表面平整，按要求做好面层。

②局部破损。查清楚破损范围，在地面的破损周围弹好直角线，用切割机沿

线割断混凝土,凿除面层和垫层,挖除局部松软土层,换土分层夯填密实。铺夯垫层,重做的面层,应和原地面材质相同,色泽一致,一样平整。

③裂缝不多,缝宽不大。先将缝隙中清扫干净,用压力水冲洗晾干,用配合比为 1：4：8 的 108 胶、水和 42.5 级普通水泥,搅拌均匀的水泥浆,灌满缝隙,收水后抹平、刮光。

(2)楼层地面裂缝

1)沿预制楼板平行裂缝

①原因分析

该裂缝的位置多数离前檐墙 2m 左右,缝宽常在 0.5～2mm 者居多。裂缝的主要原因有:混合结构的地基纵横交接处的应力有重叠分布,该处地基承载力约增加 15%～40%,则持力层易产生不均匀沉降;檐墙上还有悬挑阳台、雨篷等荷载的影响;安装预制楼板的支座面上坐浆不匀或不坐浆,因板端变形而导致板缝开裂;使用低劣的预制楼板;灌缝质量差,不能传递相邻板的内力。

②处理方法

a. 裂缝数量较少,裂缝较细,楼面无渗漏要求时,可采用配合比为 1：4：6 的 108 胶、水和水泥浆灌注封闭,在灌注前扫刷干净缝隙,隔天浇水冲洗晾干,用搅拌均匀的聚合物水泥浆液沿板缝灌注,并用小木槌沿裂缝边轻轻敲打,使水泥浆渗透缝隙。当水泥浆收水初凝时,用小钢抹子刮平抹光。隔 24h 后喷水养护。

b. 对有防水要求的裂缝处理。扫刷干净所有缝隙内积灰,用压力水冲洗后晾干,用氰凝或环氧树脂浆液灌注缝隙,用小木槌沿缝隙边轻敲,使化学浆液渗透缝隙,把原有裂缝密封,凝固后成为不渗水的整体。

c. 裂缝缝宽大于 1mm 时,要凿开缝隙检查原有板缝的灌缝质量是否合格。如灌缝的砂浆或细石混凝土酥松,也要凿除,扫刷干净,用压力水冲洗晾干,用 108 胶、水和水泥为 1：4：8 的水泥浆刷板缝两侧,吊好板缝底模。随用水、水泥、砂和细石子为 0.5：1：2：2 的混凝土灌筑板缝,插捣密实,拍平,用小钢抹子抹光,隔 24h 浇水养护,在浇水的同时检查灌缝的板底,不漏水为合格。如发现漏水严重处,需返工重新灌筑混凝土;再按原地面品种配制同品种、同颜色的砂浆、混凝土或石渣浆,按规定铺抹平整、拍实抹平、认真湿养护 14d 后方可使用。

2)沿预制楼板端头的横向通长裂缝

裂缝位置:沿预制楼板支座上的裂缝,包括挑阳台、走道的裂缝。

裂缝宽度:上口宽约 2～3mm,下口比上口缝窄。

①原因分析

a. 预制楼板为单向简支板,在外荷载作用下,板中产生挠曲引起板端头的

角变形,拉裂楼面面层。裂缝宽可用下式推导

$$\theta = \frac{16}{5L} \times \frac{180}{\pi} \Delta Y$$

式中:L——构件长度,mm;

$\quad \Delta Y$——挠度值,mm;

$\quad \theta$——转角度,(°)。

楼面裂缝宽用下式计算

$$\Delta_1 = 2 \cdot \sin\theta \cdot h$$

式中:Δ_1——裂缝宽度,mm;

$\quad h$——预制构件厚度,mm。

b. 预制钢筋混凝土楼板在安装后的干缩值约 0.15‰,则 3600mm 长的板端头缝加宽值为

$$\Delta_2 = 0.15‰ \times 3600 = 0.54\text{mm}$$

以上两项叠加后,板端裂缝上口宽为 2.67mm。还没有考虑支座沉降差、温差等不利因素。

c. 施工不良所造成板端头的裂缝。如板端的支座面上没有认真找平,安装楼板不坐浆,则减少预制板的铰支作用。

②处理方法

a. 工业厂房楼板端头裂缝的处理。在端头裂缝处弹线,用切割机沿直线割到预制板面,缝宽控制在 20mm 左右,扫刷干净,用柔性密封材料灌注到地面面层底平。上面再做与原地面配合比、颜色相同的材料,铺平、拍实、抹光。

b. 如裂缝宽不大于 3mm,可扫刷干净缝隙中的灰尘,用压力水冲洗后晾干,用配合比为 1:4:8 的 108 胶、水和水泥的水泥浆,沿板端裂缝处灌注,随用木槌沿缝边轻轻敲击,使水泥浆渗透缝隙,收水初凝时用钢抹子刮平抹平抹光,保持湿润养护 7d 以上。

c. 有防水要求的楼面裂缝处理,先扫刷干净所在缝隙内的灰尘,再用压力水冲洗晾干,然后用氰凝或环氧树脂浆液沿地面裂缝灌注,用木槌沿缝边轻敲,使浆液渗透到缝隙中封闭更牢固,使裂缝凝固成不漏水的整体。

3)地面的不规则裂缝

①原因分析

a. 基层质量差。如有的基层面的灰疙瘩没有先刮除,基层面上灰泥没有认真冲洗扫刷干净,有的结构层的板面高低差大于 15mm,有的预埋管线高于基层面等原因,造成地面面层产生收缩不匀的不规则裂缝。

b. 大面积地面没有留伸缩缝。当水泥砂浆、细石混凝土等面层,在收缩和温差变形作用下,拉应力大于面层砂浆和混凝土的抗拉强度时,则产生不规则裂缝。

c. 材料使用不当。如水泥的安定性差,使用细砂,有的砂、石含泥量超过3%。搅拌砂浆时无配合比,有的有配合比又不计量。有的使用已拌好3h以上的过时砂浆,成品又不保护,地面上随意堆放重物。有的地面施工后不养护等原因,造成地面干缩、收缩的不规则裂缝和龟裂纹。

②处理方法

a. 地面有不规则的龟裂,缝细不贯穿、不脱壳者,先将地面扫刷冲洗干净,晾干无积水,随将配合比为1∶4∶6的108胶、水和水泥的水泥浆浇在地面上,用抹子反复刮,使浆液刮入缝隙中,当收水初凝时将地面上的余浆刮除,使缝隙中都嵌满水泥浆。

b. 地面面层的不规则裂缝,缝宽大于0.25mm,且贯穿和脱壳。要查明脱壳范围,弹好外围直角线,用混凝土切割机沿线切割断面层,凿除起壳、裂缝部分,也可凿除一个分仓内一块。扫刷冲洗洁净晾干。先刷纯水泥浆一遍,随后用按规定配合比计量准确、搅拌均匀的水泥砂浆、石渣浆或混凝土铺满、刮平,每块中不留施工缝。初凝前拍实抹平,终凝前抹平抹光,湿养护不少于7d,并做好成品保护,防止过早踩踏和振动损坏。

c. 地面裂缝少,宽度大于1mm,且不脱壳。扫刷缝隙中的灰尘,再用吹风机吹尽粉尘后,可灌注水泥浆、氰凝浆液、丙凝浆液、环氧树脂浆液等,将缝隙灌满刮平。

(3)室外的散水坡、明沟、台阶等裂缝

1)原因分析

沿外墙的回填土,没有分层填土夯实;没有按设计规定铺垫层夯实;靠外墙面、沿长度方向、转角处没有留设分隔缝、伸缩缝;混凝土浇筑振捣拍实抹平不当等原因。

2)处理方法

①当散水坡、明沟已开裂,且基土已下沉,有的散水坡、明沟已局部吊空时,宜返工重做。查清原因:有的要挖除下面的淤泥,有的要重行夯实后回填土再夯实。经检查基土密实度合格后,按原设计要求铺好碎石垫层夯实找平。当再浇混凝土散水坡、明沟、台阶时,靠外墙面留一条宽为15～20m的隔离缝,长度方向每隔12m左右设一条分格缝,转角处留对角分格缝。缝内嵌沥青砂浆或胶泥。

②散水坡、名沟有裂缝和断裂但下面不空。先扫刷冲洗干净缝隙中的垃圾。缝隙宽度小于2mm,可用108胶水泥浆灌注后刮平;缝隙宽度大于2mm时,可用1∶1至1∶2的水泥砂浆填嵌密实刮平,湿养护7d。也可把裂缝处凿开20mm宽,扫刷干净,灌PVC(PVC是聚氯乙烯的代号)胶泥。

③局部破损严重,采取局部返工重浇混凝土。先将旧混凝土的端头割平留分格缝,当新混凝土浇好后,在缝中灌沥青砂浆或胶泥。

2. 地面空鼓

(1)原因分析

1)基层面或找平层面的灰疙瘩没有刮除干净。在墙面、天棚抹灰时,砂浆散落在基层面、没有扫刷和冲洗干净,积灰粉尘形成基层与地面面层的隔离层。

2)基层干燥,面层施工前没有浇水湿润后晾干。有的随做面层随浇水,造成基层面积水,导致空鼓。

3)基层质量低劣,表面有起粉、起砂,有的基层混凝土面结有游离杂质膜层,没有刮除,形成与面层的隔离层。

4)材料质量控制不严。有的施工人员误认为地面施工质量不重要,将工地的剩余水泥、砂和石子用于地面,这些材料含泥量和杂质大大超过规定,造成地面混凝土、砂浆的强度不足,且在操作过程中,混凝土和砂浆的泥灰杂质在挤压拍实过程中凝聚到基层面,也会起到隔离作用。

5)基层面没有先刷水泥浆结合层,有的刷浆过早已经干硬,起不到黏结作用,也有随刷浆随浇筑混凝土和砂浆,因刷浆的水没有晾干,反而起到了隔离的作用。

(2)处理方法

1)查清事故范围及原因。空鼓面积的大小与数量,是面层与基层空鼓脱壳,还是基层(找平层)与结构层或垫层之间的空鼓。

2)面积不大,又是局部时,用小锤敲击查明空鼓范围,用粉笔划清界线,然后拉线弹直角线,用切割机沿线割断,掌握切割深度,面层脱壳切到基层;基层脱壳切到结构层。凿除空鼓层,从凿出的碎片中检查分析空鼓的原因。清扫刮除基层面的积灰、酥松层,游离质隔离层用水冲洗晾干。按原面层相同的配合比计量,拌制混凝土或砂浆。先涂抹一遍配合比为 1:4:8 的 108 胶、水和水泥的水泥浆,隔 1h 左右,随即用拌制好的混凝土或砂浆一次铺足,用长刮尺来回刮平,沿周边要设专人负责插捣密实。如为混凝土面层,可用平板振动器振实,再用刮尺刮平,并检查平整度,如有低洼处随即用水泥浆补平。掌握时机在收水后抹光;初凝时压抹第二遍;终凝前全面压光和抹平。隔 24h 浇水湿养护不少于 7d,也可在终凝前压光后喷涂养护液,不需再浇水养护。

3)大面积起鼓和脱壳。应全部凿除,按 2)的施工方法重做。但必须选择好原材料质量,水泥标号不低于 42.5 级普通水泥,中砂必须洁净,含泥量不大于 2%。

3. 水泥地面起砂、麻面

（1）原因分析

1）选材不当。使用强度低的劣质水泥、过期结块水泥或库存散落的混合水泥，其强度低，不耐磨；使用细砂，有的砂含泥量大于3%。使用的水泥砂浆存放时间已超过3h，一般情况下该砂浆强度已下降20%～30%。

2）施工工艺不当。如没有掌握好压实抹光的时机，有的抹光时间过早压不实；有的抹光时间过迟，水泥砂浆已经终凝硬化，再在上面洒水抹压造成面层酥松；有的在面上撒干水泥操作引起脱皮；有的不养护或养护不及时；成品不保护，刚完工的地面任意在上面走动、推车和在上面操作等，使强度下降，导致起砂和露砂、脱皮。

3）使用不当。有的在已完工的地面上手拌砂浆，有的室内粉刷用的砂浆直接倒在地面上，再转铲给抹灰工使用，使光洁的地面造成麻面和起砂。

4）冬期施工保温措施不当。冬期施工好的水泥砂浆等地面，没有及时保暖，早期受冻，使表面脱皮、起粉、起砂等。如保暖不当也会造成表面酥松、起粉等。如水泥地面抹光后，气温下降0℃以下，常将门、窗关闭，用临时煤炉等生火保暖，当二氧化碳气体和水泥中的游离物质氢氧化钙、硅酸盐和铝酸钙互相作用，引起表面呈白色酥松的薄层，使表面起砂和起粉。

（2）处理方法

1）表面局部脱皮、露砂、酥松的处理方法。用钢丝板刷刷除酥松层，扫刷干净灰砂，再用水冲洗，保持清洁晾干，用聚合物水泥浆涂刷一遍，如缺陷厚度大于2mm时，可用1：1的水泥和细砂浆铺满刮平，收水后用木抹子搓平，初凝前用钢抹子抹平并抹光；终凝前再用钢抹子抹成无抹痕的面层，尤其是与旧面层边接合处要刮平。随喷一遍养护液养护。保护好成品。28d后方可使用。

2）大面积酥松。因原材料质量造成的大面积酥松，必须返工铲除，扫刷冲洗干净后，晾干，重做地面面层。

3）表面粘有灰疙瘩的处理方法。因使用不当，地面粘有灰疙瘩时，须检查地面的强度，如质量比较好，可用磨石子机，但砂轮要换用200号金刚石或240号油石磨光。

4. 水泥地面返潮

水泥地面返潮，甚至有的地面还会积水。暗示雨季或阴雨天来临。返潮地面影响使用功能，潮湿的房间中物品霉变和腐烂。人们在上面行动会打滑，人体的感觉也不舒服。地面返潮的水分有的来自地下水渗透到地面；也有的是湿热的空气下沉碰到光滑的地面冷凝形成水珠。

（1）原因分析

1）有的地面下基土潮湿，水分因毛细孔作用而上升，使地面返潮。

2）有的垫层采用的材料不合格，如碎石、道渣中夹的泥土量大，则该垫层不能起到阻隔毛细孔的作用，使地面返潮。

3）有的房屋墙体下没有做防潮层，有的防潮层不起防潮作用，导致沿墙周边返潮。

4）有的地面标高低于室外地面，室外的地表水渗入地面而潮湿或积水。

（2）处理方法

1）采用阻隔毛细作用的垫层。适用于新建或返潮地面的返修，基土要先夯实抄平，一般垫层可采用中粗砂、碎石或卵石，其含泥量不得大于10%。铺设厚度控制在60～100mm之间，因洁净的砂、石垫层能阻隔基土的毛细孔作用，而使地面干燥。

2）铺塑法。适用于新建或返修返潮地面。铺塑法的优点：具有抗腐蚀性能强、耐久性能好。沿海地区，可防止地面被盐碱腐蚀破坏，防潮效果好、施工方便、造价低。施工方法是在垫层上平铺一层塑料膜，塑料膜搭接宽度不少于100mm，可粘贴、可焊接，四周沿墙要贴高60～100mm。施工中要有避免塑料膜遭到破坏的措施。凡采用铺塑料膜的地面不再有返潮的情况。

3）采用微膨胀水泥浇筑地面混凝土。适用于新浇或返潮地面的返修。在拌制地面混凝土的水泥中掺10%～14%的膨胀剂，经水化作用后，形成无机化合物——钙矾石，能填充混凝土内部孔隙，增加混凝土的密实性，有效地阻隔毛细孔的作用。按配合比计量搅拌均匀的混凝土，每一自然间或一个分格块内的地面混凝土，必须一次铺足不留施工缝，用刮尺刮平拍实，用辊筒滚压密实，可采取一次加浆抹面、压光。湿养护7d后使用。

4）地面标高低的处理。如再提高室内地面标高，又受到层高的限制时，可沿建筑外墙周围挖一条排水沟，深度低于室内地面500mm以上。最好能接通排水管道，使积水能及时排除，保持室内地面干燥。

5）原地面涂刷堵漏灵。这能改善因地下水上升而返潮的地面。施工方法：用02号堵漏灵浆涂刷法。配合比为02号堵漏灵：水=1∶0.7，搅拌均匀，静置30min后使用，先将地面扫刷清洗干净，待晾干，将搅拌均匀的堵漏灵浆料，涂刮或涂刷3～5遍为一层，第一层涂刷完成有硬感时，即可喷水养护防止裂缝。然后用同样方法做第二层，再及时湿养护。成品保护不少于7d后使用。

6）氰凝涂刮法。该涂料最大优点是能二次渗透和发生膨胀，能堵塞地面一切孔隙，有优异的黏结性能，遇水反应黏度增强，生成不溶于水的凝固体。地面可选用PA107特种氰凝涂料，涂刷可根据要求配制出不同的颜色，使地面美观，且耐磨、施工方便。

（3）施工方法

1）基体处理。清除杂物、保持干燥。

2）氰凝浆液的配制。稀释剂采用二甲苯或丙酮,在常温下掺氰凝 5％～15％,在干燥洁净的容器中调配均匀。

3）施工工具。油漆液筒、漆刷。

4）施工工序。底涂层一般为一底一涂。氰凝浆液的黏度要稍低一点。必须涂刷均匀,不得漏涂,使涂料向地面下渗透,封闭空隙,保持 24h;再涂面层,面层可分两次涂,要求平整、均匀,无气泡、褶皱、起鼓等缺陷。

5）工具及容器,要及时用二甲苯或丙酮清洗干净。

5. 地面倒泛水或积水

（1）原因分析

没有按规定的坡度与坡向施工;地面标高水准和弹线不标准;地漏面安装时高于地面而积水;土建施工与管道安装不协调,造成标高误差;外走廊、阳台的排水孔的内径小,容易堵塞而积水等。

（2）处理方法

1）外走廊、阳台的排水孔高于排水面而积水,排水管内径小易堵塞。可凿除原排水管,扩孔或降低标高,换内径大于 50mm 的排水管,排水管安装要略向外倾斜 5mm,最好要接入雨水管的水斗。

2）厨房、厕浴间的地面倒泛水时,必须凿除原有地面面层,检查地漏面的标高和周围的防水,清扫洗刷干净基层,从地漏面高出 5mm 拉坡度线,找规矩出坍饼,确保地面水都流向地漏。基层面刷一遍聚合物水泥浆,约隔 1h 后,一次铺足搅拌均匀的 1：2.5 的水泥砂浆,按标准刮平拍实。砂浆收水后,再拍实抹平整;初凝后第三次抹压光,用木抹子拉成小毛。隔 24h 浇水养护。在浇水的同时,检查找平层面不得有积水的洼坑,也不得有壳裂、起砂等弊端,施工中必须保护好一切排水孔,不准建筑垃圾、水泥浆液等流入孔中堵塞。然后按规定铺设地面面层。

6. 楼梯踏步缺棱掉角

（1）原因分析

楼梯踏步抹灰以后,成品保护不善,常被行人踏坏或工具等碰掉棱角。

（2）处理方法

1）用乳胶灰浆修补。踏步破损处扫刷干净,用水冲洗并用钢丝板刷刷洗掉酥松部分。先涂刷基层处理液一遍,基层处理液的配合比为 1：4＝乳胶液：水,搅拌均匀;再用配合比为 1：4：12 的乳胶液：水：水泥的乳胶浆修补,抹压平服;再用排笔蘸水涂刷后压光。隔 24h 后湿养护不少于 7d。并保护好成品,防止碰坏。

2)用环氧砂浆修补法。配合比按表 6-1 备料。

表 6-1 环氧树脂砂浆配合比(质量比)

材料名称	环氧树脂 E－44	乙二胺 (95%)	邻苯二甲酸 二丁酯	水泥：砂 1：2
质量(kg)	100	10	40	400

　　首先,将踏步破损处全面扫刷干净,随用钢丝板刷刷除酥松部分,保持干燥,不要用水冲洗。用喷灯或太阳灯烘烤加热,使修补处的温度达 80℃ 左右。

　　其次,将拌好的环氧树脂砂浆抹压到破损缺角处,用 30×30 的角钢做成阴角器,阴角器在使用前预热到 80℃ 左右,反复压光,达到各接合处无缝隙,确保黏结牢固。压光后,可用和踏步颜色相同的水泥浆涂刷。自然硬化要认真保护,一般保持 24h,不要碰撞。加热硬化,保持修补处的温度小于 70℃,养护 2h 左右即可硬化。

二、水磨石地面

1. 地面空鼓

(1)原因分析

　　没有排除找平层空鼓,就进行面层石子浆施工;或水泥素浆刷得不好,失去黏结作用,或在分格条两侧,分格条十字交叉处漏刷素浆;或石子浆面层与找平层没有达到规定的黏结强度;或开裂引起振动;或养护或成品保护不好。

(2)处理方法

1)大面积磨石子面层空鼓的处理。

①查清空鼓的范围。如为大面积空鼓和分格块中的空鼓,必须凿除后重做磨石子面层,凿除基层面的砂浆残渣和凸出部分,洗刷干净,纠正碰坏的嵌条。

②刷一遍聚合物水泥浆黏结层。水泥浆配合比为 108 胶：水：水泥＝1：4：10,搅拌均匀,随用随拌。刷浆后在 1h 左右就要铺石渣浆。

③水泥石渣浆。石渣粒径按设计要求,如设计无规定时,宜采用 3～4 号石渣,必须先淘洗洁净晾干。选用 42.5 级普通硅酸盐水泥,无结块。配合比为水泥：石渣＝1：(1.2～1.3)。

　　配制彩色石渣浆,配色要先做试配比,经优选后作施工配合比。在配料时要有专人负责配料计量,确保颜色均匀。要先铺设有颜色的水泥石渣浆,后做普通石渣浆。

　　水泥石渣浆铺在已刷水泥浆的黏结层的方格中,用铁抹子将石渣浆沿嵌条边铲铺后,再用刮尺搓平拍实,随即撒一层石渣,要均匀密铺,用滚筒滚压出水泥浆。保持石渣面高出嵌条 1～2mm,确保表面的平整度。用铁抹子再次拍实抹平后养护。

④磨石子面层。须掌握气温和水泥品种,确定开磨时间,如气温在 20℃以上,24h 后即可磨石渣,试磨时以不掉石子为标准。磨石渣的遍数和各遍的要求,见表 6-2。

表 6-2　水磨石地面各遍磨石渣要求

遍数	砂轮号	各遍质量要求及说明
一	60～90 号粗金刚石砂轮	(1)磨匀、磨平、磨出嵌线条; (2)磨好冲洗后晾干,浆补砂眼和掉石子的孔隙; (3)不同颜色的磨面,应先除擦深色浆,后涂擦浅色浆,经检查没有遗漏后,养护 2～3d
二	90～120 号金刚石	磨至表面光滑为止,其他同第一遍 2、3 条要求
三	200 号细金刚石	(1)磨平表面石子粒粒显露、平整光滑、无砂眼细孔; (2)用水冲洗后涂草酸溶液(热水：草酸＝1：0.35,质量比,溶化冷却后)满涂刷一遍
四	240～300 号油石	经研磨至出石浆、表面光滑为止,用水冲洗晾干,随即检查平整度,光滑度,无砂眼、细孔和磨痕

⑤打蜡。上蜡要在地面以上其他工序全部完成后进行。将蜡包在薄布内,在面层上薄涂一层,待干后,用木块上包两层麻布或帆布层,将木块在磨石渣机上代砂轮,研磨到光洁滑亮为合格。

2)局部空鼓的处理

①原因分析

基层表面局部酥松,也有基层面局部低洼处凝结的泥浆浮灰层,没有清除干净,导致局部空鼓。

②处理方法

a. 虽有局部空鼓但不裂缝时,可用电锤,用 6～8 直径的钻头打孔,位置选在空鼓处的四角,距边 20mm 处,深入基层约 60mm 深,将孔中的灰粉吹刷干净,不能用水洗。在干净的孔中灌环氧树脂浆液,配合比见表 6-3。边灌边用锤轻轻敲击,使浆液流入空鼓的空隙,灌好后用重物压在加固的水磨石上,保养 24h,用相同颜色的水泥石渣浆补好孔洞。

表 6-3　环氧树脂浆液配合比

材料名称	环氧树脂 E—44	乙二胺	邻苯二甲酸二丁酯	二甲苯或丙酮
质量(kg)	100	8	10～15	10

调制方法:环氧树脂称好后放入容器,加入二甲苯或丙酮、二丁酯、乙二胺,每加入一次搅拌均匀,搅拌时温度控制在 40℃左右,调制好的浆液要在 40min 内使用完毕。

b. 局部空鼓又有裂缝的处理方法是将空鼓沿裂缝部分凿除;用小口尖头钢錾沿边缘剔除松动的石子,要求边缘上口小,下口大,有凹有凸。将基层清扫洗刷干净。施工工艺:清理基层→刷水泥浆→铺水泥石渣浆→磨面层→打蜡。

2. 地面裂缝

(1)原因分析

1)底层地面裂缝是基土没有夯实,有局部松软层、基土不均匀沉降造成的。

2)沿预制板缝的裂缝,有的板缝没有灌筑好,也有预制板的质量低劣。如沿预制板端头的横向裂缝。

3)楼地面断裂,主要是结构变形、温差变形和干缩变形所造成的。

4)大面积磨石子地面没有设伸缩缝,在温差作用下拉裂和起鼓。

(2)处理方法

1)底层地面裂缝与空鼓同时存在,经检查如确属基土松软所造成,处理工艺:凿除磨石子面层→垫层→挖除松软土层→回填土夯实→铺垫层→重铺面层水泥石渣浆。

2)有裂缝但不空鼓的处理方法。若该裂缝基本稳定,裂缝数量不多时,可先将缝隙清扫刷洗干净后晾干。如比较潮湿,可用氰凝浆液灌注,待缝隙灌满后,及时刮除擦净磨石子面层上多余的氰凝浆液,当凝固后,根据原有磨石子地面的色泽,配制水泥石渣浆嵌补拍平,硬化后用金刚石磨平。

如为楼地面裂缝,将缝隙扫刷干净,用环氧树脂浆液灌注,不要浇水湿润。在灌缝前用喷灯将缝隙内均匀加热到 60℃左右。缝灌好后,用丙酮擦净粘在面层的浆液。隔 24h 后嵌补色彩相同的水泥石渣浆。硬化后磨平。

3)大面积磨石子面层向上隆起裂缝的处理。如为预制楼板,宜在板的端头加设分格缝。如为现浇结构层,则按柱距加设分格缝。沿加设分格缝位置弹线,再用切割机割开,深度割到结构层面,缝宽 15mm 左右。凿除缝中的面层和找平层,扫刷干净缝隙,用柔性密封防水材料灌注。表面可根据原有磨石子面层补嵌水泥石渣浆,磨平、磨光、打蜡。

3. 磨石子面层质量缺陷

(1)漏磨、孔眼多、表面不光滑

1)原因分析

①磨石子机磨不到边,又没有用手工补磨,造成沿墙体、柱周表面粗糙。

②磨石子机的砂轮没有按有关要求,磨不同遍数更换不同细度的砂轮。

③没有按规定每磨一遍后,要用原色水泥浆擦补孔隙和砂眼。

④磨地三遍时没有换 200 号金刚石细砂轮磨光,打草酸后,又没有再用 240 号细油石研磨光滑。

2)处理方法

漏磨和表面粗糙等的处理,先洗刷洁净晾干。用原色水泥浆全面擦涂一遍,补好孔眼,略大的孔眼嵌小石子,保护 2d。用 200 号金刚石砂轮磨光,一边磨一边冲水检查光滑度,用靠尺检查平整度,用人工磨光阴角。磨好后冲洗晾干,全面检查达到标准后,涂草酸溶液,再用 240 号油石砂轮磨出石浆,冲洗晾干并打蜡。用木块外包麻布或帆布,装在磨石子机上研磨直到光亮洁净为止。

(2)分格条不顺直、显露不全、不清晰。

玻璃分格条断缺、偏歪,地面颜色不匀,石子分布不均匀,彩色污染等。

1)原因分析

①没有控制好石子浆铺设厚度,使石子浆超过顶条高度,难以磨出。

②石子浆面层施工完毕,开机过迟,石子浆面层强度过高,难以磨出分格条。

③磨光时用水量过大,使面层不能保持一定浓度的磨浆水。

④属于机具方面的原因,磨石机自重太轻,采用的磨石太细。

2)处理方法

①以上缺陷如不明显,既不大又不多,可以不纠正和不处理。

②缺陷比较明显,影响观感和使用时,沿缺陷处用小口或尖头钢塞,轻轻剔除,要求边缘上口小、下口大,可凹可凸,不要一条直线。清扫洗刷洁净;纠正处理好缺陷。均按要求补嵌好分格条,刷水泥浆、铺同颜色的水泥石渣浆、拍实抹平、养护、磨平、擦补水泥浆、磨光、擦草酸、打蜡。

三、板块面层

1. 预制水磨石、大理石、花岗岩地面

(1)地面板块空鼓

1)原因分析

①底层的基土没有夯实,产生不均匀沉降。

②基层面没有扫刷洁净,残留的泥浆、浮灰和积水成为隔离层。

③预制板块背面的隔离剂、粉尘和泥浆等杂物没有洗刷洁净。

④基层质量差。有的基层面酥松,强度不足 M5,有的基层干燥,施工前没有先浇水湿润,也有的水泥浆刷得过早,已干硬。铺板块的水泥砂浆配合不准确,时干、时湿,操作不认真,铺压不均匀,局部不密实。

⑤成品养护和保护不善,面层铺好后,没有及时湿养护,过早就上去操作或加载。

2)处理方法

①由于基土不密实,造成地面板块空鼓、动摇、裂缝等,要查明原因后再处理。

②将空鼓的板块返工,挖除松软土层,换合格的土分层回填夯实平整,铺垫层。

③清除基层面前泥灰、砂浆等杂物,并冲洗干净。

④拉好控制水平线,先试拼、试排。应确定相应尺寸,以便切割。

⑤砂浆应采用干硬性的,配合比为 1:2 的水泥砂浆。砂浆稠度控制在 30mm 以内。

⑥铺贴板块。铺浆由内向外铺刮赶平。将洗净晾干的板块反面薄刮一层水泥浆,就位后用木槌或橡皮锤垫木块敲击,使砂浆振实,全部平整、纵横缝隙标准、无高低差为合格。

⑦灌缝、擦缝。板块铺后,养护 2d。在缝内灌水泥浆,要求颜色和板块相同。待水泥浆初凝时,用棉纱蘸色浆擦缝后,养护和保护成品,要求在 7d 内不准在室内操作和堆放重物。

(2)局部松动的处理

查清松动、空鼓的位置,划好标记,逐块揭开。凿除结合层,扫刷冲洗洁净。按上条的处理方法中的各款做法,工艺如下:

做找平层→刷水泥浆→铺干硬性水泥砂浆→铺板块→灌缝与擦缝→养护。

(3)接缝高低差大、拼缝宽窄不一

1)原因分析

①板块的几何尺寸误差大。预制水磨石、大理石、花岗岩板块的平面没有磨平,存在明显的凹凸与挠曲。

②铺板时接缝高低差大,拼缝宽窄不一,又不及时纠正,也有黏结层不密实,受力后局部下沉,造成高低差。

2)处理方法

①严格控制板块质量,正确掌握好接缝的高低差和缝宽,发现不符合标准的,要及时调换和纠正。

②查已铺好后局部沉降的板块接缝高低差,要将沉降板块掀起,凿除黏结层。扫刷冲洗干净晾干,刷水泥浆一遍,铺 1:2 干硬性水泥砂浆黏结层,要掌握厚度和密实度,铺板块须用锤垫木块敲打密实和平整,要和周边板块标高齐平,四周缝要均匀,用原色水泥浆灌缝和擦缝。成品养护和保护 7d 后使用。

2. 地面砖

(1)地砖空鼓脱落

1)原因分析

①基层面没有冲洗扫刷洁净,泥浆、浮灰、积水等形成隔离层。

②基层干燥,铺贴地砖前没有浇水湿润,水泥浆刷得过早已干硬,水泥砂浆计量不准确,用水量控制不严,拌的砂浆时干、时稀,地砖铺贴不密实。

③地面砖在施工前没有浸水,没有洗净砖背面的浮灰,或一边施工一边浸水,砖上的明水没有晾干就铺贴,明水就成了隔离剂。

④地面砖铺贴后,黏结层尚未硬化,过早地有人在上面踩踏。

2)处理方法

查清松动、空鼓、破碎地面砖的位置,划好范围的标记,逐排逐块掀开,凿除结合层,扫刷冲洗洁净后晾干,刷水泥浆一遍,配合比为 108 胶∶水∶水泥＝1∶4∶10,刷浆后 1h 左右,铺 1∶2 水泥砂浆的黏结层。稠度控制在 30mm 左右,掌握黏结层的平整度、均匀度、厚度。地面砖必须先浸水后晾干,背面刮一薄层胶粘剂或 JCTA 陶瓷砖胶粘剂,压实拍平,和周围的地面砖相平,拼缝均匀。经检查合格后,再用水泥色浆灌缝并擦平擦匀,擦净粘在地面砖上的灰浆,湿养护和成品保护不少于 7d 后使用。

(2)地面砖裂缝、隆起

1)原因分析

①选用釉面陶瓷砖质量低劣,规格大,制作压力小,烧成的温度差异大。

②结合层是用纯水泥浆。

③铺贴前地面砖没有浸水,有的一边浸水一边铺贴,砖背面的明水没有晾干或擦干。

④有的大面积地面,没有设伸缩缝,因结构层、结合层、地面砖各层之间在干缩、温差和结构的变形作用下,其应力和应变差异,常造成地面砖裂缝和起鼓。

2)处理方法

将脱壳起鼓的地面砖掀起,沿已裂缝的找平层拉线,用混凝土切割机切缝作伸缩缝,缝宽控制在 10～15mm 之间,将缝内扫刷干净,灌柔性密封胶。凿除水泥浆结合层,用水冲洗扫刷洁净、晾干。将完整添补的陶瓷地面砖浸水,并洗净背面的泥灰,晾干,结合层应用 1∶2.5 干硬性水泥砂浆铺刮平整;铺贴地面砖,黏结层可用水泥浆或 JCAT 陶瓷砖胶粘剂。铺贴地面砖要控制好对缝,将砖缝留在伸缩缝上面,该条砖缝控制在 10mm 左右。应确保面砖的黏结密实和平整度,相邻两块砖的高度差不得大于 1mm。表面平整度用 2m 直尺检查,不得大于 2mm。面砖铺贴后应在 24h 内进行擦缝、勾缝工作,缝的深度宜为砖厚的 1/3;擦缝和勾缝应采用同品种、同标号、同颜色的水泥,随做随清理砖面的水泥浆液,并做好养护和保护工作。

(3)砖的接缝高低差、缝宽不均匀

1)原因分析

①地面砖质量低劣,砖面挠曲。

②操作不良,没有控制好平整度,造成接缝高低差大于1mm,接缝宽度大于2mm或一端大、一端小。

③黏结层的砂浆不均匀,局部不密实。受力后产生沉降差,造成高低差。

2)处理方法

当接缝高低差大于1mm,应查明地砖是高差还是低差,或是砖面不平。如是高差返修高的,如是低差返修低的,砖质量差的换砖。方法是掀起反修砖凿除所有黏结层,扫刷冲洗后晾干,可参照"地砖空鼓脱落"处理方法的工艺流程修补。

(4)面层不平,积水、倒泛水

1)原因分析

①所测的水平线误差大,拉线不紧,造成两边高、中间低。

②底层地面的基土没有夯实,局部沉陷,造成地面低洼而积水。

③铺贴地面砖前没有检查作业条件,如厕浴间的地漏面高于地面、排水坡度误差等,常造成积水和倒泛水现象。

2)处理方法

①查清倒泛水和积水洼坑的面积范围大小和积水的原因。

②如确是地漏面高于地面时,必须纠正地漏,把地漏周围凿开,拆开割短排水管,重新安装,确保地漏面低于地面10mm。板底及管周托好模板,在结构楼板孔周涂刷水泥浆后,将配合比为水泥∶砂∶石子=1∶2∶2的细石混凝土搅拌均匀,铺在管周,插捣密实,表面低于基层面10mm,隔天浇水养护,并检查板底以不漏水为合格。干硬后灌防水柔性密封膏,经试水不漏。可参照"地砖空鼓脱落"处理方法修补好地面砖。

③如因找坡层误差,必须返工纠正找坡层。经流水试验水都流向地漏,无积水的洼坑后,可参照"地砖空鼓脱落"处理方法修补好地面砖。

④底层地面沉陷低洼积水,要铲除已沉降处的地砖,凿开基层,挖除松软土层,换土重夯实、重铺夯垫层。可参照"地砖空鼓脱落"处理方法修补好地面砖。

3. 陶瓷马赛克地面

(1)空鼓脱落

1)原因分析

①黏结层砂浆摊铺后,没有及时铺贴马赛克地面。也有的使用存放时间过长的砂浆。

②在浇水揭纸时浇水过多,使没有粘牢的马赛克浮起而导致空鼓。

③黏结层砂浆稠度大,刮铺时将砂浆中的游离物质刮到低处,形成表面酥松层,也有使用矿渣水泥拌砂浆黏结层,表面有泌水层,没有处理干净,就铺贴马赛

克面层,因黏结层面的明水造成隔离层。

④马赛克地面铺贴完工后,没有及时按规定养护,没有做好成品保护工作。

2)处理方法

①局部脱落的处理。将脱落的马赛克揭开,用小型快口的錾子将黏结层凿低2~3mm,用JCAT陶瓷砖胶粘剂补贴、养护。

②大面积空鼓脱落。需要查清脱落原因,然后针对事故原因,采取有效的措施,返工重贴。应按下列要求进行操作和管理。

a. 基层处理:凿除不合格部分,扫刷冲洗干净并晾干;

b. 刷浆和黏结水泥浆:分段、分块铺设,用刮尺刮平;

c. 铺砖:马赛克背面先抹水泥浆一层,根据控制线的位置铺贴,拍平拍实,贴好一间或一块,用靠尺检查平整度和坡度;

d. 洒水湿润后揭纸:当纸皮胶溶化后即可揭掉纸皮。修整不标准的马赛克,拨正缝隙;接着用水泥灌满缝隙,适量喷水,垫木板锤打拍平,达到平整度和观感标准;

e. 检查:接缝高低差不大于0.5mm,缝隙宽度不大于2mm,表面平整度不大于2mm。如有超过部分,及时纠正达到标准;

f. 养护和成品保护:隔24h后用湿润的锯木屑铺盖保护,7d内不准行人和在上面操作。

(2)出现斜槎

1)原因分析

①房间地面不方正;没有排列好铺贴位置。

②操作时不拉控制线,将马赛克贴成歪斜。

2)处理方法

①施工前要认真检查铺贴地面是否方正。弹控制线时,要计算好靠墙边的尺寸。

②施工后确有斜槎,斜槎又靠在墙边,可不处理。但擦缝的水泥浆色泽,必须和地面马赛克颜色相同。

③施工踢脚线时,适当纠正墙的斜度。

(3)马赛克面污染

1)原因分析

①施工擦缝时,没有及时将砖面擦洁净,水泥浆粘在砖面上。

②其他工种操作时将水泥浆、涂料、油漆等污染到马赛克面,严重影响观感。

2)处理方法

①小面积污染,用棉丝蘸稀盐酸擦洗干净。如为涂料和油漆,用苯溶液先润

湿后,再擦洗干净,待擦洗干净后,用清水冲洗干净。

②大面积污染,用稀盐酸全面涂刷一遍,要戴防护手套和穿耐酸套鞋操作擦洗。局部污渍,可用 0 号水砂纸轻轻磨除,随用清水冲洗扫刷洁净。如尚有油漆污点没有清除,再用苯涂擦,溶解后及时擦洗干净。

4. 塑料板面层

(1)面层起鼓,手揿有气泡或边角起翘

1)原因分析

①基层表面粗糙,或有凹陷孔隙。粗糙的表面形成很多细孔隙,涂刷胶粘剂时,不但增加胶粘剂的用量,而且厚薄不均匀。粘贴后,由于细孔隙内胶粘剂多,其中的挥发性气体将继续挥发,当积聚到一定程度后,就会在粘贴的薄弱部位形成板面起鼓或板边起翘现象。

②基层含水率大,面层粘贴后,基层内的水分继续向外蒸发,在粘贴的薄弱部位积聚鼓起,当基层表面粗糙时特别明显。

③基层表面不清洁,有浮尘、油脂等,降低了胶粘剂的胶结效果。

④涂刷胶粘剂后,面层粘贴过早或过迟。为了便于胶粘剂涂刷,需掺一定量的稀释剂,如丙酮、甲苯、汽油等,当涂刷到基层表面和塑料板粘贴面后,应稍等片刻,待稀释剂挥发后,用手摸胶层表面感到不粘手时再行粘贴。如果粘贴过早,稀释剂闷于其中,当积聚到一定程度后,就会在面层粘贴的薄弱部位起鼓。面层粘贴过迟,则黏性减弱,最后也易造成面层起鼓。

⑤塑料板在工厂生产成型时,表面涂有一层极薄的蜡膜,粘贴前,未作除蜡处理,影响粘贴效果,也会造成面层起鼓。

⑥面层粘贴好后就进行拼缝焊接施工,胶粘剂尚未充分凝固硬化,受热膨胀,致使焊缝两侧的塑料板空鼓。

⑦粘贴方法不当,粘贴时整块下贴,使面层板块与基层间存有空气,影响粘贴效果,也易使面层空鼓。

⑧施工环境温度过低,黏结层厚度增加,既浪费胶粘剂,又降低黏结效果,有时会冻结,引起面层空鼓。

⑨胶粘剂质量差或已变质,影响黏结效果。

2)处理方法

起鼓的面层应沿四周焊缝切开后予以更换,基层应作认真清理,用铲子铲平,四边缝应切割整齐。新贴的塑料板在材质、厚薄、色彩等方面应与原来的塑料板一致。待胶粘剂干燥硬化后再行切割拼缝,并进行拼缝焊接施工。

局部小块空鼓处,可用医用针头注入胶粘剂,最后用重物压平压实。

（2）塑料板铺贴后表面呈波浪形

1）原因分析

①基层表面平整度差，呈波浪形等现象。

②涂刮胶粘剂的刮板，齿的间距过大或深度较深，使涂刮的胶粘剂具有明显的波浪形。由于塑料板粘贴时，胶粘剂内的稀释剂已挥发，胶体流动性差，粘贴时不易抹平，使面层呈现波浪形。

③胶粘剂在低温下施工，不易涂刮均匀，流动性和黏结性能较差，胶粘层厚薄不匀。由于塑料板本身很薄（一般为 2～6mm），铺贴后就会出现明显的波浪形。

2）处理方法

可参照"面层空鼓，手揿有气泡或边角起翘"处理方法进行。

（3）拼缝焊接未焊透

1）原因分析

①焊枪出口气流温度过低。

②焊枪出口气流速度过小，空气压力过低。

③焊枪喷嘴离焊条和板缝距离较远。

④焊枪移动速度过快。

以上四种情况中的任何一种情况，都会使焊条与板缝不能充分熔化，焊条与塑料板难为一体，因而结合不好。

⑤焊枪喷嘴与焊条、焊缝三者不成一直线，或喷嘴与地面的夹角太小，使焊条熔化物不能正确落入缝中，致使结合不牢。

⑥压缩空气不纯，有油质或水分混入熔化物内，影响相互黏结质量。

⑦焊缝坡口切割过早，被脏物玷污，影响黏结质量。

⑧焊缝两边塑料板质量不同，熔化程度不一样，影响黏结质量。

⑨焊条选用不当，或因焊条本身质量差（或不洁净）而影响焊接质量。

2）处理方法

对焊接不牢（或不透）的焊缝应返工，并按要求重新施焊。

四、木板面层

1. 木板松动或起拱

（1）原因分析

1）木搁栅中的含水率高于 20％，安装后产生干缩现象，使木板松动。

2）当搁栅空隙间、铺设的隔声材料含有较多的水分，使木板面层受潮后变形膨胀，造成木板面层起拱。

3）在底层潮湿的水泥地面上用的搁栅和木地板，没有防潮和防腐处理，受潮后搁栅和木板变形、起拱和松动。

（2）处理方法

1）如是搁栅的木材干缩或受潮而造成胀缩时，需拆除地板，重行纠正或更换木搁栅，全部木搁栅的含水率要控制在18％以内，并要进行防腐剂处理。必须与基层粘牢。其两端应垫实钉牢，搁栅之间应加钉剪刀撑或横撑。

2）如是因湿拌松散隔声材料中的水分渗透入木材，造成地板起拱或松动时，需拆除起拱的板面层，纠正变形大的搁栅，打开全部门窗加强通风，使水分蒸发晾干。搁栅和板的背面都要用水柏油或其他防腐剂涂刷后，方可铺钉木板面层。

3）底层的木地板起拱时，由于不通风或湿度大，造成湿胀变形。宜拆除起拱的木板面层，根据工程实际，挖通风沟、开通风窗，使木板底的空气流通。木搁栅和木板面层反面都用水柏油或防腐剂防腐。纠正好变形的搁栅后，再铺钉木板面层。

2. 木地板腐朽

（1）原因分析

1）使用木材的材料质量差，木材含水率大于20％，室内和板底不通风。

2）有的水泥地面上铺木搁栅，在搁栅之间用湿拌松散的轻质材料满铺，没有待晾干就铺钉木板面层；有的关闭门窗，造成室内不通风，导致木搁栅、木板面层腐朽。

3）木材含水率大于20％，不作干燥处理，又不作防腐、防虫处理，室内通风不良，室温在2～35℃，为木腐菌生长创造了条件。

（2）处理方法

1）局部腐朽。局部拆除检查腐朽原因。采取局部更换的方法。选用干燥不易变形的木材，并作好防腐、防虫处理。将通风槽、通风口处理好。安装好搁栅，铺钉好木板面层。

2）大面积腐朽。拆除全部木地板，检查腐朽原因，如为受潮不通风造成的腐朽，必须先解决防潮和通风问题后，方可更换搁栅和木板。凡重换的搁栅、剪刀撑、木地板，含水率要小于18％。木搁栅、垫木、剪刀撑、木板底面等都要做好防腐、防虫处理。如满涂水柏油（煤焦油）、木材防腐油或水溶性防腐、防虫剂。木搁栅铺设必须平整平直，搁栅与墙间要留出大于30mm的间隙，以利隔潮和通风。按原规定钉牢，设通风槽、安装剪刀撑。检查质量达到标准后，方可铺钉木地板。

3. 拼缝不严

（1）原因分析

操作工没有培训，有的将企口斜插，也有的板尺寸形状误差大，有的木材收缩大。一般木材的径向、弦向的干缩系数差值在一倍以上,如杉木径向干缩系数为 0.11%,而弦向为 0.24%。铺钉地板时没有将心材朝上。

(2)处理方法

1)虽有收缩缝,一般小于 1mm 时,可用油漆石膏腻子或丙烯酸酯密封胶等嵌补密实,地板做油漆时保持色泽一致。

2)如有的板缝比较大,影响使用功能,宜将板缝过大的返工,并纠正好其余板缝。方法:在板前钉扒钉,用硬木榫块将缝隙楔紧。钉子要斜钉,斜度为 45°,使地板愈钉愈紧。然后补齐拆除部分。

4. 表面不平

(1)原因分析

基层不平,垫木、搁栅面没有找平,木地板的圆钉没有倾斜度,没有收紧,应用的搁栅材质疏松,含水率大于 20%,导致钉钉不紧,当产生干燥收缩后,圆钉松动,造成木地板向上拱起。

(2)处理方法

1)局部不平,如确系操作不良造成局部凸出,需将板面缝中加钉斜钉钉牢,需要将钉尾敲扁送入板中,再将凸面刨平。

2)如因用的圆钉短,或搁栅木材潮湿,在干燥过程中圆钉松动。必须加圆钉重钉,钉长度要大于板厚的 2.5 倍,要斜钉,钉尾敲扁送入板中。经检查不松动和基本平整后,刨平,用油漆腻子补嵌好钉眼。

5. 拼花地板脱壳

(1)原因分析

应用的胶粘剂质量低劣,受潮后脱胶,也有拼花地板潮胀干缩拉脱黏结层。

(2)处理方法

掀开脱壳部分,用溶剂将基层和板反面的黏附胶粘剂擦洗干净,刮除扫刷洁净。用硅酸盐水泥:聚醋酸乙烯乳胶:水＝100:20:40 的聚合物腻子修补平整,待干燥后,再重新粘铺地板,粘贴牢固。胶粘剂可选用环氧树脂、聚氨酯等。

五、案例分析

1. 案例 1

某仓库的地面上,垫 150mm×150mm 方木作楞,楞木上面堆放钢材。随着荷载的加大,150mm 高的楞木在受压后沉到地面一样平。查清原因主要是基土没有夯压密实,地面混凝土浇筑在虚土上。地面受外荷载的作用下局部弯沉破裂,影响使用。

经研究决定返工重做。挖除地面以下,深度为 1m 左右的软弱土层。选用含水率在 15% 左右的黏土作填土料,每层虚铺厚度为 250mm,用蛙式打夯机打 4 遍,共分 5 层填平,每层用环刀法取样测试合格后方可再填铺上层土。测水平钉垫层面水平桩,铺 150mm 厚的碎石垫层,夯实刮平。然后立面层混凝土分格缝板,浇水湿润,每一分仓块内的混凝土要一次铺足刮平,不留施工缝。用平板振动器振实,随用长刮尺刮平,并检查表面平整度,如有低洼处随用拌混凝土的水泥和砂拌制 1∶2 的水泥砂浆,水灰比不大于 0.4,加浆刮平振实。靠分格缝板边、柱边、墙边,设专人负责拍平拍实,初凝前抹光,间隔时间要根据所用水泥品种、标号、环境气温高低等而定,以表面转白色收水、干湿度适宜,用木抹子由边向中间搓抹平整,用钢抹子收压抹光。当脚踩不下窝时,再压抹第二遍。终凝前,用钢抹子试抹没有抹子纹时,用钢抹子全面压光。浇水湿养护不少于 7d。认真保护成品不少于 28d。

该地面到现在已使用多年没有发现裂缝、起砂等缺陷。

2. **案例 2**

某蚕种场的催青室,其对保温、隔热性能要求高,所以分隔成 16m² 的小间;同时门窗的密封性要好,催青室的作用是蚕种放在室中,用温度控制蚕种在规定时间内使小蚕破壳而出。因此该工程的交工时间性很强。在冬期施工好的水泥砂浆地面,用煤炉生火保暖,门窗全部关闭。当二氧化碳气体与地面水泥中的游离质氢氧化碳、硅酸盐和铝酸钙互相作用下,使刚粉好的水泥砂浆面,形成一层呈白色柔软的酥松层,造成面层起砂,影响使用。

处理方法:用钢丝刷刷除表面酥松层,扫刷干净,用水冲洗干净晾干,涂刷水泥浆一遍,在 1h 后,将稠度(以标准圆锥体沉入度计)不大于 35mm 的 1∶2 的水泥砂浆,搅拌均匀,一次铺足一个小间,用长刮尺搓平拍实,掌握好平整度。待收水后,用木抹子由内向外抹平,后退操作,随将砂眼、脚印都要抹平,再用靠尺检查平整度,初凝前抹第二遍;终凝前压光,把表面全部压光,成为无抹痕光滑的面层。隔 24h 后用草帘覆盖,洒水保持湿润 7d。

后经多次回访,没有发现酥松和起砂现象。

3. **案例 3**

某市绝缘材料厂,有部分封闭车间的地面标高低于车间地面 800mm,车间为 6m×10m 的磨石子地面。其四周是现浇的钢筋混凝土墙体封闭。在封闭车间试车时,室内温度升高到 60℃ 左右,试车到 3h,即听见地面的爆裂响声。经停车检查,发现磨石子地面隆起而从中间断裂。分析隆起的原因,磨石子地面受热膨胀,四周受混凝土墙体的挤压,下面是密实的地基,地面热胀向上隆起并产生破裂。

处理方法:清除原有磨石子地面。沿混凝土墙体四周和长度方向居中位置,切割开伸缩缝,深度到垫层底,缝宽 20mm。扫刷干净,缝内填嵌聚氯乙烯胶泥。扫刷洁净、冲洗后晾干,贴嵌分格条,沿垫层缝的边嵌分格铜条,使面层缝的位置和垫层缝相同。磨石子的具体做法可参照"大面积磨石子面层空鼓的处理"有关做法。

该车间投产后再没有发生隆起和裂缝。

4. 案例 4

某邮电调度楼的高层建筑中,设备用房楼地面为长条形杉木企口楼板,铺在现浇钢筋混凝土楼板上,设计要求在搁栅间距中,铺设湿拌炉渣混凝土 50mm 厚,然后铺钉木地板,完工后,因设备没有及时进场,所以将门窗全部关闭。一年左右,当设备进场后,开门进行安装,发现木地板大部分已腐朽,人踩上去就断。

原因分析:当搁栅铺贴好后,即铺湿拌炉渣混凝土隔声层。没有等晾干,就铺钉木地板。本来就不干燥的木搁栅和木地板,又没有防腐处理,吸尽了炉渣混凝土中的水分,使木材含水率长期保持在 30% 左右。当门窗关闭长期不通风,使房间内的湿度不能排除,为木腐菌繁衍提供了良好的条件。

处理方法:腐朽的木地板、木搁栅全部拆除,铲除原有炉渣混凝土。选用含水率小于 18% 的木材。采用硼铬合剂作防腐和防虫处理,晾干后铺钉粘贴木搁栅。木搁栅割通风孔,钉剪刀撑,四周墙上开通风洞。检查合格后,铺钉木地板。

第二节　抹灰工程常见质量问题分析与处理

一、室内抹灰常见质量问题分析与处理

(1)门窗框两侧墙面出现抹灰层空鼓、裂缝或脱落

1)原因分析

①基层处理不当。

②操作不当,预埋木砖(件)位置、方法不当或数量不足。

③砂浆品种选择不当。

2)处理方法

将空鼓、开裂的抹灰层铲除,如框口松动,用长 50～60mm 的∟ 40×40 角钢卧入框内,用木螺丝固定,并用射钉固定在墙体上(图 6-1),间距同木砖,然后将墙面泅水湿润,重新抹灰。

木螺丝固定

射钉固定

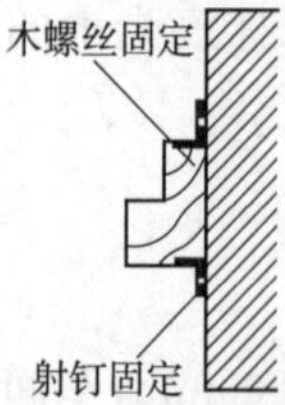

图 6-1　框口松动加固

(2)轻质隔墙抹灰层空鼓、裂缝

1)原因分析

①在轻质隔墙板墙面上抹灰时,基层处理不当,没有根据板材的特性采用合

理的抹灰材料及合理的操作方法。

②条板安装时，板缝是黏结砂浆挤压不严，砂浆不饱满，黏结不当等。

③墙面较高、轻薄造成刚度较差。条板平面接缝处未留出凹槽，无法进行加固补强处理。

④条板端头不方正，与顶板黏结不牢。

⑤条件下端头做在光滑的地面面层上，仅一侧背木楔，填塞的细石混凝土坍落度过大。

2)处理方法

条板之间的纵向裂缝，可将裂缝处抹灰铲除，清理打磨干净。将板缝处用板材所需的胶结材料将玻纤网格带贴平、压实，刷胶后，重新抹灰。

(3)抹灰面起泡、开花、有抹纹

1)原因分析

①抹完罩面灰后，压光工作跟得太紧，灰浆没有收水，压光后产生起泡。

②底子灰过分干燥，罩面前没有浇水湿润，抹罩面灰后，水分很快被底层吸收，压光时易出现抹纹。

③淋制石灰膏时，对慢性灰、过火灰颗粒及杂质没有滤净，灰膏熟化时间不够，未完全熟化的石灰颗粒掺在灰膏内，抹灰后继续熟化，体积膨胀，造成抹灰表面炸裂，出现开花和麻点。

2)处理方法

墙面开花有时需经过 1 个多月的过程，才能使掺在灰浆内未完全熟化的石灰颗粒继续熟化膨胀完，因此，在处理时应待墙面确实没有再开花情况时，才可以挖去开花处松散表面，重新用腻子找补刮平，最后喷浆。

(4)墙面抹灰层析白(反碱)

1)原因分析

①冬期施工中使用的盐类早强剂、防冻剂随着抹灰湿作业析出抹灰面层。

②水泥砂浆抹灰墙面，水泥在水化过程中产生 $Ca(OH)_2$，同空气中的 CO_2 化合成白色粉末状 $CaCO_3$ 析出于墙面。

③选用的外加剂不当。

2)处理方法

①粉末状析白墙面可用细砂纸打磨后，用干净布擦净粉末后再喷浆。

②析白较严重(如出现硬析白层)可用砂纸打磨后，在墙面上轻轻喷水，干燥后出现析白，再次用砂纸打磨，数遍后直至析白减少至轻微粉末状，擦净后再喷浆。

（5）混凝土顶板抹灰面空鼓、裂缝、脱落

1）原因分析

①基层清理不干净，砂浆配合比不当，底层砂浆与楼板黏结不牢，产生穿鼓、裂缝。

②预制楼板两端与支座处结合不严密，使得楼板负荷后，产生扭动而裂缝。

③楼板灌缝后，混凝土未达到设计强度要求，也未采取其他技术措施便在楼板上施工，使楼板下能形成整体工作而产生裂缝。

④板缝过小，清理不干净，灌缝不易密实，加载后影响预制楼板的整体性，顺板缝方向出现裂缝。

⑤板缝灌缝后，养护不及时，使灌缝混凝土过早失水，达不到设计强度，加载后出现裂缝。

⑥由于板缝窄小，为了施工方便，灌缝细石混凝土水灰比过大，在混凝土硬化过程中体积收缩，水分蒸发后产生空隙，造成板缝开裂。

2）处理方法

预制楼板顺板缝裂缝较严重者应从上层地面上剔开板缝，重新认真施工；如裂缝不十分严重，可将顶缝处剔开抹灰层 60mm 宽，认真勾缝后，用 108 胶粘玻纤带孔网带条（一般成品 50mm 宽），再满刮 108 胶一遍，重新抹灰即可。

（6）板条顶棚抹灰层裂缝、起壳、脱落

1）原因分析

①顶棚基层龙骨、板条等木材材质不好，含水率过大，龙骨截面尺寸不够，接头不严，起拱不准，抹灰后产生较大挠度。

②板条钉得不牢，板条间缝隙大小不匀或间距过大，基层表面凹凸偏差过大，板条两端接缝未错开，或没有缝隙，造成板条吸水膨胀和干缩应力集中；抹灰层与板条黏结不良，厚薄不匀，引起抹灰与板条方向平行的裂缝或板条接头处裂缝，甚至空鼓脱落。

③板条过长，丁头缝留置不合适或偏少。

④各层灰浆配合比和操作不当，时间未掌握好。

2）处理方法

顶棚抹灰产生裂缝后，一般较难消除，如使用腻子修补，过一段时间仍会在原处开裂。因此，对于开裂两边不空鼓的裂缝，可在裂缝表面，用乳胶贴上一条 2～3cm 宽的薄尼龙纱布修补，再刮腻子喷浆，就不易再产生裂缝。这种做法同样适用于墙面抹灰裂缝处理。

（7）抹灰面不平，阴阳角不垂直、不方正

1）原因分析

抹灰前挂线、做灰饼和冲筋不认真，阴阳角两边没有冲筋，影响阴阳角的垂直。

2)处理方法

①按规矩将房间找方,挂线找垂直和贴灰饼(灰饼距离 1.5～2m 一个)。

②冲筋宽度为 10cm 左右,其厚度应与灰饼相平。为了便于作角和保证阴阳角垂直方正,必须在阴阳角两边都冲灰筋一道。

③抹阴阳角时,应随时用方尺检查角的方正,及时修正。抹阴角砂浆时,稠度应稍小,要用阴角抹子上下窜平窜直,尽量多压几遍,避免裂缝和不垂直方向。

(8)爆灰、裂纹、斑点

1)原因分析

底灰混合砂浆中的白灰颗粒没有完全熟化,或将回收落地灰直接掺入新砂浆中,没有二次筛选搅拌。未熟化白灰颗粒上墙吸水后膨胀形成爆灰;基层湿润不够或底灰未达到一定干度而上面灰,底灰、面灰层同时干缩也会造成墙面裂纹;基层未处理干净,白灰膏污染,和灰不均匀,造成墙面斑点。

2)处理方法

严把材料关,白灰浸闷不少于两周;落地灰利用必须二次筛选并搅拌,上面灰前墙面提前充分湿润,上灰均匀,压实,完成后注意封闭保护。

(9)上下水、暖气管背后墙面与其根部抹灰粗糙、甚至漏抹

1)原因分析

安装管线前,未能安排人员将管背后墙面预先抹出,直到管线安装后造成抹灰操作困难。

2)处理方法

工种交接要规定质量标准,达不到标准的,下道工序不予接收,在进行转工种作业或进行下道工序时,应认真检查,不具备下道工序作业条件时,不安排下道工序人员上岗。

(10)预制窗台板底面与墙立面接触处,抹灰不到位、粗糙

1)原因分析

操作者不重视。

2)处理方法

加强对操作人员的教育,明确交底,认真严格检查。

二、室外抹灰常见质量问题分析与处理

(1)外墙面渗水

1)原因分析

抹灰前没有将外墙砌体中的空头缝、穿墙孔、洞等嵌补密实,混凝土构件与砌体接合处没有处理好,常造成外墙面渗水。

2）处理方法

外墙面渗水，应查清其原因，采取以下不同的方法处理。

①墙面有集中渗水点。用小锤敲打有局部空壳时，铲除墙面抹灰层，清除孔洞中的灰疙瘩、垃圾和灰尘，冲洗干净。用水泥浆涂刷孔洞内的周围。孔洞小于 30mm 时，随用配合比为 1：1：4 的水泥、纸筋灰和中砂的混合砂浆嵌填密实。孔洞大于 30mm 以上，要用砖块刮满砂浆堵嵌密实，见图 6-2 的嵌补方法。这是堵塞好外墙渗水的通道。然后再补平铲除的抹灰层。

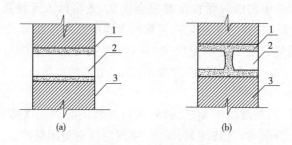

图 6-2 穿墙孔洞的嵌补

（a）用整砖补；（b）用两块断砖补

1-灰缝中嵌满砂浆；2-砖块；3-墙体

②因裂缝渗水。将缝隙扫刷干净。用压力水冲洗缝中的泥灰晾干，按"室外抹灰"下（5）条的处理方法⑦的要求封闭缝隙。

③沿分格缝渗水。将分格缝内的灰疙瘩刮除，扫刷清洗晾干，用规定颜色的密封胶填嵌封密渗水的缝隙。

④因外装饰面层脱壳渗水。按"室外抹灰"下（6）条的处理方法中的有关方法修补。

⑤外墙渗水面积比较大，但渗水量较小时，将墙面灰尘扫刷冲洗干净，晾干，用喷雾器将外墙面喷涂有机硅溶胶防水涂料，必须满涂满喷，待头度干燥后再喷一遍。

（2）外窗台倒坡、咬樘、空鼓

1）原因分析

砌筑窗台时，没有留足做坡度和抹灰层的余量，有的水平线控制不严，造成局部高低和咬樘。窗台抹灰基层没有清扫冲洗干净积灰，抹灰没有分层找坡，一次抹灰太厚，抹好后又不养护，造成窗台脱壳、裂缝、空鼓而渗水和泛水等缺陷。

2）处理方法

①窗台由倒坡、咬框而引起向室内渗水时,需返工重做,做法见图 6-3 的要求。铲除抹灰层,将下部砌砖纠正砌好,清除灰疙瘩,扫刷冲洗洁净,刷水泥浆一度,随用水泥砂浆分层铺抹,窗台面上口要缩进窗下框 2～3mm,并做成 20mm 的圆弧,下口粉成 10mm×10mm 的滴水槽。隔天湿养护和成品保护 7d。

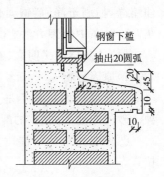

图 6-3　窗台的抹灰

②窗台有空鼓、脱壳。要铲除空鼓脱壳部分,扫刷干净,浇水冲洗晾干,刷水泥浆一度,随用和原有色泽相同砂浆粉抹平整,新旧砂浆接合处要细致地拍压密实,砂浆收水时要二次抹压消除裂缝。盖好湿养护 7d。

③裂缝的处理:窗台有裂缝但不脱壳,将裂缝中扫刷干净,用压力水冲洗晾干,再用配合比为 108 胶：水：水泥＝1：4：10 的水泥浆灌满缝隙;待水泥初凝后,再抹平压实,湿养护。

（3）女儿墙压顶抹灰壳裂、倒坡

1）原因分析

压顶面流水坡向外侧,雨水流淌污染外装饰,如图 6-4 所示。有的施工管理不善,顶层作业难度大,忽视抹灰基层的洁净与湿润,抹灰前没有刷水泥浆黏结层,没有做好成品的保养工作等。常造成压顶的抹灰层脱壳、裂缝,雨水从裂缝中渗漏入室内。

2）处理方法

①已有脱壳和向外泛水的压顶,需凿除后重行粉抹。基层面必须扫除灰尘,浇水冲洗洁净,刷一层水泥浆,抹灰的方法是先粉垂直面,后粉抹顶平面,抹压密实,每隔 10m 长留一条伸缩缝,缝宽 10mm 左右,下口要留滴水线或滴水槽,如图 6-5 所示。完工后要有专人负责湿养护 7d。

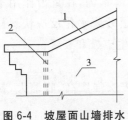

图 6-4　坡屋面山墙排水

1-压顶;2-滴水处;3-山墙

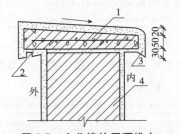

图 6-5　女儿墙的压顶排水

1-压顶;2-滴水槽;3-滴水线;4-女儿墙

②压顶横向裂缝。沿裂缝画线,用切割机沿线割开,宽度为 10mm 左右,作伸缩缝,扫刷干净,后嵌柔性防水密封胶。还有部分裂缝的处理方法同"室外抹灰"下(2)条中处理方法之③。

(4)抹灰层接槎明显、有色差、抹纹乱

1)原因分析

①外墙抹面材料不是一次备足,如水泥不是一个厂生产的,且不是一个品种。砂的产地不同,有的配合比不计量等,造成色差。

②外墙抹灰的留槎位置不当,操作技术差,抹灰面层、抽光手法不同,没有拉直。

2)处理方法

面层接槎、色差、抹纹混乱,严重影响观感的处理:调配原色砂浆,再加粉 3mm,抹平抹光,消除上述缺陷。也可喷涂外墙涂料。

(5)抹灰层空鼓、脱壳、裂缝

1)原因分析

①建筑物在结构变形、温差变形,干缩变形过程中引起的抹灰面层裂缝,裂缝大多出现在外墙转角,以及门窗洞口的附近。外墙钢筋混凝土圈梁的变形能力比砖墙大得多,这是导致外墙抹灰面层空鼓和裂缝的因素。

②抹灰基体没有处理好,没有刮除基体面的灰疙瘩,扫刷不干净,浇水不足不匀,是造成脱壳、裂缝的原因之一,使底层砂浆黏结力(附着力)降低,如面层砂浆收缩应力过大,会使底层砂浆与基体剥离而空鼓和裂缝。有的在光滑基体面没有"毛化处理",也会产生空鼓。有的基层面污染没有清除或没有清洗干净而空鼓。

③搅拌抹灰砂浆无配合比、不计量、用水量不控制、搅拌不均匀、和易性差、分层度＞30mm 等,容易产生离析,又容易造成抹灰层强度增长不均匀,产生应力集中效应而裂缝。有的搅拌好的砂浆停放 3h 以后再用,则砂浆已开始终凝,其强度和黏结力都有下降。

④抹灰工艺不当,没有分层操作一次成活,厚薄不匀,在重力作用下产生沉缩裂缝;也有虽分层,又把各层作业紧跟操作,各层砂浆水化反应快、慢差异,强度增长不能同步,在其内部应力效应的作用下,产生空鼓和裂缝。

⑤抹灰层早期受冻。

⑥表层抹灰撒干水泥吸去水分的做法,造成表层强度高、收缩大,拉动底层灰脱壳。

⑦砂浆抹灰层失水过快,又不养护,造成干缩裂缝。

⑧大面积抹灰层无分格缝,产生收缩裂缝。

2)处理方法

①用小锤检查起鼓和脱壳裂缝的范围,划好铲除的范围线,尽可能划成直线形。宜采用手提式切割机沿线割开,将空鼓、脱壳部分全部铲除。

②砖砌体的处理:用钢丝板刷刷除基体面的灰疙瘩,用压力水冲洗洁净,先刷一遍108胶水泥浆,配合比为1∶4∶8＝108胶∶水∶水泥浆。抹灰砂浆配合比及色泽要和原抹灰层相同,要求计量准确、搅拌均匀、和易性好,抹底层灰的厚度要控制在6mm左右,如超过厚度,要分两层施工,抹压平实。隔天按墙面分格线拉通线贴分格条,要求和原有分格条跟通,外平面要求平整,面层抹灰与分格条面平,要求抹纹一致,刮除分格条上面的灰,露出两侧的边棱以利起条,抹灰层稍收干,用软毛刷蘸水,沿周围的接槎处涂刷一遍,再细致压实抹灰层,确保新旧面层接合平整密实。然后轻轻起出分格条,再按"室外抹灰"下(1)条处理方法之③填嵌密封胶。

③混凝土基体脱壳的处理:铲除脱壳的抹灰层后,要用10％火碱水溶液或洗洁精水溶液,将混凝土表面的油污及隔离剂洗刷干净,随用清水反复冲洗洁净。再用钢丝板刷将表面酥松的浆皮刷除。需用人工"毛化处理"方法:用聚合物砂浆喷撒到基体面。聚合物砂浆配合比为108胶∶水∶水泥∶中砂＝1∶4∶10∶10。搅拌均匀,组成增强基体与抹灰层的附着力。大面积喷洒宜用0.6m³/min空压机及喷斗,喷洒聚合物水泥砂浆。经湿养护硬化后,用手擦不掉砂为合格,即可抹底层灰,贴分格条、抹面层、起条、嵌分格缝,养护等都同砖砌体。

④加气混凝土面层脱壳的处理方法:提前1d浇水湿润,边浇水边清扫干净浮末。补好缺棱掉角处,一般用聚合物混合砂浆分层补平,聚合物混合砂浆配合比为108胶∶水∶水泥∶石灰膏∶砂＝1∶3∶1∶1∶6。加气板接缝处最好钉200mm宽的钢丝网条或无碱玻纤网格布条,以增强板缝拉接,减少灰层开裂。如为加气砌块块体时,也需钉一层钢丝网或无碱玻纤网格布,要钉牢和拉平,然后喷或撒聚合物毛化水泥砂浆,方法和配合比同本条③款,经湿养护7d硬化后,可用1∶1∶5的混合砂浆抹头层灰,搓平压实后,贴分格条、抹面层、起分格条、嵌分格缝、养护等都同砖砌体面层做法。

⑤抹罩面灰:要求砂浆的配合比和色泽必须和原有抹灰一致,控制好平整度,抹灰手法要和原抹纹一致。周围原抹灰接槎处,用排笔蘸水涂刷一遍;再细致压实抹灰层,防止收缩裂缝。

⑥湿养护,当抹灰层完成后,隔24h即可喷水湿养护7d,并保护不受碰撞和划伤。

⑦对有裂缝但不脱壳的处理:将裂缝的缝隙扫刷干净,用水将灰尘冲洗干净。采取刮浆和灌浆相结合的方法,用1∶1的水泥细砂浆刮入缝隙,有的裂缝

比较深,砂浆刮不到底,刮浆由下口向上刮,每次刮高 500mm 后,下口要留一小孔,用医用大号针筒,吸入纯水泥浆注入缝中。当下口孔中有水泥浆流出,随用砂浆堵孔,再向上补嵌。

（6）水泥砂浆表面污染

1）反碱泛白

①原因分析

主要是水泥中氢氧化钙与空气中的二氧化碳作用生成碳酸钙。其他原因还有水泥中的化合物和盐类、酸类起化学反应,以及水泥砂浆中采用外加剂的影响等。

②处理方法

先用板刷刷除泛白黏附物质,再用 10% 的盐酸水溶液刷洗,随用清水冲洗掉盐酸水溶液。

2）铁锈

①原因分析

有的阳台铁栏杆、墙上埋件、铁爬梯、水管等,在自然环境中锈蚀,铁锈随雨水沿墙壁下淌,黄色锈水沾污外装饰,影响外观。

②处理方法

用柠檬酸钠和水,按重量配合比 1：6 的比例配制成稀溶液,用排笔蘸溶液将锈沾污处湿润后,停 30min 左右,用板刷蘸溶液刷洗。再用天然碳酸钙白垩加水搅拌成浆糊状进行涂抹,涂抹时要边撒上亚硫酸氢盐结晶体,边进行涂抹,不要让浆糊与锈污斑直接接触,待浆糊干燥后揭掉。必要时可重复以上方法。

第三节 门窗工程常见质量问题分析与处理

一、木门窗工程

1. 砌体预留门窗洞质量缺陷

（1）原因分析

砌体上留设的门窗洞口,宽度、高度和几何尺寸不能满足门窗框安装和装饰的施工要求。有的砌体留洞宽度过大,门窗框安装后两侧的空隙大于 50mm,侧砖嵌不下,全部用砂浆抹平,厚度过大不牢固,也有的太窄,门窗框安装后没有抹灰和装饰贴面的余地。多层、高层建筑的各层门窗竖向不垂直,有的横向不平,同一层窗的上下口不在一条水平线上,有的木门窗上下冒头伸出部分,墙上没有留安装缺口,有的砌体上没有按规定留预埋件。

（2）处理方法

门窗框安装前先要吊垂直线、拉水平线，划好门窗框安装位置线，并查对原有洞口位置，是否符合设计规定的门窗实际尺寸。如表 6-4 中的间隙尺寸。如有偏差，先纠正后安装。检查安装固定门窗框的预埋件位置、数量和质量，如有漏放或不符合标准，必须补齐或纠正后，方可安装。

表 6-4 门窗框与砌体之间的间隙尺寸

外墙装饰要求	洞口间隙（mm）	密封间隙（mm）
水泥砂浆饰面	18～20	5～8
面砖贴面	20～25	5～8
大理石花岗岩贴面	35～40	5～8

2. 门窗框安装缺陷

（1）原因分析

1）立框前没有拉好通长水平线，造成门窗框高低不一。

2）安装门窗框没有从顶层吊垂直线到底层，使多、高层的门窗框不垂直。

3）安装门窗框的位置偏差，有进出，造成外墙门窗侧的面砖时宽时窄，有的门窗框装反及装颠倒、斜倾等差错。

（2）处理方法

1）检查和核对每层门窗的型号、开向、安装位置，如里平、外开或墙中的位置，水平标高。如有差错必须及时纠正。

2）用吊线的方法，检查安装的门窗框垂直度和平直度，几何尺寸和倾斜。如有不符合要求时，将固定的门窗框拆除并纠正，达到标准后再重新安装固定。

3. 木门窗材质差

（1）原因分析

1）选材不当，使用收缩大、易开裂的云南松、栎木、桐木或易腐朽的马尾松等。有的制作木门窗的木材没有认真配料，没有把虫眼、死节、裂缝等剔除，造成半成品断裂、扭曲，影响使用。

2）木材含水率大于 18％，没有进行烘干和自然干燥，使成品产生干缩裂缝、榫头松动等缺陷，又不按规定作防腐处理。

（2）处理方法

1）如制作门窗框扇的木料材质低劣，死节、活节、油眼和虫眼都超过设计规定等级的要求，有的断面尺寸小于图纸规定的门窗框扇尺寸，必须更换、退货、返工，纠正合格后方可使用。

2)门窗制作的各部位构件含水率限值,必须达到表 6-5 中的要求。如测试含水率大于限值时,需采取烘干后重新组装合格,方可使用。

表 6-5　木门窗各部位构件含水率的限值表

构件品称	木材含水率的限值(%)
门心板,内部贴脸板	12
门窗扇,外部贴脸板	15
门框和窗框	18

3)对已扭曲的门窗,必须校正或采用烘烤法纠正后再安装,榫头松动时,需用木楔涂胶粘剂再楔紧严密。

4. 木门窗制作质量差

(1)原因分析

门窗木料一般用机动滚刨制作,刨痕多、没有细加工,起线不顺直,拼缝和榫结合不严密常有松动、脱榫、开裂等缺陷,以及不作防腐处理。

(2)处理方法

1)门窗框扇的成品粗糙,在安装前要用细刨加工刨光,用磨砂机磨光滑、平整。门窗框的裁口深度和宽度,如和门窗扇厚度不一致时,也要先纠正后再安装。

2)门窗框无防腐处理,必须在门窗框外侧与砌体的接触面,涂刷防腐剂,一般用水柏油涂刷后再安装。设计对门窗如有防虫、防火要求时,必须先处理,经检测合格后方可应用。

3)当拼板门的缝隙小于 2mm 时,宜用石膏腻子,配合比为 20∶7∶50 的石膏粉、熟桐油和水,调匀,嵌补密实后再油漆。如缝隙大于 2mm 时,要拆除后,重新拼装密实再安装。

5. 木门窗安装质量差

(1)原因分析

1)砌体中的预埋件不牢固,造成门窗框固定不牢而松动。

2)施工管理不善,事前没有交底,操作工不懂操作规程和质量标准,安装的门窗扇缝大小不一,门窗扇开关不灵活、回弹、倒翘等。有的门扇和地面摩擦,阴雨天受潮膨胀后关不上,气候干燥木材收缩则缝隙大。

3)不按操作规程规定操作,有的门窗小五金位置误差大,螺丝不是拧进去的是钉进去的,有的小五金没有装齐全。

4)细木装饰不细,线条制作粗糙,没有磨光工艺,拼装不割角。盖口条、压缝条、密封条不平、不光滑,窗台板翘曲等。

(2)处理方法

1)门窗框不牢,松动。需更换固定框的防腐木砖,用高强度砂浆砌牢,并加楔楔紧,养护14d以上,用100mm长的圆钉将门窗边框和木砖钉牢。框与砌体的间隙用1:2.5水泥砂浆分层填嵌密实。

2)门窗扇安装缝不符合表6-6的要求时,必须拆除纠正后重装。

表6-6　木门窗扇安装留缝宽度

项次	项　目		留缝宽度(mm)	检查方法
1	门窗扇对口和扇与框间留缝宽度		1.5~2.5	
2	厂房双扇大门对口缝宽度		2~5	
3	框与扇上缝留缝宽度		1.0~1.5	
4	窗扇与下框间留缝宽度		2~3	
5	门窗与地面间留缝宽度	外　门	4~5	用楔形尺检查
		内　门	6~8	
		卫生间门	10~12	
		厂房大门	10~20	
	门窗与下框间留缝宽度	外　门	4~5	
			3~5	

3)小五金的位置误差大,有的影响使用,要拆除,按下列要求重新安装:铰链上口的位置为扇高的1/10,下口为扇高的1/11,上下铰链各拧紧一枚螺丝钉,然后关扇检查缝隙合格后,再将其余螺丝钉拧紧,拧紧的螺帽要平整,不得有倾斜和凸出。以免影响门窗开关的灵活或回弹,五金件必须装齐全。

4)门窗的配套装饰项目,如已安装,但成品比较粗糙,要用0号砂纸手压磨光后再油漆,有的安装质量有缺陷时,可拆除后纠正。配齐合格后重装。

6.门窗扇下垂

(1)原因分析

安装门窗扇时木材含水率大,材质松软;有的铰链和螺丝钉小于规定;有的木螺丝是违章作业,螺丝是榔头打进去的,破坏了木纤维,门窗受力后会松动下垂;也有的门大铰链小,造成门扇下垂,使门扇无法开关。

(2)处理方法

先找出下垂的原因,如因门窗框扇的木材干缩、榫头松动时,需拆除门窗框或扇,整修后,将榫头蘸木胶后再拼装,再用木楔涂木胶后楔紧,重新安装;

· 219 ·

如因铰链的木螺丝松动,要拆除原有铰链,更换大号铰链或增加铰链的方法,建议每樘门扇采用三块 100mm 的铰链,可有效地减少门扇的下垂。如原铰链的螺钉是打进去的而松动,则需要将原铰链拆除,将铰链移位后,换木螺丝重新拧紧。

7. 门窗翘曲变形

(1)原因分析

1)制作门窗的木材材质差,如使用水曲柳、桦木等杂木制作的门窗,在使用过程中容易翘裂。门窗扇的外面受阳光照射,而内面受阴凉和潮湿的影响而翘曲。

2)制作木门窗扇的木材,没有先进行干燥处理,含水率大于 18%,导致门窗在使用过程中产生干缩变形。有的木材长期受雨淋、日晒,在时干时湿的作用下,潮胀干缩而翘曲。

3)不掌握木材的材性(如木材的径向干缩值比弦向干缩值小得多),配料制作时未将木材的心材向外。

(2)处理方法

1)制作门窗的木材,需选用优质针叶树种,如红松、杉木、云南杉、冷杉等木材,优点是纹理平顺,材质均匀,木质较软,容易加工,容易干燥,开裂少、变形小,耐腐性也较强。

2)对已翘曲变形的门窗扇拆卸后,进行平放加压,在门扇四角的榫接合处,会有不同的缝隙,可用硬木片做成楔子,在榫的缝隙中注入水胶,然后打入木楔楔紧。经检查平整合格后,再安装。有的门梃和上梃变形过大,必须更换后重拼装,经检验合格,再安装。

3)将变形的门窗扇拆下平放加压。在四角各用一块直角扁铁,在门窗四角按扁铁形状刻槽,深度为扁铁厚,用木螺丝拧紧固定,是防止门窗变形的方法之一。

8. 门窗渗漏

(1)原因分析

1)门窗过梁底没有粉滴水线或槽,雨水沿过梁底流进门窗框的缝隙,渗入室内。

2)没有做好外窗台,窗台粉刷面高于窗框的下框,雨水沿窗框下渗入内墙,有的内开窗雨水沿窗框下框裁口流入室内。

3)风雨从门窗框外侧与砌体接触的缝隙渗入内墙,也有从门板缝、门扇与地面缝中流淌入室内。

(2)处理方法

1)门窗的过梁底,必须补做好滴水线或滴水槽。图 6-6 中横框外也要补做滴水槽和滴水线。

2）窗台粉刷高于下框的要返工重做，使粉刷面要低于窗框底 20mm，抽成圆弧形，如图 6-6 所示。在内开窗扇下面加设披水板，沿裁口靠外侧抽一条小槽，由槽底向外钻 2 个小孔，使雨水从孔中流出。

3）用防水柔性密封胶，将门窗框与墙的接触处的缝隙填嵌密实，门扇板缝小于 2mm 时，可用油漆石膏腻子批嵌密封，也可用与油漆颜色相同的密封胶填嵌。外门扇下地面要外口低室内高，防止雨水向内流淌。门扇与地面接触处，在门扇下框处粘钉橡皮挡水条或木披水条。

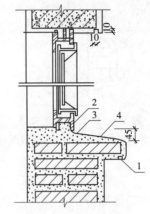

图 6-6　钢窗上下的处理
1-滴水槽；2-钢窗；
3-窗框下 20mm 圆弧；4-挑出窗台

二、金属门窗工程

1. 钢门窗安装工程

（1）钢门窗制作质量差

1）原因分析

有的生产单位设备简陋，钢门窗制作工艺不规范，几何尺寸偏差大，焊疤不磨平，窗扇的横芯位置都不统一。

2）处理方法

①钢门窗翘曲、歪斜变形、脱焊、焊疤不平、横芯位置误差、五金配件不齐全的，必须退换或纠正合格后方可安装。

②已安装的钢门窗，发现有缺陷，要及时纠正、补焊，配齐五金配件。对无法纠正的，必须更换质量好的。检查合格，然后装玻璃。

（2）钢门窗安装质量不符合要求

1）原因分析

①安装不牢固。安装好的钢门窗框与砌体、过梁、窗台都没有按要求连接牢固。框周与接触墙体之间的间隙没有用砂浆分皮嵌固，外口又没有用防水密封胶填嵌封闭而渗漏水。

②安装时，不拉水平线、不挂垂直线，造成误差。

2）处理方法

①发现已安装的钢门窗错位、不水平、不垂直时，应拆除连接固定点进行纠偏处理，并用木楔临时固定，然后将框上的铁脚和过梁上的预埋件或钢筋焊牢，两侧和框下的铁脚与砌体的预埋件焊牢。

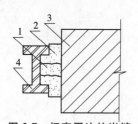

图 6-7　钢窗周边的嵌缝

1-头度水泥砂浆嵌缝；2-二度嵌缝；
3-墙体；4-钢窗的立框

②有的砌体没有预埋件，按钢框上的铁脚位置凿洞，将洞中灰尘用水冲洗干净后，再将铁脚伸入孔洞中就位，用1：2.5水泥砂浆堵嵌密实固定，并洒水养护。

③凡经检查安装的钢门窗合格后，用1：2.5水泥砂浆分层填嵌钢门窗框与砌体的间隙，如图 6-7所示，这是防止沿钢门窗缝隙渗水和牢固的主要方法。

（3）钢门窗扇质量差

1）原因分析

制作工艺不规范，手工操作，扇与框不配套，有的扭曲、有的翘棱，导致水密性差，容易渗漏水，气密性亦差，影响保温隔热。纱窗与框的缝隙大，不防蚊蝇。五金配件质量低劣，如有的撑窗器尚未交工就已损坏。

2）处理方法

已安装的钢门窗扇，有启闭不灵活、关闭后不严密、门窗扇回弹、翘曲者，必须整修合格，若整修无效，要拆除后更换合格的。对五金配件安装不牢固、不齐全的，要及时加配齐全，安装牢固。有缝隙的纱窗，要纠正、改制或更换合格的，重新安装。

（4）钢门窗锈蚀

1）原因分析

有的生产单位，无酸洗磷化设备及喷涂防锈涂料的工艺，造成钢门窗的防锈性能差，也有成品保护不善等原因，使钢门窗锈蚀，铁锈污染环境，影响使用功能。

2）处理方法

要全面检查安装的钢门窗，对防锈质量差。漏涂漏刷防锈涂料的部位，需刷除锈污，再涂刷防锈涂料，当实干后，干燥后再涂面层涂料。

（5）外墙沿钢门窗周边渗水

1）原因分析

①门窗框周边与砌体接触面的缝隙没有按图 6-7 的要求处理，或填嵌的砂浆不牢固，或门窗扇开关振动而脱落，也有的因砂浆干缩裂缝而松动。

②窗洞口顶面无滴水线，雨水从洞口顶面淌向窗框上渗入室内。

③沿窗台渗水，砌窗台的砖缝中砂浆不饱满，窗台粉刷不当，有的高于窗下框，也有的粉刷层裂缝，雨水沿窗下框底的缝隙中渗入室内。

2)处理方法

①将门窗框周边裂缝和松动的砂浆凿除,扫刷冲洗干净,用 1：2.5 水泥砂浆分层填嵌密实,填嵌方法和要求如图 6-7 所示。当砂浆干硬后,靠框外侧周围与砂浆接触面再嵌防水密封胶一条,宽度不少于 8mm。

②窗洞口顶面有渗水的处理,在顶面补做滴水槽,槽宽与深度不少于 10mm,如图 6-7 所示的上部要求。

③窗台下渗水,要拆除重砌或重粉刷,砌砖前要浇水冲洗干净和湿润,砌砖必须铺足砂浆,填满所有的砖缝隙,窗台挑砖面距窗下框底不小于 45mm,粉窗台的流水坡上口,要缩进窗下框,并做 20mm 的圆弧,挑出窗台的下口要做滴水槽,如图 6-6 所示的细部做法。

(6)嵌玻璃油灰皱皮、裂缝、脱落

1)原因分析

嵌玻璃的油灰质量低劣,有的嵌油灰的接触面上的灰尘没有扫刷干净,造成油灰的隔离层而脱落,有的操作技术不熟练。

2)处理方法

①玻璃周围的油灰酥松脱落的处理。铲除失效的油灰,扫刷干净。选用优质油灰重嵌,如无优质油灰,可自制油灰,其配合比为:大白粉：清油或鱼油：熟桐油＝100：12：5。调制均匀,补嵌密实,刮平刮光。

②也可采用"氯丁胶型建筑门窗密封胶"或"丙烯酸建筑门窗密封胶"填嵌,其优点是施工方便,强度高,有弹性,密封性能好。所用密封胶,要有出厂合格证,出厂到使用期不得超过规定期限。使用量大的还要抽样复试,各项技术性能指标见表 6-7 和表 6-8。

表 6-7　氯丁胶建筑门窗密封胶性能指标

序　号	项　目　名　称		单　位	指　标
1	固体含量≥		%	65
2	干燥时间	表干(常温)≤	min	20
		实干(常温)≤	h	72
3	实干后耐低温性能		℃	−40℃不龟裂
4	实干后耐热性能		℃	−90℃不流淌
5	剥离强度	5d,胶—钢—玻璃片≥	N/25mm²	20
		7d,胶—钢—玻璃片≥		30
6	抗剪强度	7d,胶—钢—玻璃片≥	MPa	0.08

表 6-8　丙烯酸建筑门窗密封胶性能指标

序　号	项目名称	单　位	指　标
1	固体含量≥	%	85
2	表干时间	min	30
3	耐热性能	℃	80
4	耐低温性能	℃	−40
5	回弹率≥	%	65
6	延伸率≥	%	400
7	粘结强度	砂　浆≥		0.5
		彩色钢板≥		0.4
		铝　板≥	MPa	0.35
		镀锌钢板≥		0.5
		玻璃平板≥		0.3
		塑料平板≥		0.3
8	储存稳定性(23℃)	年	1

2. 铝合金门窗工程

（1）制作质量差

1）原因分析

铝合金门窗的生产单位杂乱，大部分是个体生产，制作质量粗糙，选用低劣的铝合金型材，断面尺寸偏小，有的窗型材壁厚不足 1mm，表面氧化复合膜薄。制作的门窗刚度差、变形大，几何尺寸误差、变形大，拼缝不严密，附件不防锈，锈污玷在门窗的铝合金面上。

2）处理方法

①选用的铝合金门窗，要有生产许可证和出厂合格证，窗型材壁厚不宜小于 1.6mm，门型材壁厚不宜小于 2mm，氧化膜色泽应一致，成品质量、型号、几何尺寸等必须符合设计要求，拼缝紧密，表面平整无高低差，缝隙处要注上防水密封胶，附件除不锈钢外，都要有防腐蚀处理，是防止锈污染的方法。

②对进场的铝合金门窗，经抽检，凡不符合相关国家标准，必须退货，重做或更换，合格的方可使用。

（2）安装质量差沿框周渗水

1）原因分析

①门窗框与砌体接触面，没有按规定涂刷防腐涂料或其他抗腐蚀材料。

②成品无保护措施，常有抹灰砂浆玷污、腐蚀表面阳极氧化复合表膜。

③门窗框与砌体固定连接不牢固。

④框周边与砌体之间的缝隙中，不按规定填嵌水泥砂浆，也没有留嵌密封胶的槽口。

2）处理方法

对已安装的铝合金门窗，达不到设计和规范要求时，必须纠正、拆除、更换合格的重新安装。安装要求必须符合以下规定。

①门窗框外侧周边与砌砖接触面，必须涂 L82－1 沥青防腐漆或粘贴弹性泡沫塑料条，可以防治砂浆腐蚀，延长使用年限。

②门窗框都要用胶粘薄膜包裹，防止抹灰砂浆玷污损坏氧化膜层。

③门窗安装必须稳固，门窗框与砌体要连接牢固，连接件相隔间距不得大于 500mm。

④门窗框与砌体之间的缝隙，填充必须饱满，不得有空隙，框外侧沿周边留 6mm×6mm 的槽。当抹灰层干硬后，用防水密封胶填嵌密封，是防止雨水沿门窗边渗入内墙的主要措施。

（3）推拉窗扇不灵活

1）原因分析

制作窗的铝合金型材壁厚小于 1mm，施工粗糙，几何尺寸误差大，在外力作用下变形，或滑槽变形，也有滑槽积灰等原因。

2）处理方法

必须拆卸变形的窗扇或变形的窗框，纠正或更换合格的再行安装，先安装内侧的窗扇，后安装外侧窗扇，旋转调整滑轮，要使扇的竖梃和竖框配合严密，间隙均匀。

（4）推拉窗下框槽内积水或渗水

1）原因分析

窗的制作粗糙，窗下框外侧没有钻泄水孔，有的窗框拼角处的缝隙中没有注防水密封胶，导致下框槽中遇雨积水，有的积水沿下框拼接缝中渗漏入内墙，有的窗下框与窗台接合处的空隙没有填嵌砂浆和密封胶，雨水沿空隙流淌渗入窗下墙。

2）处理方法

①如窗下框外侧槽中没有泄水孔时，应补钻泄水孔。窗框拼装接合处缝隙漏水，要将拼缝处缝隙扫刷洁净，补嵌防水密封胶，是处理下框积水与漏水的方法。

②窗下框底与窗台的空隙漏水，必须用水泥砂浆填嵌密实，并抽 6mm×6mm 的槽，槽中填嵌防水密封胶。

③及时清除槽中的灰尘及堵塞泄水孔的脏物,保持泄水孔畅通。

(5)抹灰砂浆玷污铝合金面

1)原因分析

有的门窗框无保护污染的胶带,有的在抹灰前就将保护胶带撕掉,当抹灰或喷涂时,又没有采取其他有效的防护措施。

2)处理方法

铝合金门窗面的玷污主要是预防,要在抹灰或喷涂前,需要补贴好保护胶带,也可用塑料薄膜等遮盖保护,使成品不受污染。如已玷有浆液,应及时用湿布抹除干净,切忌用硬质工具刮除,更不要在砂浆硬化以后处理,因为砂浆硬化已直接损伤氧化复合表膜。一般只能用湿抹布慢慢擦洗掉。

(6)附件锈蚀、铁锈污染

1)原因分析

有的附件不防锈,又没有作防锈处理,铁锈遇水污染铝合金面。

2)处理方法

已发现铝合金面的附件锈蚀,要及时清除锈污,随用同颜色的带锈防锈涂料满涂防锈,如有色差待涂料实干后,再涂与铝合金颜色相同的面层涂料。

(7)玻璃密封条断裂或密封胶脱落

1)原因分析

①嵌橡胶条是在拉伸状态下安装的,在热胀冷缩的长期作用下,产生断裂或缩缝而漏水。有的采用劣质橡胶条,在紫外线照射下过早龟裂而老化。

②采用劣质门窗密封胶封嵌,又没有清除接触表面的油污、灰尘等,因而产生龟裂、老化和脱落。

2)处理方法

①拆卸已断裂或老化的橡胶密封条,更换优质橡胶条,一般要比装配玻璃外边周长再放长 10～20mm,不要在拉伸状态下密封;在转角处应切成 90°拼角,用硅溶胶粘贴,防止产生收缩缝。

②将老化和脱壳的玻璃密封胶铲除,扫刷黏结处的油污、灰尘,擦干水分和潮湿部分,选用的建筑门窗密封胶质量必须符合表 6-7 或表 6-8 的要求。施涂时每块玻璃周边的密封胶要一次完成,表面应平整,凹凸不能超过 1mm。

(8)铝合金推拉窗脱轨

1)原因分析

①由于窗扇是先向上插入轨道槽,而后再使下部走轮落在轨道上,所以上部留有较大空间。如果安装不好或使用不对(例如推拉过猛等),就易造成脱轨现象,有时还会使窗扇坠落。

②双扇对开式推拉窗,由于窗锁安装在中间,未与边框连接,窗扇容易被人整体向上抬起。

2)处理方法

在铝合金推拉窗上安装使用厚塑料片自制的防脱片,可起到较好的作用。这种防脱片制作和安装简单、经济、实用。具体制作安装方法如下:

用厚10mm左右的硬质塑料板裁成长条,其长、宽应视具体情况而定,宽度要略比扇料厚度小些。防脱片的一端应与上道槽顶部留有一定缝隙(以不影响窗扇灵活开启为好),下部用螺钉固定在扇侧上端。上好后要来回推拉窗扇,检查其是否推拉自如,这样铝合金推拉窗的防脱装置就安装完毕了,见图6-8。

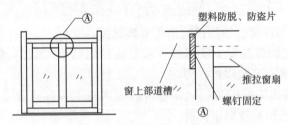

图6-8　铝合金推拉窗防脱装置安装示意图

(9)铝合金门窗框连接处未做柔性连接

1)原因分析

没有按照下列质量标准作业:

①铝合金门窗用密封胶条应采用三元乙丙橡胶、氯丁橡胶、硅橡胶等热塑料弹性密封条,并应符合现行标准的规定。

②各种密封胶应符合现行标准的规定。

③铝合金门、窗与墙体之间的缝隙应填嵌饱满,并采用密封胶密封。密封胶表面应光滑、顺直、无裂纹。

④铝合金窗外周边留宽5mm深8mm槽,然后用防水胶嵌缝。

2)处理方法

①铝合金门、窗框与洞口墙体之间应采用柔性连接。缝隙表面留宽5mm,深8mm的槽口,用密封材料嵌填、封严。

②在施工过程中不得损坏铝合金门、窗上的保护膜。

③如表面沾污了水泥砂浆,应随时擦干净。

(10)铝合金门窗锚固方法不符合要求

1)原因分析

没有按照下列质量标准作业:

①铝合金门、窗框扇杆件、连接定位卡板、加强垫板、窗墙锚固件、防雷连接

件等钢材连接件应符合现行国家标准的规定。

②与铝合金门、窗框扇型材连接用的紧固件应采用不锈钢件，不得采用铝及铝合金抽芯铆钉做门、窗构件受力连接紧固件。

③门、窗框湿法安装应符合下列规定：

a. 门、窗框在洞口墙体就位，用木楔、垫块或其他器具调整定位并临时楔紧固定时，不得使门、窗框型材变形和损坏。

b. 连接件应采用 Q235 钢材，其厚度不小于 1.5mm，宽度不小于 20mm，在外框型材室内外两侧双向固定，固定点的数量与位置应符合设计的要求，并保证每条窗边框与墙体的连接固定点不得少于 2 处，且连接件距门、窗边框四角的距离不大于 200mm，其余固定点的间距不超过 400mm。

c. 门、窗框与连接件的连接宜采用卡槽连接。

d. 连接件与洞口混凝土墙基体可采用特种钢钉（水泥钉）、射钉、塑料胀锚螺栓、金属胀锚螺栓等紧固连接固定。

e. 砌体墙基体应根据各类砌体材料的应用技术规程或要求确定合适的连接固定方法，严禁用射钉固定门窗。

④组合门、窗拼樘框必须直接固定在洞口墙基体上。

⑤五金附件的安装应保证各种配件和零件齐全，装配牢固，使用灵活，安全可靠，达到应有的功能要求。

⑥安装所用的螺丝应为铜螺丝或不锈钢螺丝。

⑦窗高≥2m 或面积≥6m² 的窗框宜固定在混凝土或其他可靠构件上。

2）处理方法

①铝合金门、窗选用的锚固件，除不锈钢外，均应采用镀锌、镀铬、镀镍的方法进行防腐蚀处理。

②在铝合金门、窗框与钢铁连接件之间用塑料膜隔开。

③锚固板的固定方法应符合规范要求。

④在砖墙上锚固时，应用冲击钻在墙上钻孔，塞入直径不小于 8mm 的金属或塑料胀管，再拧进木螺丝进行固定。

3. 涂色镀锌钢板门窗工程

用涂色镀锌钢板制作的一种彩色金属门窗，又称彩钢门窗，具有重量轻、强度高，又有防尘、隔音、保温、耐腐蚀等性能，且色彩鲜艳，使用过程中不需保养等优越性，国内外已广泛使用。下面介绍其常见质量问题及其处理方法。

（1）安装质量误差

1）原因分析

①安装固定不牢固，导致位移、变形。

②配件质量低劣,或配件未按要求装完。

③成品保护不良。

2)处理方法

①不带副框的窗发现安装位置不正,有斜倾,框与砌体固定不牢固者,需拆卸后纠正窗洞口的几何尺寸,必须水平、垂直,且和窗框外围尺寸一致。窗框就位、检查合格,随用连接件将窗框固定。外侧周围填嵌防水密封胶封闭,防止渗水。

②带副框的窗安装位置斜歪时,需卸后纠正,随用连接件固定,在副框的周围均应贴嵌密封条,调整推拉窗的滑块。

③配齐全部配件,要求配件的颜色和彩钢颜色相同。

(2)拼接缝隙中渗漏水

1)原因分析

不按操作规程施工,加上检查不认真,造成缝隙不密封,形成渗水通道。

2)处理方法

副框与窗框以及拼管之间缝隙渗漏水时,检查缝隙,轻轻刮除不密实的密封胶,选用与窗彩色同颜色的防水柔性密封胶,细致封嵌密实,不得有遗漏之处。

三、塑钢门窗工程

随着塑钢型材的问世,塑钢门窗以其自身的隔音性好、气密性好、耐老化、不腐蚀、水密性好、耐冲击、防火性好、保温性好等一系列优点,塑钢门窗成了各大工程的首选。当然了,没有好的施工管理与控制,就会出现质量问题,其质量问题如下:

1. 门窗框松动,四周边嵌填材料不正确

(1)原因分析

固定方法和固定措施不适当,门窗框与墙体之间隙填硬质材料或使用腐蚀性材料。

(2)处理方法

1)门窗应预留洞口,框边的固定片位置应按规范施工,固定片的安装位置应与铰链位置一致;门窗框周边与墙体连接件用的螺钉需要穿过衬加的增强型材;使用膨胀螺栓固定时,间距不大于600mm。

2)框与洞口间应根据窗框周边墙、柱材料的不同而按要求用不同的廓清严格固定。

3)当门窗框周边是砖墙或轻质墙时,砌墙时可砌入混凝土预制块以便与连接件连接。

4)门窗外框与墙体间为弹性连接,应填充20mm厚保温软质材料(泡沫塑料条或聚氨酯发泡剂等),以免结露。

2. 门窗框外形不符合要求

(1)原因分析

原材料配方不良,框、扇料用量不符标准,焊接不够牢固和平整,存放不当。

(2)处理方法

1)门窗采用的异型材、原材料应符合《门、窗用未增塑聚氯乙烯(PVC-U)型材》(GB/T 8814—2016)等有关国家标准的规定,不符合的绝不可以使用。

2)衬钢材料断面及壁厚应符合设计规定(型材壁厚不低于1.2mm),衬钢应与PVC型材配合,以达到共同组合受力目的,每根构件装配螺钉数量不少于3个,其间距不超过500mm。

3)四角应在自动焊机上焊接,掌握焊接参数和焊接技术,节点应强度达到要求,并做到平整、光洁、不翘曲。

4)门窗存放时应立放,与地面夹角大于70°,距热源应不少于1m,环境温度低于50℃,每扇门窗应用非金属软质材料隔开。

3. 门窗开启不灵活

(1)原因分析

摩擦铰链连接件未连接到衬钢上,门窗扇高度、宽度太大,门窗框料变形、倾斜。

(2)处理方法

1)铰链的连接件应穿过PVC腔壁,并要同增强型材连接。

2)窗扇高度、宽度不能超过摩擦铰链所能承受的重量。

3)门窗框料抄平对中,校正好后用木楔固定。当框与墙体连接牢固后,应再次吊线并进行对角线检查,符合要求后才能进行门窗扇安装。

4. 雨水渗漏

(1)原因分析

密封条质量差,安装质量不符合要求;玻璃薄,造成密封条镶嵌不密实;窗扇上未设排水孔,窗台倒泛水;框与墙体缝隙未处理好。

(2)处理方法

1)密封条质量应符合《塑料门窗用密封条》的有关规定,密封条的装配用小压轮直接嵌入槽中,使用"抗回缩"的密封条应放宽尺寸,以保证不缩回。

2)玻璃进场应加强检查,不合格者不得使用。

3)窗框上设有排水孔,同时窗扇上也应设排水孔,窗台处应留有50mm空隙,向外做排水坡。

4)产品进场必须检查抗风压、空气渗透、雨水渗漏三项性能指标,合格后方可安装。

5)框与墙体缝隙应用聚氨酯发泡剂嵌填,以形成弹性连接并嵌填密实。

5. 塑钢门窗在使用后不久,内滑道中积水

(1)原因分析

主要是冬期室内外温差过大,室内暖湿气体遇到玻璃受冷时由气体变成水,流到内侧滑道中,而中间滑道没有排水措施,造成积水长时间存放,既影响门窗的使用功能,又造成尘土等污物堆积在滑道中,影响门窗的美观。

(2)处理方法

在门窗下料后,用仿形铣床将下滑道的中间滑道两端各铣 25mm,在焊接后中间滑道就有排水槽了,既不影响门窗的使用功能,又解决了内滑道中积水的问题。

6. 塑钢门窗在使用后下滑道内螺钉生锈

(1)原因分析

在安装阻风块时破坏了塑料型材表面,遇到雨天,雨水从螺钉的缝隙处流入型材腔中形成积水,造成螺钉生锈。这种现象既降低了门窗的强度,又缩短了钢衬的使用寿命;安装人员用钉旋具、铁锤损坏了螺钉的镀锌层,经雨水淋湿也会出现螺钉生锈的现象。

(2)处理方法

在安装阻风块时,为了不破坏塑料型材表面,可选用高强度双面贴固定阻风块,也可用玻璃胶固定阻风块,但黏结时间长,容易被破坏。

第四节　饰面工程常见质量问题分析与处理

一、饰面砖

1. 饰面砖空鼓、脱落

(1)原因分析

使用劣质水泥或安定性不合格的水泥,搅拌砂浆不计量、和易性差,砂的含泥量大等原因,引起不均匀干缩。贴面砖的黏结层不饱满,面砖贴好后再纠正误差,使面砖与黏结层松动。饰面砖的缝没有嵌严,雨水渗入空隙,受冻后水的体积膨胀,引起面砖脱壳和空鼓。

（2）处理方法

1）查清饰面砖空鼓和脱壳的范围，用红笔划好周围线，用手提切割机沿缝割切；也可用小扁薄口的錾子，沿缝隙轻轻凿开，然后将空鼓、脱壳部分铲除，刮除灰疙瘩，冲洗扫刷干净。

2）根据返修面积的多少计算用料数量并备料；需选用检测合格的 32.5 级普通硅酸盐水泥，洁净的中砂和原有的规格、色泽相同的面砖。

3）针对不同基体，参照本章第二节下"室内抹灰"第（6）条的处理方法中的有关要求，处理基层和抹好找平层。

4）黏结层的做法必须和原有方法相同。一般黏结层，采用 108 胶水泥砂浆，配合比为 108 胶：水：水泥：细砂＝1：4：10：8。认真计量搅拌均匀，随拌随用。黏结层厚度掌握在 3～4mm。也可采用 JCTA 系列陶瓷黏合剂粘贴。单组分直接加水搅拌均匀成糊状，即可粘贴。操作方便，黏结强度比较高。

5）贴面砖。按原有面砖的垂直和水平拉线粘贴牢固，确保平整与垂直度。隔日用黏结砂浆擦缝或勾缝，必须密实，防止雨水渗入缝内，并及时将墙面清扫干净，及时喷水养护。

2. 饰面砖污染

（1）原因分析

面砖运输、保管受潮污染，施工过程中没有及时清除玷污砖面上的水泥浆。凸出墙面构件的下口没有按图 6-6 做滴水槽，污水淌在面砖上污染面砖，或其他工种操作的涂料或沥青污染面砖。

（2）处理方法

1）面砖上玷污的水泥浆液、污水、污物，用 10％稀盐酸溶液先涂刷一遍湿润玷污面，然后用板刷蘸溶液擦洗。擦洗洁净后，随后用清水将盐酸水冲洗干净。

2）沾有沥青和涂料的处理。先细致地用刮刀刮除沾在面砖上的沥青和涂料，再用苯涂刷玷污处使其湿润，然后用苯擦洗干净，随后用清水将苯溶液冲洗干净。

3）发现有污水挂沾面砖之处，需要纠正或重做滴水线或滴水槽。做法见图 6-5 女儿墙压顶排水或图 6-6 的滴水槽或滴水线的做法。

3. 面砖釉面爆裂

（1）原因分析

使用的面砖质量低劣、制作工艺不良、烧成的温度欠佳。进场的面砖没有按规定抽样测试；粘贴上墙后，冷天雨后受冻釉面会爆裂，夏季高温热辐射作用下也会爆裂，造成墙面斑痕累累，影响建筑的观感。

（2）处理方法

1）局部爆裂的处理：采用优质外墙涂料，配制同原有釉面砖相同的颜色；将釉面爆裂处的灰尘扫刷干净,细致地涂刷涂料,并保持外墙釉面的颜色相同。

2)大面积釉面爆裂,严重影响观感,并有渗漏水时,宜全部铲除,更换外墙饰面材料。最好不要再用釉面砖,必须选用测试合格的优质面砖。重抹黏结层,贴面砖的施工方法,详见本节第1条的处理方法中的有关要求。

4. 陶瓷马赛克脱壳

(1)原因分析

1)使用劣质水泥,或使用储存期超过三个月的结块水泥。

2)搅拌好的黏结剂,停放时间超过3h以上,黏结强度降低。

3)基体面的灰尘没有扫刷干净,干燥的基层没有先浇水湿润。

4)黏结层抹得过早,当马赛克粘贴时,黏结层已过初凝时间。有的黏结层刮得过薄,填不满马赛克缝隙而粘接不牢。

5)脱纸清理时用力不匀,有的脱纸清理时间过迟,为拨缝移动马赛克,都会造成早期脱落。

6)也有马赛克贴好后,缝隙渗水,严寒受冻膨胀而脱落。

(2)处理方法

1)局部少量脱落的处理:选用色泽一致和规格相同的马赛克。用扁口快刃的錾子,轻轻凿除脱落处的黏结层。用配合比为108胶∶水∶32.5级普通水泥∶细砂=1∶4∶12∶6的黏结浆,搅拌均匀后粘贴。尽量采用建筑装饰黏合剂补贴。

2)脱落面积较大的处理:需全面铲除重贴。刮除残余的黏结层,扫刷冲洗干净,全面检查基体底层抹灰层的质量,如有壳裂、酥松等处,都要返工纠正合格,垂直度、平整度也要达到合格。黏结层宜采用建筑装饰黏合剂。根据生产说明书要求;控制黏结层厚度、掌握好铺贴、撕纸和拨缝的时间。严格按操作工艺施工。浇水湿润墙面,抹2mm左右厚的黏结层。把马赛克铺在平整的木垫板上,用排笔蘸水刷一遍,随将黏结剂刮在马赛克的缝隙中,随将整张的马赛克铺贴到规定的位置上,用平整的木板放在已贴好的砖面上,再用小木槌或橡皮锤敲打木垫板,确保马赛克与墙体黏结牢固和平整度。

根据环境气温及黏结剂性能,用排笔蘸水刷湿护面纸,必须满刷使纸吸足水;也可用喷雾器喷水湿润纸面,停30min左右方可揭纸,但不宜超过40min再揭纸。检查马赛克的缝隙大小,及时拨正不合格的缝。要在黏结层初凝前补贴好个别掉落的马赛克;再用木垫板用小锤敲打木板,使马赛克更平整和密实;再用抹子将黏结剂抹在马赛克的表面,使所有缝隙中都填满嵌实,等稍收水后,用棉、丝头擦净表面和擦密缝隙,隔天湿养护,并保护成品不受碰撞损伤。

5. 陶瓷马赛克被污染

（1）原因分析

施工管理不善，没有按操作工艺认真操作，撕纸后没有及时擦净砖面的水泥浆液，凡突出墙面的窗台、挑檐、雨篷、阳台、压顶、线条等的下口没有做滴水槽（线），污水沾在马赛克面上。成品保护不善，互相交叉污染，如做防水层的沥青、做饰面的涂料等玷污砖面。

（2）处理方法

1）马赛克面上沾的水泥浆等污物清除方法。用10％稀盐酸溶液涂刷湿润，再用溶液刷洗洁净后，随用清水冲洗或洗刷掉溶液。

2）沾有沥青、涂料的清除方法。用刮刀轻轻刮除沾附的沥青和涂料层，用苯先湿润玷污物处，然后再用苯擦洗洁净，随后用清水洗刷洁净即可。

3）当污水流淌玷污的砖面处理，将污染的墙面清扫洗刷干净。洗刷溶液配方，用1kg 草酸：3kg 热水化开，冷却后用布蘸草酸溶液洗刷墙面，再清水冲洗干净。还必须修正或补做滴水槽（线），详见图 6-6 腰线滴水槽的做法，消除污水再沿墙面流淌。

二、饰面板

1. 板面裂缝

（1）原因分析

1）大理石板有暗缝或隐伤，甚至有的板材已开裂，用黏结剂拼合后出售。安装后在结构沉降、温差变形和外力作用下，导致板材开裂。

2）施工粗糙、灌浆不足。当有害气体和水分渗入板缝，使钢筋锈蚀、体积膨胀，或者滞留在缝隙中的水分受冻膨胀挤压，使板材裂缝。

3）结构变形使板材剪切破坏而裂缝。

（2）处理方法

1）对细裂缝但不脱壳，先扫刷裂缝中的灰尘，用水冲洗后晾干，用医用大号针筒吸入环氧树脂溶液或氰凝浆液，注射入缝隙中，将缝隙黏合成整体。

2）对裂缝大于 2mm 的处理。扫刷干净裂缝中的灰尘，用压力水冲洗，并晾干。可用建筑装饰黏合剂或白水泥调制成同大理石颜色相同的色浆将缝隙填嵌密实，表面压光抹平，硬化后涂蜡并擦光。

3）对有裂缝又脱壳的处理。详见"饰面板"下第 2 条的相关方法补贴好。

2. 空鼓、脱落

（1）原因分析

1）光面天然石板材，是由机械锯割开片，再用平面磨光机加水磨光，则光面、镜面石板材背面沾附着磨细的石粉浆液,安装前没有洗刷干净,而造成板材与基层黏结不牢而脱壳。

2)使用劣质水泥或存放期超过三个月的结块水泥,拌制的水泥砂浆不计量,搅拌好的砂浆停放时间超过 3h 后继续使用,导致强度低。

3)施工不遵守规范和规程中的有关要求:如不设钢筋网,不用 18 号铜丝挂扎牢固,而是用铁丝挂扎,铁丝锈蚀而断裂。灌缝的水泥浆加水量过多,当缝隙灌满后沉缩与干缩,造成空隙,降低黏结强度。

4)板材拼缝的缝隙中没有填嵌密实黏结浆液,雨水渗入后,因滞留在缝隙中的水分,受冻后体积膨胀,将板块挤裂和脱壳。

5)因建筑的结构、温差和干缩变形,造成天然石板块受力不匀而脱壳。天然石板块的自重大,造成板块与黏结层之间的剪切力较大,当剪应力大于黏结强度时,板块脱落。

(2)处理方法

1)板块大面积脱壳的处理

必须拆除全部板块并编号按规定排列好,凿除原有水泥砂浆黏结层;扫刷冲洗洁净基层面和板块反面。配齐因破损与不足尺的板材,需选用同规格和色泽、花纹相同的板块。如为外墙面,最好不再用大理石板材。重行全面整理好竖向、横向的钢筋网,绑扎或焊接补齐牢固。补钻好板块的孔眼和槽,孔内穿 18 号铜丝。全面检查基层抹灰找平层的质量,如有脱壳和裂缝处,必须修补合格后,检查水平和垂直度。在最下一行两端控制好水平和垂直线。拉好水平线,从阳角或分好中线的中间一块开始,将板块已穿好的防锈金属丝和钢筋网骨架绑扎固定,控制板块与墙面的灌浆缝隙为 20mm 左右。然后向两侧安装,用靠尺与水平尺托平靠直。接缝可垫入木楔,用石膏嵌好缝隙的外面,用支架或支撑临时固定。灌入搅拌均匀的 1:2.5 水泥砂浆,稠度控制在 80~120mm 之间,分层灌注每层高度为 200mm 以内。灌到板块上口低 60mm 处暂停,终凝后再二次灌平。清除木楔、石膏后,将表面擦净。继续安装第二皮、第三皮。

2)采用环氧树脂螺栓锚固法

①钻孔:对脱壳的大理石板上,确定钻孔位置和数量,用 ϕ12mm 钻头在石板面上先钻 5mm 深的孔,再用 ϕ10mm 的钻头钻孔,孔深达墙体内 30mm 以上,钻头应向下倾斜 15°。清除孔内的灰粉。

②配制环氧树脂水泥浆,配合比为:6106 号环氧树脂:邻苯二甲酸二丁酯:590 号固化剂:水泥=100:20:20:100~200。配制时,将树脂和邻苯二甲酸二丁酯搅拌均匀,加入 590 号固化剂搅匀,再加入水泥搅拌匀;采用树脂枪灌注,枪头深入孔底,枪头慢慢向外退出,确保孔内树脂浆饱满。

③放入锚固螺栓,螺栓直径为 $\phi6$,全螺纹型,一端带六角螺母,粘牢扣住石板,螺栓要经化学除油,表面涂抹一层环氧树脂浆,慢慢转入孔内,待树脂浆固化后;用丙酮或二甲苯及时擦洗干净残留在石板面的浆液。保养 $2\sim3d$。

④砂浆封口:孔洞外口用配合比为 108 胶:水:白水泥浆＝1:4:12,加颜色适量,配成和饰面石板颜色相同的砂浆。将孔洞填嵌密实抽光。

3)膨胀螺栓固定法:确定螺栓位置,从石板外面打孔深入墙体 100mm 以上,将膨胀螺栓打入孔中,将石板固定拧紧螺栓。将凸出板面的螺栓割平,按照④的方法封口。

3. 斑驳和腐蚀

(1)原因分析

装饰外墙面的光面大理石表面常有结露,露水和水渗入石材,水中含有二氧化硫(SO_2)和二氧化碳(CO_2)等物质,能溶解石中的碳酸钙和方解石,经反应生成易溶于水的二水石膏($CaSO_4 \cdot 2H_2O$)。这些被水溶解的白色浆液沾附在表面,使光亮的面层很快就失去光泽,使大部分表面存在褪色、粗糙的麻面和白瘢。

(2)处理方法

对大理石面失去光泽和析白的处理:用刮刀刮除所有缝隙的砂浆,深度控制 6mm 左右,被水溶解析出的白色浆痕,用板刷刷洗洁净晾干,用防水密封胶将纵横缝隙填嵌密实,堵住一切渗水的通道。随用上光软蜡全面涂抹,用纱头擦抹光亮,用涂蜡隔离有害物质的侵蚀,保持原有的光泽。但要定期涂擦上光蜡。

4. 水斑痕

(1)原因分析

1)花岗岩板块的拼缝,一般为干接缝,不防水。有的板块上口无压缝板块,一般都是采用稀水泥砂浆灌缝镶贴法,因稀浆收缩值大,空隙多。

2)水渗进缝隙,滞留在缝内的水分浸透花岗岩光滑的板面,显出深浅不同的斑痕。此外水分还能溶解水泥砂浆和板块中的石膏、氢氧化钙等形成白浆,从缝隙渗出而玷污板块。

3)板块靠地面的底部,没有做防潮层,使水分沿毛细孔上升。

(2)处理方法

饰面石板水斑痕的处理:刮除缝隙中的砂浆和灰尘,深度控制在 6mm 左右,刮除干固的白色沾附物,扫刷干净,用防水柔性密封胶细致地填嵌密实。顶面的缝隙必须全部封闭。花岗岩板面满涂两遍有机硅树脂乳液,以提高板面抗污染性能。

5. 案例分析

某市沿街建筑挑檐外口,垂直板面高 1500mm,垂直面花岗岩板块整体脱落,砸坏 12 辆自行车及一人轻伤。经查事故的原因是构造错误,板块是用铁丝固定的。查设计图纸上,没有注明钢筋网和铁丝绑扎的要求,施工管理不善,操作人员不按规范和规程要求施工,形成事故隐患。

处理方法:凿除原有黏结层的水泥砂浆,刮除灰疙瘩,扫刷冲洗干净,在钢筋混凝土栏板上弹线,因下端的受力大,用 ϕ12mm 膨胀螺栓,上面受力小,用 ϕ10mm 膨胀螺栓,螺栓固紧后,纵、横用 ϕ6mm 钢筋焊牢成网。将花岗岩板材的背面洗刷干净,上下各钻两个 ϕ5mm 的孔,用 18 号铜丝穿入,绑扎在钢筋网上。当第一层的板块按规定就位,找准垂直、平整、方正后,将缝隙用石膏或密封胶嵌贴好,用稠度为 100mm 的 1:2.5 水泥砂浆开始分皮灌注,每次灌 150mm 厚,灌到离板块上口 60mm 暂停,等砂浆终凝沉缩后再灌平。清理板缝上和板面的水泥浆液。用同样方法安装第二层、第三层。如先在水平缝上口涂刮一层防水密封胶作黏结层,则黏结强度和防水效果较好。

第五节　涂饰工程常见质量问题分析与处理

一、油性涂料的慢干与回粘

1. 原因分析

(1)油性涂料的质量低劣,配方中树脂少而干得慢。

(2)将不同类型的涂料混用,由于材性不相容、干燥时间不一,造成慢干、变色、发胀、肝化等质量问题。

(3)涂料施工环境差。当含有盐、酸、碱雾和煤气等有害气体或液体污染,有的木构件上的干性松脂没有处理,涂料施涂后,酸碱等逐渐渗透涂膜而导致发粘。

(4)涂料中任意多加催干剂和稀释剂,也会造成发粘和慢干。

2. 处理方法

(1)当涂膜出现轻微的慢干或回粘的处理:可加强通风,如环境气温较低,可适当加温。加强保护,防灰尘污染,观察数日如已干燥结膜,可不再处理。如不能干燥结膜,处理方法同下述(2)。

(2)涂膜慢于或回粘严重的处理:一般采用强溶剂苯、松香水、汽油等涂布面层,用溶剂擦洗干净晾干后,再选用优质涂料重新施涂面层。

二、笑纹收缩

1. 原因分析

(1)底层表面太光滑,底涂光泽大;有油污、蜡质、潮气时,涂膜附着力差,表面张力使涂膜收缩,产生破绽和露底。

(2)溶剂选用不当,挥发太快,涂膜来不及二度流平,即出现收缩发笑现象。

(3)涂料的黏度小,涂刷的涂膜太薄。也有喷涂时混入油或水,产生涂膜收缩。

(4)使用劣质涂料,不能涂成均匀的膜层,也会产生收缩。

2. 处理方法

(1)施涂时即发现有发笑现象的处理:应即停止施涂,用肥皂水、洗洁精溶液或酒精擦洗一遍,随用清水洗净溶液晾干。再用细砂纸全面打磨,揩擦干净,重新涂刷优质涂料。

(2)已干燥的涂膜"发笑"的处理:应用溶剂将涂膜洗刷掉,揩擦干净,待干燥后,用0号细砂纸打磨揩净,重涂优质涂料。

三、涂膜开裂、卷皮

1. 原因分析

(1)涂料质量低劣,成膜后脆裂。

(2)物面沾有油污物质,涂膜黏结不牢。

(3)物面有干湿变化,涂层太厚收缩大,底层面光滑附着力小。

(4)底涂层没有实干,就涂刷面层涂料。有的使用油性底涂层,挥发性面层涂料,接触空气挥发干燥快,涂膜收缩结硬,其后底涂层逐渐干燥收缩,致使面涂层开裂、卷皮、脱落。

2. 处理方法

(1)对涂层大面积开裂、卷皮的处理:将开裂卷皮的涂膜用刮刀刮除。随用强溶剂涂刷湿润后,再用溶剂洗刷干净,然后用清水冲洗净溶液,晾干。用0号细砂纸打磨揩擦干净。重涂优质涂料。

(2)局部涂层开裂、卷皮的处理:用刮刀轻轻刮除开裂卷皮处,用细砂纸打磨底层,揩擦干净,选用原涂层同品种的涂料,补涂平整,确保颜色相同。

四、气包、针孔

1. 原因分析

(1)涂膜基层处理不当,木材面的管孔大;水泥砂浆表面有水孔、气孔,没有按规定刮补好。气眼中的空气受热膨胀,使涂膜形成气包。

(2)基层含水率大,当涂层干燥时,未逸出的水蒸气导致涂膜鼓包。

(3)喷涂时压缩空气夹带入涂膜中,使涂层产生气包。

2. 处理方法

(1)少量气包和针孔的处理：先用刮刀轻轻刮除气包和针眼处的涂膜，用0～1号砂纸打磨平整揩擦干净；用腻子补嵌一切孔眼和凹坑，再打磨擦净，补涂同品种、同颜色的涂料，要求与周围的涂膜平整，颜色一致。

(2)成膜的涂层气包较多的处理：将涂膜刮除，查明原因，如基层含水率大，要加强通风排除水分，然后再施涂。如因其他原因，要有针对性的处理措施。用砂纸打磨，补嵌腻子，打磨揩擦洁净，再补涂涂料面层。

五、涂膜失光(倒光)

1. 原因分析

(1)涂料质量低劣，掺不干性稀释剂多，不耐晒而失光。

(2)有光涂料成膜时，被烟气、煤气熏染后起化学反应，使涂膜失光。

(3)涂料操作时的环境湿度大于80%时，水分子和涂料混合或凝集在涂膜的表面，呈现出白色的雾状凝结物。

(4)底涂层或腻子未实干，又没有磨平，影响面层涂料光泽。施涂前没有清扫周围环境区，遇有大风，灰尘都黏附在涂膜上，使涂膜失去光洁度。

2. 处理方法

对已失光或粘有灰尘的涂膜处理：用0号细砂纸全面打磨，揩擦刷扫洁净，施涂区的环境打扫洁净。选择施涂温度要高于5℃，气候干燥、相对湿度小于70%。选用和底层涂料材性相溶的优质涂料涂刷面层。

六、粉化

1. 原因分析

(1)涂料质量低劣，且面层涂料和基体、底层涂料、腻子的材性不相容。

(2)在混凝土、水泥砂浆基体上涂刷油性涂料，没有采取封闭基层措施而粉化。

(3)暴露在室外的构件，使用高色料醇性涂料，涂膜上沉淀出黏结颜料的粉状物，影响观感和使用功能。

2. 处理方法

(1)在混凝土和水泥砂浆基层面涂层粉化的处理：用打磨、刮除或用溶剂擦洗粉化层，冲洗揩擦洁净。必须满批腻子、打磨、再满批腻子、打磨揩擦洁净。选用与腻子相容的优质涂料分层涂刷，确保涂层光亮。

(2)其他基层面的粉化处理：用溶剂擦洗粉化层，冲洗洁净晾干。选用优质底层和面层涂料,品种一致,重新施涂。

七、金属面涂膜反锈

1. 原因分析

(1)金属构件没有按规定酸洗磷化处理。有的构件受酸液、氯气或其他有害气体和水分的侵蚀。

(2)防锈涂料质量低劣,不起防锈作用,金属构件的锈蚀:铁锈胀裂涂膜、玷污涂膜。

(3)涂膜薄,附着力弱,水分或腐蚀气体透过涂膜腐蚀金属而产生针蚀状,逐步扩大了锈蚀面。

2. 处理方法

对已产生锈蚀的涂膜,用敲击和铲除脱壳的涂层,彻底清除铁锈,采用带锈防锈涂料涂刷,不得有漏涂和少涂现象。经检查合格后,方可涂面层涂料。

八、裂缝

1. 原因分析

(1)涂料质量低劣,干燥剂掺量过多。

(2)基体结构在温差和干缩变形作用下产生裂缝,拉裂涂膜面层。也有的抹灰层空鼓裂缝,没有处理就涂刷涂料而裂缝。

2. 处理方法

(1)如因结构变形产生裂缝的处理:可同结构一同处理,一般采用化学灌浆法封闭缝隙,选用同颜色的涂料修补。

(2)涂层有裂缝又脱壳的处理:铲除已脱壳裂缝的涂层,扫刷干净,重补刮腻子,修补平整后,重新配同品种、同颜色的涂料涂刷。

九、老化

1. 原因分析

涂膜面层:紫外线、臭氧、水蒸气、酸性水,经温差和干湿的循环作用,烟尘、三氧化硫有害气体的侵蚀,引起涂料的光泽度下降、褪色、粉化、析白、污染、霉化等,导致涂膜老化。

2. 处理方法

(1)轻度老化的处理:用压力水冲洗积灰,再用板刷刷洗晾干,喷涂优质面层涂料,待涂膜硬化后,然后喷涂硅溶胶溶液罩面层,有利于涂膜的清洁和防水。

(2)中度和重度老化的处理:铲除或刷除已老化的涂层,用水冲洗,扫刷基体面的残余物质。检查抹灰层的质量,铲除空鼓和壳裂部分的抹灰层,用钢丝板刷刷除酥松的灰疙瘩,浇水洗刷,用和原配合比相同的砂浆,分皮分层抹压修补平整,养护 7d 以上。养护时用经常喷水冲洗的方法洗刷碱度,晾干后,选用优质和适应环境的涂料,搅拌均匀后喷涂。应确保色泽均匀,厚度一致,当涂膜实干后,喷涂一层硅溶胶,保护涂层,延长使用年限。

十、反碱

1. 原因分析

砌体、混凝土墙板上的水泥砂浆、混合砂浆的抹灰层中含碱量大,当墙体受潮后向外析出,造成涂膜局部发霉,析出白霜,严重的反碱可导致抹灰层,涂层脱壳,随时间延长而酥松逐渐脱落。

2. 处理方法

(1)轻度反碱的处理:用清水冲洗白霜,随用板刷擦洗干净,晾干后,重涂刷涂料罩面层。如涂料不耐碱,在涂层施工前,配 15%～20% 浓度的硫酸锌或氯化锌溶液,在抹灰层面上涂刷几遍,干燥后扫除中和析出的黏附物。也可用稀盐酸或稀醋酸溶液涂刷进行中和处理,再洗刷干净后,晾干,重涂面层涂料。

(2)严重反碱处理:铲除碱化的酥松层,洗刷干净。用氟硅酸锰溶液(相对密度为 1.075～1.162),也可用锌或铝的氟硅酸盐,在基体面上重复涂刷几遍,每涂刷一遍间隔 24h,把基体中的碱性物质中和,然后全面刷除粉质浮粒,冲洗洁净后晾干,再用和原配合比相同的砂浆分层补抹平整,养护 7d 以上。经硬化后,再涂刷涂料面层。必须消除墙体的水源,不再返潮。

十一、霉变

1. 原因分析

霉菌在下列三个条件的环境中繁殖迅速。一是氧气,二是温度在 15℃～25℃,三是水分,基体含水率大于 30%。如长期处于潮湿环境的建筑物内外墙面,如恒温车间、糖果厂、罐头食品厂、酒厂以及地下室等的墙面、顶棚、地面等的装饰面易霉变。

2. 处理方法

关于霉变的处理:用铲刀清除霉变部分,并用肥皂水擦洗干净,用清水清洗干净。

(1)杀菌:采用 7%～10% 磷酸三钠水溶液,用排笔涂刷一至两遍。杀菌必须彻底、细致,不可留下霉菌隐患。

（2）采用"氯—偏共聚乳液防霉涂料"封底，可刷可滚涂，封住霉变部位的霉斑，不得漏涂，确保涂层均匀。

（3）嵌批腻子：腻子用乳液加双飞粉或水泥调制的防霉腻子，待 2～3h 后，即可用细砂纸打磨平整。经检查合格后，方可涂刷防霉涂料面层。

第六节　裱糊工程常见质量问题分析与处理

一、裱糊面褶皱

1. 原因分析

（1）基层表面粗糙，批刮腻子不平整，粉尘与杂物未清理干净，或砂纸打磨不仔细。

（2）裱糊技术水平低，没有按正确的操作方法进行施工。

（3）壁纸材质不符合质量要求；壁纸较薄，对基层不平整度较敏感。

2. 处理方法

（1）基层表面的粉尘与杂物必须清理干净；对表面凹凸不平较严重的基层，首先要大致铲平，然后分层批刮腻子找平，并用砂纸打磨平整、洁净。

（2）裱糊壁纸时，应用手先将壁纸铺平后，才能用刮板缓慢抹压，用力要均匀。若壁纸尚未铺平整，特别是壁纸已出现皱纹，必须将壁纸轻轻揭起，用手慢慢推平直至平整、无皱，之后方能抹压平整。

（3）选用材质优良与厚度适中的壁纸。

二、裱贴不垂直

1. 原因分析

（1）裱糊壁纸前未吊垂线，第一张贴得不垂直，依次继续裱糊多张壁纸后，偏离更多，有花饰的壁纸问题更严重。

（2）壁纸本身的花饰与纸边不平行，未经处理就进行裱贴。

（3）基层表面阴阳角抹灰垂直偏差较大，影响壁纸裱贴的接缝和花饰的垂直。

（4）搭缝裱贴的花饰壁纸，对花不准确，重叠对裁后，花饰与纸边不平行。

2. 处理方法

（1）裱糊壁纸前先对基层做检查：阴阳角须垂直、平整、无凹凸，若不符合要求，须修整后才能裱贴。

（2）采用接缝法贴花饰壁纸时，先检查壁纸的花饰与纸边是否平行，如不平行应将斜移的多余纸裁割平整后方可裱贴。

（3）裱贴前，对每一墙面应先弹一垂线，弹线要细。裱贴第一张壁纸须紧贴垂线边缘，检查垂直无偏差后方可裱贴第二张，每裱贴 2～3 张后就用吊锤在接缝处检查垂直度，及时纠偏。

（4）两张壁纸拼接时，如采用接缝法，要根据尺寸大小、规格要求和花饰对称等原则在工作台统一裁纸，随即编号，裱糊时对号入座。如采用搭缝法时，无花纹壁纸之间的拼缝重叠 20～30mm；对于有花饰的壁纸，可使两张壁纸花纹重叠，对花准确后，在准备接缝的位置用钢直尺将重叠处压实，由上而下一刀裁割，再将余纸撕掉。

三、接槎明显，花饰不对称

1. 原因分析

（1）裱糊压实时，未将相邻壁纸连接缝推压分开，造成搭缝；或相邻壁纸连接缝不紧密，有空隙缝；或壁纸连接缝不顺直等均会造成接槎明显。

（2）对装饰面所需要裱糊的壁纸（布）未进行周密计算与裁剪，造成门窗口的两边、对称的柱子、墙面所裱糊的壁纸花饰不对称。

2. 处理方法

（1）壁纸粘贴前，应先试贴，掌握壁纸收缩性能；粘贴无收缩性的壁纸时，不准搭接，必须与前一张壁纸靠紧而无缝隙；粘贴收缩性较大的壁纸时，可按收缩率适当搭接（这需要掌握壁纸收缩性能），以便收缩后，两张纸缝正好吻合。

（2）壁纸粘贴的每一装饰面，均应弹出垂线与直线，一般裱糊 2～3 张壁纸后，就要检查接缝垂直与平直度，发现偏差应及时纠正。

（3）粘贴胶的选择必须根据具体的施工环境温度、基层表面材料及壁纸品种与厚度等确定；粘贴胶必须涂刷均匀，特别在拼缝处，胶液与基层黏结必须牢固，色泽必须一致，花饰与花纹必须对称。

（4）壁纸（布）选择必须慎重。一般宜选用易粘贴且接缝在视觉上不易察觉的壁纸（布）。

第七节　吊顶工程常见质量问题分析与处理

一、分格拔缝吊顶质量缺陷

1. 分格缝不均匀，纵横线条不平直、不光洁

（1）原因分析

1）安装吊顶前没有按吊顶平面统一规划，合理分块，准确分格。

2)吊顶安装过程中没有纵横拉线与弹线；装钉板块时，没有严格按基准线拼缝、分格与找方。

（2）处理方法

1）吊顶安装前应按吊顶平面尺寸统一规划，合理分块，准确分格。

2）吊顶安装过程中必须有纵横拉线与弹线；装钉板块时，应严格按基准线拼缝、分格与找方，竖线以左线为准，横线以上线为准。

3）吊顶板块必须尺寸统一与方正，周边平直与光洁。

2. 上型分格板块呈锅底状变形，木夹板板块见钉印

（1）原因分析

1）分格板块材质不符合要求，变形大。

2）分格板块材料选择不当，地下室或湿度较大的环境不应选用石膏板等吸水率较大的板块，易变形。

3）分格板块装订不牢固或分格面积过大；夹板板块钉钉子的方法不正确，深度不够，钉尾未嵌腻子。

（2）处理方法

1）分格板块材质应优选变形小的材料。

2）分格板块必须与环境相适应，如地下室、湿度较大的环境、门厅外大雨篷底等，不采用石膏板等吸水率较大的板材。

3）分格板块装订必须牢固，根据板材刚度与强度确定分格面积。

4）固定夹板板块以胶黏结构为宜（配合用少量钉子）；用金属钉（无头钉）时，钉打入夹板深度应大于 1mm 且用腻子批嵌，不得显露钉子的痕迹。

3. 底面不平整，中部下坠

（1）原因分析

吊筋拉紧程度不一致。

（2）处理方法

使用可调吊筋，在装分格板前调平并预留起拱。

二、扣板式吊顶

1. 扣板拼缝与接缝明显

（1）原因分析

1）板材裁剪口不方正，不整齐，不完整。

2）铝合金等板材在装运过程中造成接口处变形，安装时未校正，接口不紧密。

3)扣板色泽不一致。

（2）处理方法

1)板材裁剪口必须方正、整齐与光洁。

2)铝合金等扣板接口处如变形，安装时应校正，其接口应紧密。

3)扣板色泽应一致，拼接与接缝应平顺，拼接要到位。

2. 板面变形或挠度大，扣板脱落

（1）原因分析

1)扣板材质不符合质量要求，特别是铝合金等薄型扣板保管不善或遇大风安装时易变形、易脱落，一般无法校正。

2)扣板搭接长度不够，或扣板搭接构造要求不合理，固定不牢。

（2）处理方法

1)扣板材质应符合质量要求，须妥善保管，预防变形；铝合金等薄扣板不宜做在室外与雨篷底，造成易变形与脱落。

2)扣板接缝应保持一定的搭接长度，不应小于 30mm，其连接应牢固。

3)扣板吊顶一般跨度不能过大，其跨度应视扣板刚度与强度而合理确定，否则易变形、脱落。

三、整体紧缝吊顶

1. 接槎明显

（1）原因分析

1)吊杆(吊筋)与龙骨(搁栅)、主龙骨与次龙骨拼接不平整。

2)吊顶面层板材拼接不平整或拼接处未处理就贴胶带纸(布)，批腻子没找平，拼接处明显突起，形成接槎。

（2）处理方法

1)吊杆与主龙骨、主龙骨与次龙骨拼接应平整。

2)吊顶面层板材拼接应平整，在拼接处面板边缘，如无构造接口，先刨去 2mm 左右，使接缝处粘贴胶带纸(布)后接口与大面相平。

3)拼接缝处批刮腻子必须密实、平整；打砂皮要到位，可将砂皮钉在木蟹上作均匀打磨，确保平整和消除接槎。

2. 吊顶面层裂缝，特别是拼接处裂缝

（1）原因分析

1)木料含水率高，收缩翘曲变形大；采用轻钢龙骨或铝合金吊顶，吊杆与主、次龙骨纵横方向线条不平直，连接不紧密，受力后产生位移变形。

2)吊顶面板含水率偏大或产品出厂时间较短,尚未完全稳定,面板产生收缩变形(PC 板等产品尤为严重)。

3)整体拼接缝处理不当,产生拼缝处裂缝。

(2)处理方法

1)吊杆与龙骨安装应平整,受力节点结合应严密牢固,可用砂袋等重物试吊,使其受力后不产生位移变形,方能安装面板。

2)湿度较大的空间不得用吸水率较大的石膏板等作面板;FC 板等材料应经收缩相对稳定后方能使用。

3)使用纸面石膏板时,自攻螺钉与板边或板端的距离不得小于 10mm,也不宜大于 16mm;板中螺钉的间距不得大于 200mm。

4)整体紧缝平顶,其板材拼缝处要统一留缝 2mm 左右,宜用弹性腻子批嵌,也可用 107 胶或木工白胶拌白水泥掺入适量石膏粉作腻子批嵌拼缝至密实,并外贴拉结带纸或布条 1~2 层,拉结带宜用的确良布或编织网带,然后批平顶大面。

3. 面层挠度大,不平整

(1)原因分析

1)木料材质差,含水率高,收缩翘曲变形大;采用轻钢龙骨或铝合金吊顶,吊杆与主、次龙骨纵横方向线条不平直,连接不紧密,受力后产生位移变形。

2)吊顶施工未按规程(范)操作,未对照基准线在四周墙面弹出水平线,或在安装吊顶中没有按要求起拱。

(2)处理方法

1)吊杆与龙骨安装应平整,受力节点结合应严密牢固,可用砂袋等重物试吊,使其受力后不产生位移变形,方能安装面板。

2)吊顶施工应按规程操作,事先以基准线为标准,在四周墙面上弹出水平线,同时在安装吊顶过程中要做到横平、竖直,连接紧密,并按规范起拱。

第八节 外墙外保温工程质量问题分析与处理

外墙外保温系统作为建筑物的重要建筑构造,不但可以延长建筑的使用寿命,起到冬暖夏凉的效果,改善居住环境,提高生活质量。而且还具有建筑外观装饰、围护结构、保温隔热等多种功能。作为建筑节能的一种形式,在国内得到了较大的推广应用,并在设计、施工中积累了许多宝贵经验,得到了广大用户的认可,理应能够具备工程安全长期稳定、表观质量长期稳定、节能效果长期稳定、满足设计标准等基本技术要求。经过多年的发展,进步很大,推广的也很快,但在实际应用上还存在一些问题。

一、常见质量问题分析与防治

1. 设计原因引起的质量问题

（1）设计时没有重视规范上要求的在底层或首层容易受到碰撞的部位，需要增加网格布或两层网格布以提高系统在该区域的抗冲击能力，导致该部位受到碰撞造成系统破坏，增加维修难度与费用。

（2）忽略结构伸缩缝的节能设计，同时保温系统在此存在接口，施工处理不严密导致渗水现象。

（3）窗的节能节点未进行节能设计或设计不合理，存在热桥效应或接口处理不严密导致渗水现象。

（4）设计构造时无针对性，忽略勒脚处的保温节点的特殊性，而显得不合理。

（5）忽略女儿墙内侧增强保温设计或施工处理不严密，导致室内顶板棚根部返霜结露，女儿墙墙体开裂，继而渗水。

（6）设计时忽视对保温系统与非保温系统接口部位细部处理，导致接口处开裂与渗水现象。

（7）确定保温工程上锚固件是否使用、选用多少无定则，无规范化可寻。

（8）在实际施工中，找平层的好坏直接影响外保温系统的用材与施工质量。然而在许多图集或图纸上列出的节能工程外墙的保温系统构造中，常常未注明外墙找平层的要求，或者在实际施工中忽视找平层的重要性。

2. 施工原因引起的质量问题

在引起外保温工程质量的各种因素中，由施工操作原因而产生的质量问题占大部分，因此，施工质量应引起重视。

（1）材料问题。如聚苯板薄抹灰外保温，经常出现问题有以下几点：

1）专用的胶黏剂对苯板的黏结力（包括耐水、耐冻融、耐高温）不足，没有达标，直接导致保温板的安装质量差，无法承受基层一定程度的变形，甚至系统脱落。

2）专用的抹面砂浆对苯板的黏结力（包括耐水、耐冻融、耐高温）不足，没有达标，直接导致护面层开裂，继而渗水、起鼓与脱落。

3）保温板无陈化过程或陈化程度不足，存在变形或受热变形，没有达标，直接影响系统的质量，出现起鼓、起翘、开裂，甚至导致黏结很快失效而脱落。

4）保温板的切割规格不合格、偏差过大，直接影响保温层安装质量（平整度、保温板接缝严密性）；厚度过薄直接影响系统变形、抗风压能力、抗撕拉能力、抗荷载能力（包括自重及饰面荷载）；强度过硬、表面有致密表皮，直接影响黏结材料对其的黏结力与黏结效果的稳定性。

5)网格布的单位面积质量、断裂强力及耐碱断裂强力保留率不合格,因此在护面层就起不到很好的增强作用,难以确保系统护面层的机械强度与耐久性。

6)锚固件规格、型号与强度不好,施工过程中难于将锚固件锚固牢靠,达不到辅助增强的效果,形同虚设。

(2)搅拌问题。砂浆搅拌不充分均匀、稠度偏差大,直接影响施工操作性能及成品质量;双组分配比误差大也直接影响成品质量。对成品质量的影响表现在黏结强度、强度变化大等,从而导致开裂、起鼓、渗水等异常现象。

(3)施工人员问题。外墙外保温施工人员未经专门技术与素质培训,盲目施工,野蛮施工,无法在施工过程中做到定人定岗、施工操作规范顺畅,并由此而产生大量的质量事故与安全事故。

(4)施工问题。墙面保温板交错排布不严格;板与基层面有效黏结面积不足,达不到40%规范要求,或出现虚黏现象,或达不到个体工程设计要求;保温板间接缝不紧密或接槎高差大,或外饰件紧密度太差;板缝接近或与窗边平齐,不符合规范要求;板面平整度不符合标准(≤4mm/2m)。

(5)网格布埋填常见问题有以下几点:

1)网格布直接干铺在保温层上,用抹面砂浆直接涂抹,网格布起不到应有的增强作用,反起隔离副作用。

2)网格布埋入抹面砂浆中位置不当(应位于砂浆中间,略偏向表面)。

3)网格布铺展质量差,起翘、起褶皱、露网格痕迹等。

4)网格布搭接不合格,网布上下、左右间与外饰件间以及接口收头处,有一处不合格,就将影响系统整体质量。

(6)保温浆料的涂抹常见问题有以下几点:

1)首道保温砂浆涂抹过厚,导致空鼓与附着力差。

2)保温砂浆未按设计要求厚度涂抹,存在偷工减料,导致传热系统不达标。

3)界面砂浆未涂抹或涂布量不足导致保温砂浆与基层咬合不好,从而导致附着力差。

4)平整度差,采取固化后打磨调整,直接破坏保温层整体性及表面强度等。

5)最后一道砂浆未压紧及收光质量不好,影响平整度与表面强度。

(7)护面砂浆施工中常见问题有以下几点:

1)浆料和易性不好,稠度不佳。

2)与保温层咬合不好,产生空鼓现象。

3)厚度不均匀,有太厚太薄存在,导致护面层强度不均。

4)在大风(>5级)、阳光直射、温度低(≤5℃)时,施工产生开裂现象。

5)追求表面观感,采取蘸水刷浆处理,导致骨料暴露、表面返白、强度降低,甚至开裂。

6)在门窗洞口与构件接口等接缝处,抹面砂浆压实度、饱满度不足,易导致该处开裂。

7)过长时间或已初凝浆料继续使用,导致开裂及影响抹面质量。

8)严重结皮,砂浆使用影响施工质量。

9)平整度控制不好,不符合规范要求。

3. 工程管理问题

外墙外保温工程施工是一项十分复杂的生产过程,它的生产过程即将外保温系统的功能按照一定程序、一定要求,执行相应规范赋予到节能建筑上。施工组织安排的好坏直接关系到工程的进度与质量。常见问题有以下几个方面:

(1)无管理组织或管理不力——影响施工进度与质量,甚至影响文明施工、安全施工。

(2)人力、物力安排不当或供不上——影响施工进度与质量。

(3)采用新手上阵、无培训、甚至无证上岗——工程质量与安全受到影响。

(4)不知道工程设计要求及技术交底不全——影响保温工程设计要求及细节处理的质量。

4. 施工质量监督、验收问题

外保温施工过程中,施工质量监督与验收是保证外保温工程质量的重要措施和必要的手段。因为外保温工程施工中涉及的隐蔽工程较多,也涉及不同分包单位的分项工程交接,再加上工程进度紧,如果管理跟不上,质量监督与验收不到位,势必影响工程质量。常见问题有下面几个:

(1)施工面交接不严格,存在各施工段质量与责任模糊,会留下隐患与纠纷问题。

(2)质量监督工作与验收工作不及时与到位,影响工程进度与质量。

(3)验收滞后,有些必要的细部隐蔽项目因施工进度与程序要求被忽略。

5. 成品质量防护问题

由于外墙外保温工程上存在各分包单位的交叉施工,成品质量防护显得十分重要。常见的质量问题有:

(1)完成的保温工程施工段工序及成品受到后续的不了解保温系统的另外分包单位的施工影响,并受到撞击、穿刺、废物污染等破坏。

(2)完成的工序项目及成品受到外界影响,如成品未达到一定强度,受到暴雨、冷冻、强烈敲击振动等影响而破坏。

二、常见质量事故的分析与案例

外墙外保温工程常见的质量问题与质量事故主要有以下三个方面：

1. 保温层缺陷

采用浆体类保温材料的外墙外保温系统易出现空鼓、裂纹、脱落；采用聚苯保温板的外墙外保温系统易出现虚贴、脱落；采用聚氨酯现场发泡的外墙外保温系统易出现收缩或空鼓、裂纹。

2. 表观质量缺陷

采用涂料饰面的外墙外保温系统易出现龟裂和严重裂纹，采用外饰面砖的外墙外保温系统易出现局部脱落甚至大面积脱落。

3. 施工阶段质量与安全事故

外墙外保温工程现场施工时属于高空作业，易出现高空坠落、坠物事故；外墙外保温工程施工一般与室内装修、水电工程施工同步进行，易出现火灾等事故。

4. 案例

（1）2007年6月7日下午5时许，银川市"江南水乡 A-5 号楼"东山墙 1～4 层外墙外保温层脱落，造成该建筑下停放车辆受损，无人员伤亡。这起事故反映施工单位对建筑节能标准和施工技术标准、规范和工艺执行不严格，监理单位没有严格按照当地相关外墙外保温应用技术规程的要求实施监理，质量安全责任制没有落实，致使外墙外保温层存在严重质量安全隐患。同时，建设单位违反国家工程质量安全有关法律法规，在工程没有竣工验收合格、没有竣工备案的情况下安置拆迁户人住。事后，建设行政主管部门依据相关法律、法规对造成此次事故的相关责任单位严肃追究事故责任，严厉查处违法违纪和失职渎职行为，并将其行为载入不良行为记录。

（2）央视新址火灾

2009年2月9日晚21时，在建的中央电视台新台址园区文化中心发生特别重大火灾事故，大火持续燃烧 6h，火灾由烟花引起。在救援过程中1名消防队员牺牲，6名消防队员和2名施工人员受伤。建筑物过火、过烟面积达 21333m²，其中过火面积为 8490m²，造成直接经济损失 16383 万元。这是一起责任事故，71 名事故责任人受到责任追究。法庭审理查明，2006年12月，中山盛兴公司与廊坊华能建材公司（简称华能公司）签订供货合同，由华能公司提供燃烧性能为 B2 级的挤塑板（B2 级为可燃材料，原则上，当点火源离开后，持续燃烧的时间较短或延燃慢）。此后，中山盛兴公司先后从华能公司采购了4千余平方米、共计17万元的挤塑板用于央视新址 B 标段幕墙工程。2007年5月27日，这批挤塑板在施工前被北京质量监督局抽查检测不能达到 B2 级,后该批挤塑板被封存。但中山盛兴公司隐瞒了已使用部分挤塑板的事实,且未对已安装的挤塑板进一步检测。同年 10 月,中山盛兴公司又擅自从北京天匠建材公司(简称天匠公司)先后采购无标志、无合格证和产品检测报告的"B2 级挤塑板"共计 2.1 万 m²。时任中山盛兴公司副总经理的唐某某、项目部执行经理的谷某某和质量员李某某,均未向雇主代表和监理公司上报。

火灾直接原因:

央视新址办违反烟花爆竹安全管理相关规定,未经有关部门许可,在施工工地内违法组织大型礼花焰火燃放活动,在安全距离明显不足的情况下,礼花弹爆炸后的高温星体落入文化中心主体建筑顶部擦窗机检修孔内,引燃检修通道内壁裸露的易燃材料,引发火灾。

火灾间接原因:

1)央视新址办违法组织燃放烟花爆竹,对文化中心幕墙工程中使用不合格保温板问题监督管理不力,中央电视台对央视新址办工作管理松弛。

2)有关施工单位违规配合建设单位违法燃放烟花爆竹,在文化中心幕墙工程中使用大量不合格保温板。

3)有关监理单位对违法燃放烟花爆竹和违规采购、使用不合格保温板问题监理不力。

4)有关材料生产厂家违规生产、销售不合格保温板。

5)有关单位非法销售、运输、储存和燃放烟花爆竹。

6)相关监管部门贯彻落实国家安全生产等法律法规不到位,对非法销售、运输、储存和燃放烟花爆竹以及文化中心幕墙工程中使用不合格保温板问题监管不力。

小 结 一 下

本章主要介绍了装饰工程和外墙外保温工程的主要质量问题,并对其形成进行分析、处理方法进行了介绍。通过本章的介绍,可以基本掌握对装饰工程和外墙外保温质量问题与事故的判断、事故原因分析和相应的处理办法。

【知识小课堂】
外墙保温技术的方式

1. 方式一——外墙内保温

外墙内保温是将保温材料置于外墙体的内侧。

它的优点在于:它对饰面和保温材料的防水、耐候性等技术指标的要求不太高。纸面石膏板、石膏抹面砂浆等均可满足使用要求,取材方便。内保温材料被楼板所分隔,仅在一个层高范围内施工,不需搭设脚手架。但是,在多年的实践中,外墙内保温也显露出一些缺陷。比如许多种类的内保温做法,由于材料、构造、施工等原因,饰面层出现开裂;不便于用户二次装修和吊挂饰物;占用室内使用空间;由于圈梁、楼板、构造柱等会引起热桥,热损失较大;对既有建筑进行节能改造时,对居民的日常生活干扰较大。

2. 方式二——外墙夹心保温

外墙夹心保温是将保温材料置于同一外墙的内、外侧墙片之间,内、外侧墙片均可采用传统的黏土砖、混凝土空心砌块等。因此,这些传统材料的防水、耐候等性能均良好,对内侧墙片和保温材料形成有效的保护,对保温材料的选材要求不高,聚苯乙烯、玻璃棉、岩棉等各种材料均可使用,对施工季节和施工条件的要求不十分高,不影响冬期施工。

3. 方式三——外墙外保温

近年来,用于外墙外保温的材料和技术不断改进,外墙外保温由于其优越性而日益受到人们的重视。对比其他外墙保温技术,它有以下优点:

(1)适用范围广

外保温不仅适用于北方需冬季保温地区的采暖建筑,也适用于南方需夏季隔热地区的空调建筑;既适用于新建建筑,也适用于既有建筑的节能改造。

(2)有利于改善室内环境

外保温不仅提高了墙体的保温隔热性能,而且增加了室内的热稳定性。它在一定程度上阻止了雨水等对墙体的浸湿,提高了墙体的防潮性能,可避免室内的结露、霉斑等现象,因而创造了舒适的室内居住环境。

(3)便于丰富外立面

在施工外保温的同时,还可以利用聚苯板做成凹进或凸出墙面的线条及其他各种形状的装饰物,不仅施工方便,而且丰富了建筑物外立面。特别对既有建筑进行节能改造时,不仅使建筑物获得更好的保温隔热效果,而且可以同时进行立面改造,使既有建筑焕然一新。

(4)利于旧房改造

目前,全国有许多既有建筑由于外墙保温效果差,耗能量大,冬季室内墙体结露、发霉,居住环境差。采用外墙外保温进行节能改造时,不影响居民在室内的正常生活和工作。

(5)保温效果明显

由于保温材料置于建筑物外墙的外侧,基本上可以消除在建筑物各个部位的"热桥"影响,从而充分发挥了轻质高效保温材料的效能,相对于外墙内保温和夹心保温墙体,它可使用较薄的保温材料,达到较高的节能效果。

(6)保护主体结构

置于建筑物外侧的保温层,大大减少了自然界温度、湿度、紫外线等对主体结构的影响。随着建筑物层数的增加,温度对建筑竖向的影响已引起关注。国外的研究资料表明,由于温度对结构的影响,建筑物竖向的热胀冷缩可能引起建筑物内部一些非结构构件的开裂,外墙采用外保温技术可以降低温度在结构内部产生的应力。

(7)扩大家内的使用空间

与内保温相比,采用外墙外保温使每户使用面积约增加 $1.3 \sim 1.8 m^2$ 。

4. 我国现有主要的外墙外保温技术

(1)采用挤塑聚苯乙烯为外保温材料的墙体。

(2)保温膏料用于外墙外保温。

(3)膨胀聚苯乙烯板加薄层抹灰并用玻璃纤维加强的做法。

(4)采用单面钢筶网架聚苯板的外墙外保温。

以上几种外墙外保温技术,由于采用的材料与施工工艺有所不同,因此各自的适用范围也不尽相同。使用中,应根据所设计的建筑的造价、地理位置等各方面的因素进行综合考虑一遍选择最好的方案。

第七章　建筑工程倒塌事故分析及案例

建筑倒塌的前兆特征：

（1）地基不均匀沉降明显，或出现沉降突然加大，房屋或构筑物产生明显的倾斜、变形，地基土失稳，甚至涌出破坏。

（2）掉皮或落灰。砖或混凝土表面层状剥落，抹灰层脱落（注意与抹灰质量差的区别），建筑碎屑下落，吊顶脱落等。

（3）混凝土结构构件出现严重裂缝，并且继续发展。其中较常见的有悬挑结构构件根部（固定端）附近的裂缝，受压构件与压力方向平行的裂缝，框架梁与柱连接处附近的明显裂缝，梁支座附近的斜裂缝，梁受压区的压碎裂缝等。

（4）现浇钢筋混凝土结构构件拆除顶撑时困难，但应注意与支模方法不当造成拆支撑困难相区别。

（5）承重构件产生过大的变形，如梁、板、屋架挠度过大。砖柱、墙倾斜；墙面弯曲、外鼓、开裂；屋架倾斜、旁弯；钢屋架压杆弯曲失稳变形等。

（6）砖、石砌体裂缝。其中较常见的有柱表面出现竖向裂缝。大梁下砌体内出现斜向或竖向裂缝，柱或墙的细长比（高厚比）过大而产生的水平裂缝等。

（7）其他。建筑构件或建筑材料破坏发出的声音，如劈啪声、爆裂声等。动物反常现象，如老鼠四处逃窜等。

第一节　地基事故造成建筑物倒塌

地基事故造成建筑物倒塌的特点和原因，分析如下：

（1）地基承载能力不足。常见的是地基应力超过极限承载力，主体往往出现剪切破坏，地基基础旁侧土面隆起，建筑倾斜或倒塌。

（2）整体失稳。主要指建造在古老滑坡区或施工引起新的滑坡，造成建筑物整体滑塌事故。

（3）地基变形过大。主要是指不均匀沉降在上部结构中产生附加应力，而造成建筑结构损坏，甚至倒塌。

上述这三类原因造成的倒塌事故颇多。其中最常见的是由于不进行地质勘测就进行建筑工程的设计与施工。如某县建委杂物库建于淤泥层上，施工中，当砖墙砌至 3.2m 高时,突然倒塌四间,其主要原因是地基承载能力不足。又如某县七层框架旅馆大楼,建筑面积 4190m²,地基为淤泥层,基础只埋深 80cm,又是独立柱基,地基的允许承载力只有实际荷重的 32.7%。加上梁、柱断面太小,梁、柱接头处含筋量较少。这种薄弱结构,在基础下沉时产生的附加力作用下,各层均沿柱、梁接头处断裂而一塌到底。

第二节　柱、墙等垂直结构构件倒塌事故

柱、墙等垂直结构构件倒塌有下列主要原因分析如下:

(1)砖柱、墙设计截面太小、施工质量差。砖柱、砖垛、承重空斗墙、窗间墙首先破坏,造成建筑物整体倒塌。其中,有的由于设计错误,致使截面承载能力严重不足,安全系数太小,有的甚至小于 1.0,个别竟低达 0.29。有的由于施工质量低劣,砌筑砂浆强度太低,砂浆饱满度差,组砌方法不当造成上下通缝,包心砌筑,另外在柱、墙上乱打洞或槽,致使过多地削弱截面面积。从不少倒塌现场看,大多数砖呈散状,砖柱、砖墙往往是沿着内外包心或通缝的地方破坏的。

从多数砖混结构倒塌事故的分析中可见,门厅独立砖柱、窗间墙、空斗承重墙等部位都比较容易发生质量事故,应十分重视。

(2)砖石结构设计计算方案错误。有些建筑物跨度较大,层高较高,隔墙间距较大,甚至没有间隔墙,这类空旷建筑中的砖柱、砖墙的设计应根据设计规范,严格区分刚性方案或弹性方案,然后进行内力分析和强度、稳定性计算。同时应注意结构构造,保证各构件之间连接可靠,并符合计算简图要求。否则砖柱、砖墙可能因设计错误、承载力严重不足而倒塌,或因连接构造错误,产生较大的次应力而倒塌。1980 年以来,一些农村的礼堂倒塌多数属于这类情况。

(3)梁垫设计施工不当。支撑大梁的砖柱、窗间墙,由于承受较大的集中荷载,往往需要设置梁垫,但是有的工程设计未考虑设梁垫,有的在施工时未按设计要求做梁垫或做法不对,因而使有的柱、墙、顶面局部承压能力不够而被压碎,有的梁垫做法使梁柱连接刚性过大,产生固端弯矩,使墙、柱压弯破坏。

(4)钢筋混凝土质量低劣。钢筋混凝土柱破坏的事故时有发生,其主要原因有的是设计不按规范,配筋不足,构造不合理;有的是施工质量低劣。例如某市百货大楼的倒塌,就是因混凝土柱振捣不实,施工质量低劣而造成,经检查在二层楼的两根柱子上,竟分别有 50cm 和 100cm 高的"米花糖"区段,混凝土几乎像没有水泥浆的"石子堆"。柱因而混凝土柱在此薄弱区段破坏,而引起建筑整体倒塌。

(5)柱、墙失稳。柱、墙在施工中失稳倒塌的事故较多,有的是一再重复发

生,其主要原因是施工过程中,房屋结构尚未形成整体时,有些柱、墙是处于悬臂或单独受力状态,当在施工中未采取可靠的防风、防倾倒的措施时,就会造成失稳倒塌。

第三节　梁板结构倒塌事故

主要原因分析如下:

(1)不懂结构知识的人乱"设计",无证却出施工图。梁、板倒塌后验算,结构安全度远小于设计规范的规定,有的甚至仅在结构自重作用下就垮塌。

(2)构件质量差。尤其是预制楼板质量差引起垮塌的实例最多。

(3)楼、屋面超载。这类事故在全国各地、不同资质的施工企业发生过多次。

(4)乱改设计。有的施工人员不懂结构基本知识、不按结构规律干,甚至乱改设计,盲目蛮干造成倒塌。

(5)施工质量低劣。常见的问题有:钢筋严重错位;混凝土强度严重不足;模板支架失稳等。

第四节　悬挑结构倒塌事故

悬挑结构倒塌的实例较多,基本类型有两种:一种是悬挑结构整体倾覆倒塌,另一种是沿悬臂梁或板的根部断塌。其主要原因有以下几种:

(1)设计和施工人员未做结构抗倾覆力矩的验算。悬挑结构的受力特点是大多数靠固定端(根部)的压重或外加拉力来维持其稳定而不致倾覆。因此,当设计或施工过程中实际的抗倾覆安全系数太小,从然造成整体倾覆而倒塌。如某中学餐厅的 16m 长、1.8m 宽的雨篷倒塌,事后验算其抗倾覆安全系数仅 1.1(规范要求不小于 1.5)。又如某厂成品库雨篷和过梁拆模时倒塌并折断。经检查并验算原设计抗倾覆安全系数大于 1.5,但是施工中过梁上的砖尚未砌完,就拆除雨篷模板,而造成雨篷和过梁连同墙一起倾覆倒塌。雨篷板着地后,又使板反向受力,造成板折断,经验算施工中的抗倾覆安全系数小于 1.0。这类整体倾覆倒塌的实例较多。

(2)模板及支架方案不当。悬挑结构的另一特点是从外挑端向固定端内力逐渐加大,不少设计将悬挑梁、板沿跨度方向做成变截面,施工中若不注意将模板做成等截面外形而造成固定端断面减小。例如某钢筋混凝土建筑物有 900mm 宽挑檐,挑檐板厚为:外挑端 100mm,固定端 150mm。施工中模板做成 100mm,再加上配筋不良,结果拆模后断塌。有的悬挑结构所处位置较高,支模较困难,支模不当而倒塌的实例时有发生。例如某制药厂成品库,屋顶挑檐用斜撑支模,斜撑与水平面之间的夹角太小,同时又无可靠的拉结固定措施。在浇灌混凝土时,整体倒塌。

(3)钢筋漏放、错位或产生过大的变形。悬挑结构的又一特点是固定端处负弯矩大,主筋都配在梁或板的上部。但有的工程漏放或错放这些钢筋而造成悬挑结构断塌。例如某宿舍工程,六层上的 7 个双阳台上的遮阳板,因漏放伸入圈梁的钢筋,在拆模时全部倒塌;又如某公司楼梯挑板钢筋配反,受力筋伸入墙内长度不够,在拆模时倒塌;有的工程钢筋绑扎时的位置是准确的,但是固定方法不牢固或浇混凝土时不注意,而把钢筋踩下;有的悬挑部分长度较大的钢筋固定不牢,发生严重下垂,钢筋实际位置下移较多,这些都可能造成悬挑结构断塌。又如某市机修车间及宿舍工程走廊的 7 根挑梁为变截面梁,根部梁高为250mm,主筋保护层厚 25mm,施工中钢筋严重错位,主筋保护层厚度加大至80mm,加上混凝土强度不足和拆模时间过早等原因,7 根挑梁在根部处全部倒塌。

(4)施工超载。挑檐雨篷类构件,设计荷载较小,如均布荷载值仅为50kgf/m²(490N/m²),施工荷载远比这些数值大,如果支模不牢固或模板拆除后出现超载,往往造成悬挑结构断塌。例如某研究所图书馆,有一雨篷浇灌一年后突然倒塌,经检查,雨篷上堆积的建筑垃圾平均高达 15cm,折合均布荷重约为225kgf/m²(2205N/m²),而且雨篷板上部钢筋被踩下,据验算,结构破坏安全系数小于 1。

第五节　屋架破坏倒塌事故

一、钢屋架倒塌事故

常见原因分析如下:

(1)压杆失稳倒塌。钢屋架特点之一是杆件强度高,截面小,但受荷后容易发生压杆失稳而倒塌。例如某橡胶厂的双肢钢屋架破坏就是因为端部压杆失稳而破坏。

(2)屋架整体失稳倒塌。钢屋架另一特点是整体刚度差。为保证结构可靠地工作,必须设置支撑系统,否则就易发生屋架整体失稳而倒塌。例如某棉纺厂由于设计支撑系统不完善,在施工屋面时正 11 榀屋架倒塌了 6 榀;又如某县影剧院 19m 跨度的钢屋架倒塌,就是没有设置必要的支撑系统,同时上弦压杆的实际应力超过允许应力的 3.9 倍。

（3）材质不良、材料脆断而造成的倒塌事故。例如某原料仓库钢结构廊道，倒塌最主要的原因是桁架钢材质量差，碳和硫偏析显著。这种钢材脆性大，特别是在负温条件下更严重，倒塌时气温为－19℃。

（4）施工顺序错误而造成的倒塌。例如某冷轧车间局部屋盖倒塌，其主要原因是违反设计规定的安装顺序，使屋架上弦平面失稳而倒塌。

（5）屋盖严重超载而造成的倒塌。如某小学教室，采用双肢轻型钢屋架，屋面采用泥灰和黏土瓦，屋架线荷载达 19.6kN/m，在施工中倒塌；又如某厂 30m 钢屋架，在安装行车时将滑轮挂在屋架上，把屋架拉弯造成倒塌。

（6）钢屋架制作质量差而造成的倒塌。如某育蚕室，采用钢屋架标准图，因焊接质量差造成倒塌；又如某厂钢屋架因焊接质量差，加上施工荷重超过设计荷重 60％，又遇大雪而倒塌。

二、木屋架倒塌事故

常见原因分析如下：

（1）屋架杆件设计截面太小造成的倒塌。如某电影院 14.6m 跨钢木屋架在放映电影时倒塌。经验算，上弦及腹杆的实际应力已分别超出容许应力的 3～4 倍；又某饭店，由于木屋架下弦设计截面过小，当架设天窗时屋架发生倒塌。

（2）施工中选材不当，把腐朽、虫蛀严重及木节太多的材料用在屋架上。例如某小学木屋架，把榫眼开在木节断面上，使截面积减少 30％而折断倒塌。

（3）乱改设计造成倒塌。例如某饭店，将端节点的下弦杆外伸段锯掉，大大降低了其抗剪能力而倒塌。

（4）屋架支撑系统不良造成的倒塌。例如某纺织品仓库在施工时由于屋架无支撑体系，木屋架失稳倒塌；又如某辅机间，木屋架设计用料过小，又未设剪刀撑，造成倒塌。

三、钢筋混凝土屋架倒塌

常见原因分析如下：

（1）组合屋架破坏而倒塌。这类屋架当节点构造处理不当时，节点会首先破坏，导致整个屋架破坏而倒塌。例如某县毛呢厂主厂房用跨度 15m 组合屋架，由于屋盖系统没有纵向传力杆件，造成中跨 1080m² 厂房全部倒塌。

（2）吊装中屋架失稳而倒塌。例如某厂在屋架施工时，天窗架支撑尚未安装就安装屋面板，从而造成 3 个节间屋盖结构全部倒塌。

（3）焊接质量不良造成倒塌。例如某厂 6 榀 12m 屋架，下弦接头错误地采用单面绑条焊接,因绑条应力集中,下弦被拉断造成屋架倒塌;又如某厂12m薄腹梁倒塌,原因是错用45号中碳钢作焊接钢筋,造成在低温下脆断。

(4)屋面严重超载造成倒塌。某厂房屋盖,原设计为4cm厚泡沫混凝土,后改为10cm石灰炉渣,下雨后屋面湿度加大,倒塌时的实际荷载早已达设计荷载的193%。

第六节　砖拱结构倒塌事故

常见原因分析如下:

(1)没有抵抗水平力的结构构件造成倒塌。例如某省一个水果仓库,采用砖拱屋面的标准设计,但施工中擅自去掉拉筋,造成倒塌。

(2)没有正式设计或设计不良造成倒塌。例如某县乒乓球房15m跨拱倒塌,也是由于没有正式设计图纸,砖拱施工当完成80%时就塌落。

(3)施工质量低劣造成倒塌。例如某县百货公司办公楼1000m² 砖拱结构因施工质量差,又在拱背上集中堆积炉渣,导致三孔拱顶塌落。

(4)拆模时间过早或拆模方法不当造成倒塌。例如某瓷厂倒焰窑在拱顶砌完3~4h就拆模,造成倒塌。

第七节　构筑物倒塌事故

主要原因分析如下:

(1)钢漏斗塌落。例如某县电厂锅炉转向室钢漏斗因设计节点构造不合理和焊接质量差,造成钢漏斗脱落。

(2)水池倒塌。例如某县印刷厂砖砌贮水池倒塌,其主要原因是无设计施工,基础埋深仅20cm。砖砌水池壁厚仅24cm,因此,试水时就发生崩塌。

(3)水塔倒塌。其主要原因是砖砌筒体上开洞过多,或砂浆和砖的强度不足,或砌筑质量低劣,造成筒体破坏,水塔塌落。

(4)烟囱倒塌。钢筋混凝土烟囱采用滑模施工时,若施工技术措施不当,可能造成滑模平台连同烟囱一起倒塌。例如一座120m高烟囱在滑到60m高附近时,发生滑模平台倾翻和烟囱局部倒塌事故。事故的主要原因是在气温较低条件下,混凝土出模强度控制不当,导致滑模平台支撑杆失稳而倒塌。砖烟囱倒塌的常见原因也是施工措施不当。例如一座28m高砖烟囱,采用冻结法施工,由于措施不当,并违反了烟囱工程施工验收规范关于冬季施工的一些规定,结果在三月解冻期间倒塌。

第八节　现浇框架倒塌事故

常见原因分析如下：

(1)乱估地基承载力。因地基产生明显的不均匀沉降,导致框架内产生较大的次应力,在上部结构也存在结构隐患的条件下发生垮塌。

(2)结构方案错误。常见的有在淤泥土地基上无根据地采用浅埋深(80cm)的独立基础;框架梁柱连接节点构造不符合要求等。

(3)设计计算错误。常见的问题有荷载计算错误、内力计算错误以及荷载组合未按最不利原则进行等。其结果是导致结构构件截面太小,配筋量严重不足,框架的安全度大幅下降。

(4)乱改设计。常见的问题有任意改变建筑构造,滥用保温材料,乱改节点构造等,其结果是有的造成超载,有的导致结构构造违反规定,还有的造成构件间的连接不牢固等。

(5)材料、制品质量问题。常见问题有未经设计同意,任意代用结构材料,导致承载力大幅度下降。

(6)混凝土施工质量低劣。常见问题有:混凝土配合比不良,浇筑成型方法不当,其结果是混凝土强度低下,构件成型后空洞、露筋严重,有的甚至出现像"米花糖"一样的混凝土构件。

(7)施工超载。楼、屋面乱堆材料和施工周转材料或机具,造成严重超载。

(8)监督管理失控。业主(建设单位)和政府监督部门不能有效地进行质量监督。

(9)发现质量问题不及时分析处理,导致事态恶化,待到濒临倒塌状态时,无法挽救。

第九节　模板及支架倒塌事故

主要原因分析如下：

(1)模板与支架的构造方案不良,传力路线不清,导致不能承受施工荷载和混凝土侧压力。

(2)模板与支架的支撑结构不可靠。例如将支柱支撑在松填土上或新砌的砖、石砌体上等。

(3)模板支架系统整体失稳。具体的因素有支撑系统中缺少斜撑和剪刀撑,落地支撑的地面不坚实、不平整,支撑数量不够,布置不合理,杆件的支撑点和连接没有足够的支撑面积和可靠的连接措施,落地支撑下不设木垫板或木垫板太薄等。

(4)模板支架的材料质量不符合要求。主要有模板太薄,支柱太细,支柱接头太多,而且连接处不牢固,钢材或配件锈蚀严重等。

第十节　混凝土结构局部倒塌事故

1. 局部倒塌事故特性

局部倒塌这类事故的处理比较复杂,通常应注意以下三个特性:

(1)倒塌的突然性。建筑物局部倒塌大多数是突然发生的。常见的突然倒塌的直接原因有:设计错误、施工质量极度低劣、支模或拆模引起的传力途径和受力体系变化、结构超载、异常气候条件(大风、大雪等)等。

(2)局部倒塌的危害性。除了倒塌部分和人员伤亡的损失外,由于局部倒塌物冲砸未破坏的建筑物结构,可能造成变形、裂缝等继发性事故。

(3)质量隐患的隐蔽性。局部倒塌事故意味着质量问题的严重性,但是这类倒塌往往仅发生在问题最严重处,或各种外界条件不利组合处。因此,未倒塌部分很可能存在危及安全的严重问题,在倒塌后的排险与处理工作中应予以充分重视。

2. 局部倒塌事故常见原因分析

除了无证设计、盲目施工和违反基建程序外,造成局部倒塌的主要原因分析有以下几方面。

(1)设计错误。常见的有:不经勘察,盲目选用地基承载力;无根据地任意套用图纸;构件截面太小;结构构造或构件连接不当;悬挑结构不按规范规定进行倾覆验算;屋盖支撑体系不完善;锯齿形厂房柱设计考虑不周等。

(2)盲目修改设计。常见的有:任意修改梁柱连接构造,导致梁跨度加大或支撑长度减小而倒塌;乱改梁柱连接构造,如铰接改为刚接,使内力发生变化;盲目加高梁混凝土截面尺寸,又无相应措施,造成负弯矩钢筋下落;随意减小装配式结构连接件的尺寸;将变截面构件做成等截面等。

(3)施工顺序错误。常见的有:悬挑结构上部压重不够时,拆除模板支撑,而导致整体倾覆倒塌;全现浇高层建筑中,过早地拆除楼盖模板支撑,导致倒塌;装配式结构吊装中,不及时安装支撑构件,或不及时连接固定节点,而导致倒塌等。

(4)施工质量低劣。常见的有:混凝土原材料质量低劣,如水泥活性差,砂、石有害杂质含量高等;混凝土严重蜂窝、空洞、露筋;钢筋错位严重;焊缝尺寸不足,质量低劣等。

（5）结构超载。常见超载有两类：一类是施工超载；另一类是任意加层。

（6）使用不当。如不按设计规定超载堆放材料，造成墙、柱变形倒塌。

（7）事故分析处理不当。对建筑物出现的明显变形和裂缝不及时分析处理，最终导致倒塌；对有缺陷的结构或构件采用不适当的修补措施，扩大缺陷而导致倒塌等。

3. 局部倒塌事故处理的原则及方法

（1）局部倒塌事故的一般处理原则

1）倒塌事故发生后，应立即组织力量调查分析原因，并采取必要的应急防护措施，防止事故进一步扩大。

2）确定事故的范围和性质。局部倒塌发生后，应对未倒塌部分作全面检查，确定倒塌对残留部分的影响与危害，找出存在的隐患，并进行必要的技术鉴定，做出可否利用和怎样利用的结论。

3）修复工程要有具体的设计图纸，特别应注意修复部分与残存部分的连接构造与施工质量。

4）按规定及时报告建设主管部门，并做好伤亡人员的抢救和处理等善后工作。

（2）局部倒塌事故的处理方法

1）根据设计存在的问题，采取针对性措施。例如加大构件截面或配筋数量；提高抗倾覆稳定性能力；修改结构方案和构造措施等。

2）纠正错误的施工工艺后重做。主要有三方面：一是纠正错误的施工顺序，防止结构构件在施工中失稳，或强度不足而破坏；二是纠正错误的施工方法，确保工程质量；三是防止施工严重超载。

3）减小荷载或内力。常用的有：减小构件跨度或高度；采用轻质材料，降低结构自重，建筑物减层等。

4）改变结构形式。如采用钢屋架代替组合屋架；悬挑结构自由端加支点，形成超静定结构；梁下加砌承重墙，把大开间变成小房间等。

5）增设支撑。例如增加屋架支撑，提高稳定性等。

处理局部倒塌事故时，综合采用上述各种处理方法，往往可以取得较理想的效果。

第十一节 案例分析

1. 案例 1

（1）工程事故概述

吉林省图们市百货商店为3～4层现浇框架结构工程，在主体结构完成正在进行装修工程时，发生局部倒塌，倒塌面积 989m²，造成 2 人死亡，1 人重伤。

（2）事故原因分析

1）设计计算错误。包括荷载和内力计算错误，内力计算组合错误，框架配筋不足（最严重处配筋少 45%）等。

2）施工图有差错。有的构造要求图纸中未交代清楚，如次梁的支撑长度等，导致施工错误。

3）施工质量低劣。主要问题有以下几种：

①混凝土浇筑质量低劣主要是框架柱有严重孔洞、烂根和出现蜂窝状疏松区段（50cm 和 100cm 高的无水泥石子堆）。

②混凝土实际强度低该工程大部分混凝土没有达到设计强度。

③砌筑工程质量差。砖与砌筑砂浆强度均未达到设计要求。砌体组砌方法不良，不符合施工规范要求。例如，很多部位砂浆不饱满，灰缝达不到规范要求，通缝较多等。实际要求埋置的拉结或加强钢筋，施工中漏放或少放。

4）施工中实际荷载严重超过设计荷载。

①施工超载。三层屋顶的一部分在施工过程中作上料平台用，且堆料过多，倒塌时屋顶堆有脚手杆 49 根和屋面找坡用的炉渣堆等。

②构件超厚。经检查大部分预制空心板都超厚，设计为 18cm，实际为 19～20.5cm。

③炉渣层超重。倒塌时正值雨季，连阴雨天使屋面炉渣层的含水率达饱和状态，炉淹的实际密实度达 1037kg/m³；超过设计值 30%。

5）乱改设计。未经设计单位同意屋面坡度由 2% 改为 4%；地面细石混凝土厚度由 4cm 改为 6cm；水泥砂浆找平层由 1.5cm 改为 3cm，这就使静荷载由原设计的 1392N/m² 增加到 1911N/m²，比原设计增加 37%，而四层则由 549N/m² 增加到 1215N/m²，增加了 120%。

6）施工管理失控。设计存在问题不提，盲目瞎干。钢筋位置不准，搭接长度不足。施工技术资料很不齐全，难以说明工程实际质量。

2. 案例 2

（1）工程事故概述

某县公路段的机修车间（底层）和宿舍（2 层），为 2 层砖混结构，建筑面积 556m²，屋顶局部平面与剖面如图 7-1 所示。

屋顶层的挑梁尺寸与配筋情况见图 7-2。混凝土强度等级为 C20。2003 年 12 月 5 日晚浇筑挑梁，同年 12 月 26 日下午 5 时拆模时，7 根挑梁全部在根部（墙面）处断塌。

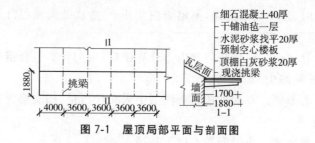

图 7-1　屋顶局部平面与剖面图

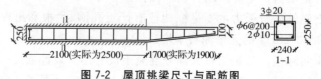

图 7-2　屋顶挑梁尺寸与配筋图

（2）原因分析

1）混凝土实际强度无试验资料，据调查，所用水泥、砂、石无质量问题，而搅拌用水内含碱和氯。从倒塌的挑梁上可以看到混凝土密实度很差，空隙很多，有的气孔直径达 5mm，工地人员反映当时混凝土很稀，水灰比较大，配合比不是用试配确定，而是套用配合比，实际执行情况也很差。因工地未作试块，又没有用其他方法测定其强度，所以混凝土的实际强度无法确定，但分析断梁中的混凝土情况，其实际强度远低于 C20。

2）挑梁的主要受力钢筋严重往下移位。从断口处检查，主筋的保护层最大达 80mm，挑梁的实际承载能力大幅度下降。

3）悬挑部分的长度加大。原设计挑梁外挑长度为 1700mm，实际为1900mm，原设计空心板外挑面离表面距离为 1880mm，实际为 2020mm，因此使固定端弯矩加大。

4）屋面超厚，自重加大。原设计细石混凝土顶面至空心板下表面总厚为180mm，实际为 200mm（都未计入板下抹灰层厚 20mm）。

5）拆模时间过早。从浇筑混凝土至拆模这段时间（20d）的平均气温为10℃，正常情况下用 32.5 级普通硅酸盐水泥配制的混凝土，此时的强度可以达到 70%。施工验收规范规定悬臂梁板的拆模时间，当结构跨度≤2m 时，混凝土强度不低于设计强度的 70%，跨度＞2m 时，不低于设计强度。该梁实际外挑长度（加上空心板外挑部分）已超过 2m，更主要的是混凝土质量差，使拆模时的实际强度远低于规范要求。

3. 案例 3

（1）工程事故概述

内蒙古某车间为单层排架结构，屋盖为 15m 跨度的梭形钢屋架，上铺槽板。

1991年6月29日,在吊装屋面槽板时,三榀钢屋架突然倾倒塌落,屋面板也随之下坠,屋面上施工人员14人坠地,造成4人死亡,2人重伤。

(2)事故原因分析

1)设计方面的问题在屋架几何尺寸和所受荷载都不同的情况下,随意套用标准图;设置天窗处的钢屋架未按规范要求设置支撑;屋架支座节点,标准图为螺栓连接,设计改为焊接;施工图中的错、漏、碰、缺的现象较多。

2)施工方面的问题屋面板超厚、超重,预埋件不符合图纸要求;槽板与钢屋架没有三处焊接;钢屋架上弦个别节点的对接平焊漏做;圈梁内预埋件不符合施工图要求。此外,施工管理不善,施工组织方案简单,技术交底不清,许多做法违反施工规范的规定。

4. 案例 4

(1)工程事故概述

某棉纺厂新建厂房为单层锯齿形钢筋混凝土装配式结构,南北长280.94m,东西宽174.27m,总建筑面积47080m²。南北共31跨,其中7跨柱距为8.2m,2跨柱距为8.4m,其余柱距均为8.0m,柱网横向间距为14m,厂房局部平面示意如图7-3所示。

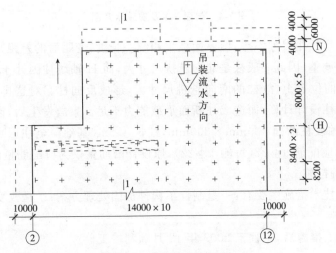

图 7-3　厂房局部平面图

该工程2002年12月开工,结构吊装采取由北向南流水施工方法,2003年7月22日,柱已吊完15排,后面跟着进行柱校正和最后固定,北第7轴线在吊装薄腹梁,北第6轴线正在自西往东吊装H轴线支风道板和天窗框,至伸缩缝处以后,中午起重机退出厂房外,工人离开现场,于13时15分突然H轴线的西部6根柱子和连接在柱上的构件全部倒塌,损坏天窗框35个,薄腹梁10榀,风道板 280 块,柱 6 根,直接经济损失 1.5 万元,但未发生伤亡事故。

(2)原因分析

事故发生后,有关部门及时进行分析,一致认为,倒塌原因是由于设计错误,柱承载能力严重不足而造成的。具体分析如下:

1)此工程柱子断面小,配筋少,设计只考虑了在柱的大、小头都加满设计荷载时满足安全要求,没有考虑仅吊装了一跨屋面板后使柱单侧承受荷载,而造成的大偏心受压的不利情况。因此,设计要求在吊装过程中,要加设临时支撑,当第二跨的屋面吊装后,第一跨的临时支撑方可拆除,如图 7-4 所示。施工单位执行了这项规定。

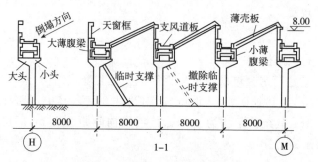

图 7-4　剖面 1-1 及安装示意图

2)该厂房柱距尺寸不等,但屋面板采用统一长度,变距后的差距是由柱顶的悬挑长度来调整,因此一般柱是北向悬挑尺寸大,而 H 轴线柱因处于柱距由 8m 改为 8.4m 的位置上,故柱的南向悬挑尺寸大,形成反向柱。对这排特殊柱,设计仍按一般柱设计计算,而造成柱断面承载能力不足。事故发生后,设计单位验算表明:H 轴线柱断面 400mm×300mm,柱长 4.6m(基础顶至柱顶),原配筋为 4ϕ18,实际应配筋 8ϕ22(每侧 4ϕ22),原设计配筋量仅为应配筋量的 23%。

(3)处理措施

采取的技术措施主要有:一是制订了构件加固处理方案;二是改变了构件吊装顺序。

采取以上措施后,工程于 2003 年 12 月顺利竣工。

5. 案例 5

(1)工程事故概述

某卷烟厂原为一幢二层现浇钢筋混凝土房屋,施工中吊装屋面板,发生加层部分连同相应的二层突然倒塌,因工人正在上班施工,有 92 人被砸在倒塌物中,结果造成 31 人死亡,4 人重伤,50 人轻伤。倒塌建筑面积达 6242m²,造成严重的经济损失。

　　(2)事故原因分析

　　1)加层前未对原厂房结构进行实物检测和验算。倒塌后验算表明：加层以后，原柱的安全度只达到设计规范规定的68％，梁的安全度不到50％(注：当时设计规范规定的安全系数为1.55，实际柱的安全系数为1.06，梁为0.7)。事后测定二层混凝土强度仅达到设计规定的66％，考虑实际强度的影响，结构安全度将进一步下降。

　　2)加层不按规定设计。加层结构除次梁外，其他均未作计算；加层结构的下节点是将插铁直接焊在次梁的负筋上，连接十分不牢固；上节点又没有相应加大刚度，致使加层结构不稳。

　　3)施工问题。施工中决定提前吊装屋面板，又无必要的措施。例如支撑屋面板的梁混凝土养护时间仅84h，3月价当地气温较低，因此新浇混凝土实际强度很低。施工中采取的措施是不拆梁的模板及顶撑，其结果是大量的结构自重和施工荷载传递到严重不安全的二层大梁，导致倒塌。

　　6. **案例6**

　　(1)工程事故概述

　　某幢住宅高26层，楼宽18.3m，长118m，楼盖为轻质混凝土C25无梁平板，厚20cm，楼梯间和电梯井四壁为普通混凝土墙，柱断面在建筑的全高中不变。2003年3月2日，施工到第24层时，大楼中央部分从上到下发生连续倒塌，紧贴倒塌部分边缘的是楼梯间与电梯井的混凝土墙。一台爬塔从顶上砸下。事故造成14人死亡，35人受伤，该高层住宅部分倒塌后形成了一个23层和另一个为24层的塔式建筑物。

　　(2)原因分析

　　根据调查，设计没有问题，造成事故的主要原因是楼板拆模过早，具体情况如下。

　　原施工组织设计规定分成四个流水段，每星期浇一层楼板，并规定在浇筑某层楼板时，除了本层的模板支撑外，并保留下面两层楼板的支撑。施工初期完全按规定进行，进展很好。但以后却对模板支撑的要求作了更改，其做法是模板支撑在7d以上龄期的下一层楼板上，下一层模板又支撑在14d以上龄期的再下一层楼板上，而此层($\geq$14d龄期)模板支撑可以拆除。这种做法不符合原设计规定，但是因没有发现任何不正常的情况，于是施工照此进行，一直做到第21层。在发生事故前的一星期，工程进度加快。倒塌前的施工情况如下：在23层楼板浇筑完后4d、22层浇筑完后10d浇筑24层楼板，此时22层下面的模板支撑已拆除；在24层楼板浇筑完后不久，拆除了23层楼板下面的部分支撑。由于当时气温较低，根据混凝土试块试压结果，其实际强度为设计值的76％，新浇筑楼板的强度不足，加上模板支撑拆除过早，而造成连续倒塌。

（3）事故的教训

1）应严格执行施工组织设计中的有关规定，需要更改时，必须有充分的依据。

2）新浇混凝土、模板支架、施工设备和施工荷重都必须被支撑在可靠的下层结构上，如支撑不足就会发生事故，而且这类事故又属于剪力破坏，事先没有预兆，危险性更大。

3）一般多层建筑施工中，浇完一层楼板后的 2d 内，不宜拆掉下二层楼板的任何支撑。何时可拆什么支撑，必须通过施工结构验算，并根据现场试块的实际强度最后确定。

4）目前多层建筑的设计中，楼板的设计强度潜力甚少，不足以作为一个缓冲层，用以承担上层楼板坠落时的冲击荷载。

7. 案例 7

（1）工程事故概述

某车间为锯齿形厂房，其平面和剖面示意图如图 7-5 所示。厂房施工进行到结构吊装完，正在南跨屋面上砌筑天窗风道墙时，A 排柱由西向东倾斜，仅 10min 南跨全倒塌。然后对未倒部分检查，发现北跨柱头牛腿处均发生裂缝，柱身倾斜。

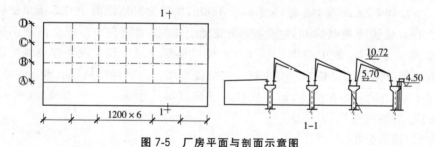

图 7-5　厂房平面与剖面示意图

（2）原因分析

1）A 排柱是偏心受压柱，其截面尺寸与中排的中心受压柱一样，事故后验算 A 排柱的实际承载能力，仅达到规范规定值的一半左右。这是倒塌的主要原因。

2）任意修改设计。如横向柱距由 7m 改大为 9m，沥青矿渣棉保温层改为蛭石、焦渣保温层等，加大了结构内力。

3）不进行地质勘察，盲目选用地基承载能力。与邻近工程比较，该工程地基承载能力取值过高，因而造成柱较快出现不均匀沉降，有的柱下沉 3cm，导致结构产生附加内力。

（3）处理方法

1）应急措施：对未倒部分柱，因已产生裂缝和倾斜变形，立即加设支撑，防止倒塌。

2)改变用途:考虑房屋处理后的使用功能和安全,将车间改为仓库。

3)南跨按改变后的用途重新设计、施工,屋盖改为平屋顶,纵、横墙均为承重墙。

4)北跨和中跨加固:屋架、柱之间加设支撑;薄腹梁下每隔 3m 加砌砖柱一根,减轻柱的荷载。

8. 案例 8

(1)工程事故概述

某高校一幢教学楼为砖墙承重的 5～7 层的混合结构,钢筋混凝土现浇楼盖。倒塌部分为 5 层,长 27m,进深 14.5m,是内部无柱的空旷建筑,作展览室和阅览室用。支撑现浇楼盖梁的砖垛(窗间墙)是砖和加芯混凝土组合柱,大梁梁垫为整块现浇混凝土与梁浇在一起,其尺寸为 200mm×740mm×1300mm。工程在完成主体结构和吊顶及部分抹灰后突然倒塌,当场压死 6 人,重伤数人,倒塌建筑面积 2000m² 左右。

(2)原因分析

1)倒塌区内,有平面呈 L 形的地下室,由此引起的地基不均匀沉降导致窗间墙较早出现了比较集中的贯通裂缝。

2)多阶砖砌体与夹心钢筋混凝土组合柱构造不合理。

①从废墟上看到,夹心柱混凝土严重脱水,质地疏松,且砖块之间的黏结力极差,界面整齐干净,说明加芯混凝土组合柱的质量和承载能力很差。

②窗间墙为偏心受压构件,将强度较高的混凝土放在截面中心,而将砌体放在截面四周是不合理的。而且在二楼外包混凝土的砖墙只有 12cm 厚,很难保证砌筑质量,容易产生与混凝土之间"两张皮"的现象,在浇筑混凝土时,还容易"鼓肚子",对墙体受力很不利,而且混凝土夹在砖墙中间,无法检查施工质量。

3)结构内力中计算存在的问题。原设计按大梁端节点弯矩为 0,即梁与窗间墙(砖垛)之间的连接按铰接进行内力计算。间墙顶部的弯矩为 RL,上层窗间墙底部的弯矩为 0。但是实际上设计把 1200mm×300mm 的现浇大梁梁端支撑在砖墙的全部厚度上,所设的梁垫长度与窗间墙全宽相等(2m),高与大梁齐高(1.2m),并与大梁现浇成整体,这种节点构造方案使大梁端部在上下窗间墙间不能自由转动,因此显然不是铰接点,而接近于刚接点。

为了验证这个问题,清华大学曾为此做结构模型试验。结果表明,大梁与窗间墙的连接是接近于刚接点的框架,而与铰接简支梁相差较远。如果将原设计计算简图的内力分析结果与按框架内力分析结果比较,下层窗间墙上端截面的弯矩与按简支梁算得的差 8 倍左右,而两种计算简图的轴力 N 却是大致相等的。因此,用框架结构(即实际情况)计算的弯矩和轴力来验算窗间墙的上、下截面的承载能力,其承载能力严重不足,因此引起房屋的倒塌。

4)砖墙砌筑质量差。窗间墙上的脚手眼堵塞不严;暖气管道孔洞削弱墙面面积过多;组合柱的夹心混凝土强度低,且未能捣实。根据当时现场检查情况,有一些组合柱倒塌坠地后,混凝土即行散落,有一些倒塌的组合柱,混凝土有酥松的蜂窝等现象。

9. 案例 9

(1)工程事故概述

施工顺序不当房屋整体倾倒上海"莲花河畔景苑"7号楼整体倾倒(如图7-6)。

图7-6 上海"莲花河畔景苑"7号楼倾倒实景

(2)原因分析

紧贴7号楼北侧,在短期内堆土过高,最高处达10米左右。与此同时,紧临大楼南侧的地下车库基坑正在开挖,开挖深度达4.6米。大楼两侧的压力差使土体产生水平位移,过大的水平力超过了桩基的抗侧能力,导致房屋倾倒(如图7-7所示)。

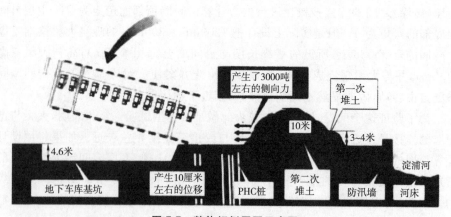

图7-7 整体倾倒原因示意图

小 结 一 下

本章主要介绍几种重要部位发生倒塌的原因分析及处理方法,通过本章的学习,让大家知其然亦知其所以然。

【知识小课堂】

墙倒屋不塌——中国古代建筑中的抗震智慧

毫无疑问,中国古代建筑在五千年博大精深的华夏文明中写下了光辉灿烂的一笔。他们外观精美,框架清晰,结构巧妙,装饰美观,内涵丰富,无论历史价值、科研价值还是艺术价值都非常高,尤其是它复杂的结构,更是显示了中国人的智慧的丰富。以柔克刚的思想,是中华民族的传统智慧。举世闻名的太极拳就是这种思想的直接产物而中国传统木结构建筑抗震防震的方法堪称"建筑版太极拳"。

与西方砖石结构建筑的"以刚克刚"不同,中国传统木结构建筑在抵抗地震冲击力时,采用的是"以柔克刚"的思维,通过种种巧妙的措施,将强大的自然破坏力消弭至最小程度。我国许多古代建筑都成功地经受过大地震的考验,如天津蓟县独乐寺观音阁、山西应县木塔等,千百年来均经历过多次地震仍然傲然屹立。当代建筑设计以抵御 9 度地震为目标,而我国传统的木结构建筑基本上能达到这个要求,而且其代价远远小于西方的"刚",不能不让人叹服"柔"的力量。

柔性的框架结构:墙倒屋不塌。中华民族不但自文明伊始就睿智地选择了木材等有机材料作为结构主材,而且发展形成了世界上历史最悠久、持续时间最长、技术成熟度最高的结构体系——柔性框架体系。我国木结构技术的发展,若仅从浙江余姚河姆渡遗址算起,迄今至少已有近 7000 年的历史。作为对比,西方数千年中一直采用承重墙体系,直到工业革命以来、近现代科学技术发展之后,才意识到框架结构的优越性,遂开始大规模地普及,更值得玩味的是,这种框架体系仍然是"以刚克刚"。而中国的传统木结构,具有框架结构的种种优越性,如"墙倒屋不塌"的功效,但其柔性的连接,又使得它具有相当的弹性和一定程度的自我恢复能力。汶川大地震中,许多文物建筑的墙体均不同程度地受损,但主体结构仍未倒塌,就是这种柔性框架结构抗震能力的表现。

整体浮筏式基础、斗栱、榫卯:抗击地震的关键。中国古代建筑一般由台基、梁架、屋顶构成,高等级的建筑在屋顶和梁柱之间还有一个斗栱层。中国古代建筑的台基用现代结构语言描述,堪称"整体浮筏式基础",好比是一艘大船载着建筑漂浮在地震形成的"惊涛骇浪"中,能够有效地避免建筑的基础被剪切破坏,减少地震波对上部建筑的冲击。中国传统建筑的梁架一般采用抬梁式构造,在构架的垂直方向上,形成下大上小的结构形状,实践证明这种构造方式具有较好的抗震性能。优雅的大屋顶是中国古代传统建筑最突出的形象特征之一,而且对提高建筑的抗震能力也做出过相当的贡献。形成大屋顶(尤其是庑殿顶、歇山顶等)需要复杂结构和大量构件,大大增加了屋顶乃至整个构架的整体性;庞大的屋顶以其自重压在柱网上,也提高了构架的稳定性。

斗栱是中国古代建筑抗震的又一位重要战士,在地震时它像汽车的减震器一样起着变形消能的作用。斗栱不但能起到"减震器"的作用,而且被各种水平构件连接起来的斗栱群能够形成一个整体性很强的"刚盘",按照"能者多劳"的原则把地震力传递给有抗震能力的柱子,大大提高了整个结构的安全性。

除了这些较显著的手法外,榫卯是古建筑抗震的关键。榫卯是极为精巧的发明,我们的祖先早在7000年前就开始使用,这种不用钉子的构件连接方式,使得中国传统的木结构成为超越了当代建筑排架、框架或者刚架的特殊柔性结构体,不但可以承受较大的荷载,而且允许产生一定的变形,在地震荷载下通过变形吸收一定的地震能量,减小结构的地震响应。又比如柱子的生起、侧脚等技法降低了建筑的重心,并使整体结构重心向内倾斜,增强了结构的稳定性;柱顶、柱脚分别与阑额、地栿以及其他的结构构件连接,使柱架层形成一个闭合的构架系统,用现代术语来说,就是形成上、下圈梁,有效地制止了柱头、柱脚的移动,增强了建筑构架的整体性。梁架系统通过阑额、由额、柱头枋、蜀柱、攀间、搭牵、梁、檩、椽等诸多构件强化了联系,显著增强了结构的整体性;柱子与柱础的结合方式能显著地减少柱底与柱础顶面之间的摩擦,进而有效地产生隔震作用;诸如此类,举不胜举,大到建筑群体的布局处理,小到构件断面的尺寸设计,处处都展示出古代工匠们在抗震设计方面的知识和匠心。

中国古代建筑抗震能力的杰出代表:

山西应县佛宫寺释迦塔(应县木塔)及其细部构造

在近千年前我们的祖先就能建造出如此庄严美丽而坚固耐久的建筑,充分显示出当时的匠人对数学、力学、材料学、结构学的研究已经相当深入,而且对地震的破坏机理已有了相当的了解,抗震经验已积累到了很高的水平,既令人惊奇,也令人自豪。

第八章　防水工程事故分析及处理

第一节　屋面防水工程的质量事故

一、卷材防水屋面渗漏

1. 卷材防水层鼓泡

（1）事故现象

卷材防水层鼓泡，一般在施工后不久产生，尤其在高温季节施工更容易发生。鼓泡一般由小到大，逐渐发展。鼓泡的直径由数十毫米至数百毫米不等，大小鼓泡还可能串联成片。将鼓泡割开后，可见鼓泡内呈蜂窝状，玛脂被拉成薄壁，鼓泡越大，蜂窝壁越高，甚至被拉断，在蜂窝孔的基层上可见小白点和冷凝水珠（图 8-1）。

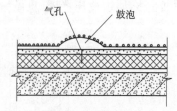

图 8-1　防水层鼓泡

卷材防水层鼓泡，虽不会使屋面立即发生渗漏，但鼓泡会使防水层过度拉伸疲劳，保护层脱落，加速防水层老化，有可能导致防水层破裂而造成屋面渗漏。

（2）原因分析

产生鼓泡的原因主要是基层（找平层、保温层）含水率过高而引起的。另外，沥青胶结材料熬制时脱水不够充分、卷材受潮、铺贴卷材时与基层黏结不实、裹入空气等，也是引起卷材防水层鼓泡的原因。

（3）处理方法

应根据鼓泡的大小以及严重程度，采用不同的办法，具体处理方法如下：

1）抽气灌油法

①适用范围：直径 100mm 以下的中、小鼓泡。

②具体作法：在鼓泡两边钻小孔，一孔用针筒抽出鼓泡内的空气，另一孔用针筒注入胶粘剂，然后用力滚压，与基层粘牢，针孔处用密封材料封严。

2）切开黏结法

①适用范围：直径 100～300mm 的鼓泡。

②具体作法:先铲出鼓泡处绿豆砂,然后用刀将鼓泡十字形切开,擦干水汽,清除鼓泡内旧玛脂,用喷灯烘干内部。如图 8-2 所示,按图中 1～3 的顺序,将切开的旧油毡分片重新用玛脂粘贴好,然后在开刀处新粘贴一方形油毡 4,压入油毡 5 下,最后粘贴好油毡 5。四边搭接处用铁烫斗加热压密平整后,重做绿豆砂保护层。

图 8-2　切开黏结法

3)割补法

①适用范围:直径大于 300mm 的鼓泡。

②具体作法:用刀将鼓泡油毡割除,清理基层,用喷灯烘烤油毡茬口,并分层剥开,清除旧玛脂后,如图 8-3 所示。依次粘贴好油毡 1～3,上铺一层新油毡,然后粘贴上旧油毡 4,依次粘贴好旧油毡 5～7,上面覆盖第二层新铺油毡,最后粘贴油毡 8,周边烫压严密,重做绿豆砂保护层。

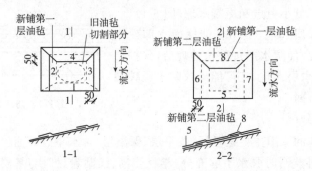

图 8-3　割补法

2. 卷材防水层开裂

(1)事故现象

卷材防水层开裂的形式可分为轴裂和无规则裂缝两种,轴裂多发生于装配式结构沿轴线方向的屋面上,横向开裂的位置往往是正对屋面板支座的上部,这类裂缝一般在屋面完工后 1～4 年的冬季出现,开始出现时细如发丝,以后逐渐加剧,甚至达数十毫米宽,卷材被拉断后,造成屋面渗漏。无规则缝的位置、形状、长度各不相同,出现时间也无规律。

（2）原因分析

1）产生轴裂的原因

①温度冷热变化，使屋面板发生胀缩变形；

②屋面板在结构允许范围内的挠曲变形，引起板端的角变位；

③混凝土屋面板本身的干缩；

④结构下沉引起屋面变形；

⑤起重机等振动引起的屋面变形。

2）产生无规则裂缝的原因

①找平层强度低、质量差；

②屋面面积较大，分格缝设置不合理；

③水泥砂浆找平层干缩开裂；

④女儿墙与屋面交接处、穿过防水层的管道周围等部位，因温度变化影响和混凝土、砂浆干缩变形，产生通缝或环向裂纹；

⑤防水层老化、脆裂。

（3）处理方法

防水层开裂的处理方法，应根据裂缝的性质、部位，具体处理方法如下：

1）盖缝条补缝法

①适用范围：垂直于屋脊的横向轴裂，但不适于积灰严重扫灰频繁的屋面。

②具体作法：沿裂缝宽 350mm 范围内清理屋面。在裂缝中灌入热玛蹄脂或嵌入密封材料，然后用玛蹄脂粘贴 Ω 形卷材盖缝条，并将粘贴部位粘牢、压平、封边，盖缝条上做绿豆砂保护层。例如，盖缝条修补法曾在哈尔滨电机厂屋面修补中采用，效果良好。

2）干铺卷材条法

①适用范围：垂直或平行屋脊的轴裂。

②具体作法：沿裂缝宽 450～500mm 范围内清理屋面。在裂缝内灌入热玛蹄脂或嵌入密封材料，再在裂缝上单边点贴一层 250～300mm 宽的卷材干铺条，条上用热玛蹄脂铺贴 450mm 宽的一毡一油一砂。例如，干铺卷材条法在北京重型电机厂使用，有较好的防裂效果。

3）密封材料补缝法

①适用范围：适用于无规则的裂缝处理。

②具体作法：先切除裂缝两边各 50mm 宽的卷材和找平层，深度不小于 30mm，然后热灌聚氯乙烯胶泥至高出屋面 3mm 以上。例如，沈阳重型机械厂修补屋面防水层裂缝，普遍采用了聚氯乙烯胶泥补缝法，使用多年，有一定的效果。

3. 卷材防水层流淌

(1)事故现象

屋面石油沥青防水层发生流淌,一般出现在表层油毡,并在屋面完工后第一个高温季节出现。按油毡流淌的面积和长度不同,分为严重流淌、中等流淌、轻度流淌三种(见表 8-1)。

表 8-1　卷材防水层流淌分类

项目	轻度流淌	中等流淌	严重流淌
特征	流淌面积占屋面 20%以下,流淌长度约 20～30mm,在屋面坡脚处有轻微皱折现象	流淌面积占屋面面积20%～50%,大部分流淌长度在油毡搭接长度范围之内,屋面有轻微皱折,天沟油毡脱空耸肩	流淌面积占屋面面积 50%以上,大部分流淌长度超过油毡搭接长度,屋面油毡大多皱折成团,垂直面油毡已拉开、脱空,已出现渗漏现象
处理要求	一般不需修理	可进行局部修理	性质严重,非局部修理所能解决,需拆出重铺

(2)原因分析

1)玛蹄脂的耐热度偏低。

2)使用了未加任何脱蜡处理的高蜡沥青。

3)屋面坡度大,而采用了平行屋脊的铺贴方法。

4)滑石粉掺和料过多或玛蹄脂胶结层过厚,如超过 2mm。

(3)处理方法

对于屋面油毡防水层轻微流淌只要不漏水可不进行处理,如为严重流淌,应拆除重新铺贴。对于中等流淌的处理方法有以下几种。

1)切割修理法

①适用范围:用于天沟油毡耸肩脱空,以及转角油毡拉开脱空。

②具体作法:清除绿豆砂,将脱空油毡切开,刮除下部旧玛蹄脂,待内部冷凝水汽晒干后,将下部已脱开的油毡用玛蹄脂粘牢,加铺一层油毡后,再将上部油毡封严压平,上面做绿豆砂保护层。

2)切割重铺法

①适用范围:天沟处油毡皱折成团,需切除重铺。

②具体作法:切除皱折成团的表层油毡,重新铺设一层或几层油毡,并与原有油毡顺水流方向搭接,并做绿豆砂保护层。

3)栽钉法

①适用范围:用于油毡防水层施工后不久,油毡有下滑趋势时。

②具体作法:在下滑油毡上部,距屋脊300~450mm范围内,栽钉三排50m圆钉,钉距20mm,行距150mm,钉眼上灌玛蹄脂封闭。

4.卷材防水层剥离

(1)事故现象

大面积上或有压埋保护层的防水层与基层脱开,出现剥离,虽不影响防水功能,但对坡度较大的屋面及立面部位、屋面四周及檐口收头等部位,如防水层发生了剥离现象,则会影响防水质量。

(2)原因分析

1)找平层质量低劣,酥松、起皮、起砂。

2)找平层干燥状态不好。

3)基层表面未清扫干净,有尘土等杂物形成隔离层。

4)基层表面有较大的凹凸不平,防水层黏结不实而剥离。

5)玛蹄脂使用时温度过低,导致卷材黏结不牢而剥离。

6)卷材厚度较厚,质地较硬,在复杂基层上粘贴不平服,也会使防水层剥离。

7)卷材铺贴质量不好,铺贴方法不当,周边粘贴不实而出现剥离。

(3)处理方法

防水层出现剥离,可按以下几种方法进行处理。

1)切开处理法

①适用范围:在较小的屋面范围内。

②具体作法:切开防水层,清扫找平层,并使其干燥,涂刷胶粘剂重新粘铺,并在切口缝上覆盖宽300mm的卷材条,粘贴牢固。

2)机械固定法

①适用范围:在大坡面或立面上,切开掀起防水层有困难时采用。

②具体作法:用带垫圈的钉子或压条钉压,钉距不大于900mm,钉子上端用热玛蹄脂封严。

3)搭茬处理法

①适用范围:适用于屋面与立墙交接处。

②具体作法:把防水层切开后,将立面卷材翻起,清扫找平层,满粘法铺贴一层卷材,并与平面防水卷材压茬黏结。再将立面防水层翻下重新粘贴,卷材的搭

接宽度不应小于 150mm。

5. 卷材防水层脱缝

（1）事故现象

对于合成高分子卷材屋面，在卷材与卷材的搭接缝处，出现开胶脱缝情况较为普遍。屋面雨水沿搭接缝的开胶脱缝处浸入找平层，导致屋面渗漏。

（2）原因分析

1）胶粘剂选用不当，黏结力差。

2）施工操作不认真，胶粘剂涂刷不均匀或漏涂。

3）卷材搭接面处理不干净。

4）卷材间空气排除不净，滚压不实。

5）涂刷胶粘剂后，粘贴间隔时间掌握不好。

6）所用胶粘剂耐水浸泡性差，屋面有积水浸泡防水层，使黏结强度降低而开缝。

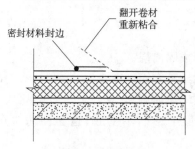

图 8-4　搭接缝黏合

7）一些合成高分子卷材在高温状况下变形较大，如果接缝黏合不牢，也会将搭接缝拉开。

（3）处理方法

翻开脱胶开口的搭接缝卷材，将卷材的结合面用溶剂清洗干净，选用与卷材配套的胶粘剂重新黏合，黏合后及时滚压密实，并在接口处用密封材料封边（图 8-4）。

6. 山墙、女儿墙部位漏水

（1）事故现象

在山墙、女儿墙等部位的卷材收头开口或脱落、压顶板或挑眉砖抹面开裂和剥落、立墙与屋面连接处防水层开裂，致使雨水沿裂缝部位抄防水层后路进入室内，造成渗漏，如图 8-5 和图 8-6 所示。

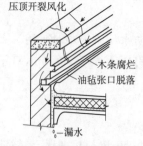

图 8-5　压顶、挑眉砖抹面开裂

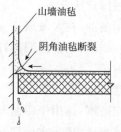

图 8-6　立墙与屋面连接处防水层开裂

（2）原因分析

1）卷材收头未钉牢、封严，风吹日晒而开口、剥落。

2）女儿墙压顶、挑眉砖砂浆抹面因温度变化、砂浆收缩、冻融交替循环，砂浆开裂，雨水沿裂缝渗入墙体。

3）干湿交替使预埋木砖腐烂，铁钉锈蚀，形成渗水通路，雨水流经灰缝中砂浆不饱满的砌体进入室内，造成渗漏。

4）屋面与立墙交接处因结构变形、温度影响而使转角处开裂，将防水层拉断。

（3）处理方法

建筑物的山墙、女儿墙部位渗漏比较普遍，造成渗漏的原因各不相同，因此，应针对造成渗漏的具体情况，确定处理方案，方可取得好的效果。一般常见的处理方法如下。

1）加固处理法

①适用范围：卷材收头局部开口脱落。

②具体作法：清除卷材开口脱落处的旧玛蹄脂，烘烤干基层，重新钉上防腐木条，再将旧卷材粘贴钉牢，再在立面覆盖一层新卷材，收口处用密封材料封严。

2）密封墙体法

①适用范围：较低女儿墙的压顶、挑眉砖的砂浆抹面开裂、剥落。

②具体作法：将压顶拆去，凿平已开裂剥落的挑眉砖，用水泥砂浆将立面及顶面抹平，铺贴立面卷材至墙顶 1/3 宽处，密封墙体，再放上预制压顶，压顶上作防水处理。

3）增铺附加层法

①适用范围：泛水处卷材开裂或局部损坏。

②具体作法：将转角处开裂的卷材割开，烘烤后将旧卷材分层剥离，清除旧玛蹄脂，将转角抹成圆弧形，然后干铺一层卷材附加层，再用搭茬法将新旧卷材咬口搭接。

7. 防水层破损

（1）事故现象

在卷材防水层施工中或施工完后，以及在使用过程中，由于一些人为的因素，使防水层局部遭到破坏，从而导致屋面渗漏。

（2）原因分析

1）在进行卷材防水层施工时，对于厚度较薄的合成高分子卷材，常因基层清理不干净，夹带砂粒或石屑，铺贴防水卷材后，在滚压或操作人员行走时，碰到下部硬点尖棱将卷材扎破。

2)操作人员穿带钉的硬底鞋,在铺好的卷材屋面上行走、作业,易将卷材刺穿。

3)在卷材防水层施工完后,在上面行走运输车辆、搭设脚手架、搅拌砂浆和混凝土、堆放脚手工具或砖等材料,将防水层损坏。

4)在防水层上铺设刚性保护层、施工架空隔热层,以及工具不慎掉落等,将防水层局部损坏。

（3）处理方法

发现卷材防水层被刺穿、扎破,应立即修补,以免在扎破处出现渗漏。修补工作应视破损情况损坏面积而定,一般采用同样材料在上部覆盖粘贴。如果破坏面积较大,则应铲出破损部分,重新修补。

8. 天沟排水不畅或积水

（1）事故现象

对于有组织排水的屋面,有的天沟排水不畅,甚至严重积水。沟底卷材长时期受水浸泡,对合成高分子卷材,会降低接缝胶粘剂的黏结强度,出现开胶张口,导致天沟渗漏;石油沥青卷材长期受水浸泡,也容易使卷材腐烂,造成天沟渗漏。

（2）原因分析

1)天沟纵坡小于5‰,甚至出现倒坡。

2)施工操作马虎,出水口高于沟底,无法将沟中水排净。

3)管理不善,天沟水落管被堵塞。

（3）处理方法

1)天沟倒坡。应在天沟内拉线找出坡度,在沟底铺抹聚合物砂浆或热沥青砂浆,并按坡度线抹出纵坡。

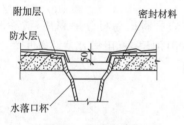

图8-7 直式水落口

2)出水口过高。应将出水口凿开,将水落口杯的标高降低至沟底最低标高以下20mm,四周用密封材料嵌填封严后,增铺一层附加层,再将上部防水层做好,防水层伸入杯口内不应少于50mm(图8-7)。

3)如系天沟或水落管堵塞,应清理杂物,进行疏通,保证排水通畅。

9. 女儿墙、山墙推裂

（1）事故现象

建筑物完工经1～2年后,在山墙或女儿墙与屋面交接的水平位置,出现横向裂缝,山墙或女儿墙有明显的向外位移,尤其在建筑物两端的女儿墙更为严重。下大雨时,雨水常沿墙面裂缝渗入室内,造成渗漏。

（2）原因分析

主要是屋面结构与女儿墙或山墙间未留空隙，在高温季节太阳曝晒时，屋面结构膨胀，顶推女儿墙或山墙，导致水平位移而出现横向裂缝。或者是刚性防水层、刚性保护层、架空隔热板与山墙、女儿墙间未留空隙，受温度影响膨胀，推裂女儿墙或山墙（图 8-8）。

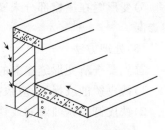

图 8-8　女儿墙被推裂

（3）处理方法

如横向推裂过大，应拆除山墙、女儿墙重新砌筑，并使其与板间留出一定宽度的缝隙，并嵌填柔性密封材料。如果墙体裂缝已趋稳定，且不影响使用安全时，外墙裂缝可采用与墙面同色或白色聚氨酯涂料或有机硅涂料涂刷。如裂缝较宽，应先用白水泥或掺入与墙面颜色一致的颜料将裂缝嵌填勾严，然后再涂刷上述涂料。

10. 块体保护层拱起

（1）事故现象

采用刚性块状材料作保护层的屋面，局部拱起，影响使用，且易导致破坏防水层，造成屋面渗漏。

（2）原因分析

大面积屋面的刚性块状面层，四周铺至紧贴墙体，中间又未按规定留设分格缝，由于温度升高，块材膨胀，使屋面中部的块材拱起，尤其是在低温时铺设的屋面块体保护层，块体缝隙用水泥砂浆填勾密实时更为严重。

（3）处理方法

拆除已拱起的松动块材，重新坐浆铺好，并将其中一块切割，作为留设分格缝的宽度，四周靠女儿墙的块材可取下重做，并与女儿墙间留出 20mm 以上的宽度，缝中嵌填密封材料。

11. 变形缝漏水

（1）事故现象

屋面上的伸缩缝、沉降缝，是屋面上发生变形的敏感部位，其渗漏表现为雨水由缝中渗入墙体，洇湿墙面。

（2）原因分析

1）屋面变形缝上面未按规定铺设卷材。

2）铁皮突棱安反，铁皮中部积水。

3）铁皮没有按顺水流方向搭接。

4）铁皮锈蚀损坏或已被风掀起。

5）变形缝在屋檐部分未断开，当变形缝发生变形时，将该处防水层拉裂，造成渗漏。

（3）处理方法

首先要查清变形缝渗漏的原因，然后针对性进行处理。

1）铁皮锈蚀或损坏，应根据损坏情况进行局部或全部更换。

2）铁皮钉眼锈蚀渗漏或铁皮已被风掀起，应根据情况整修挡墙，更换挡墙上已腐朽的木砖，并重新砌筑牢固，铁皮重新用钉固定，钉眼处用密封材料密封。

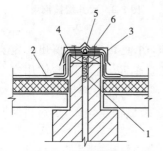

3）当原变形缝上无卷材时，应在变形缝内填塞沥青麻刀，用两层卷材严密覆盖，具体做法如图 8-9 所示。

4）修理安装铁皮时，要注意顺流水方向搭接，并钉设牢固。

图 8-9　变形缝大样

1-沥青麻刀；2-防水层；
3-铁皮压顶；4-卷材；
5-衬垫材料；6-圆钉

12. 檐口爬水、尿墙

（1）事故现象

一些工业厂房的天窗以及无组织排水屋面的檐口，在雨天中出现爬水、尿墙，使墙体洇湿。

（2）原因分析

1）空心板伸出外墙做挑檐，由于檐口抹灰开裂，雨水沿裂缝渗入板缝和墙体内，出现爬水、尿墙，如图 8-10 所示。

2）出檐太短且又未做鹰嘴和滴水槽，雨水沿檐口流入墙体，出现爬水、尿墙，如图 8-11 所示。

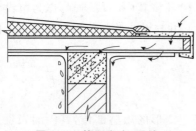

图 8-10　檐口爬水、尿墙

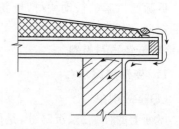

图 8-11　出檐太短，爬水、尿墙

3）檐口防水层未钉压牢靠，在日晒、雨淋及风力作用下，卷材翘边张口，雨水沿缝口渗入板和墙体内，出现渗漏、尿墙，如图 8-12 所示。

（3）处理方法

1）空心板伸出墙面的檐口产生爬水、尿墙时，可在防水层边至檐口边的抹灰层上涂刷防水涂料。当用高聚物改性沥青防水涂料时，厚度不小于 3mm；当用合成高分子防水涂料时,厚度不小于2mm,如图8-13所示。

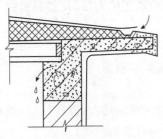

图8-12　卷材翘边、张口

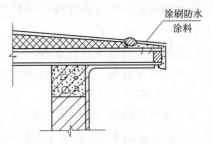

图8-13　檐口涂刷防水涂料

2)如出檐较短且未做鹰嘴和滴水槽,可将檐口处的抹灰层铲除,用水泥砂浆重新抹出鹰嘴和滴水槽,如图8-14所示。

3)檐口防水层翘边张口,应先用玛蹄脂将翘边处的卷材压入凹槽内粘牢,再用水泥钉加垫片钉入混凝土中固定,最后用密封材料封严。

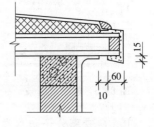

图8-14　做鹰嘴、滴水槽

13. 卷材屋面大面积积水

(1)事故现象

当下过雨后,在一些平屋顶的卷材屋面上,出现一片一片的低洼积水,长期不能排走,容易造成防水层腐烂,最后导致屋面渗漏。

(2)原因分析

主要是保温层铺设不平整,尤其是找平层施工时未按规定进行贴饼、挂线、冲筋,造成找平层表面凸凹不平,致使卷材防水层铺贴后也出现表面不平整。

(3)处理方法

对于平屋顶严重积水或已经出现防水层腐朽,则应撕去该部分卷材,露出原有找平层,补抹水泥砂浆至平整后,再用相同种类的卷材铺贴严密,注意新旧卷材要采用叉接法搭接,接缝应顺水流方向;如是少量积水,也可直接在防水层上用沥青砂浆填补平整。

14. 搭接缝过窄或黏结不牢

(1)事故现象

用高聚物改性沥青卷材做屋面防水层时,一般均为单层铺贴,所以卷材之间的搭接缝是防水的薄弱环节。如搭接缝宽度过小(满粘法小于80mm;空铺、点粘、条粘小于100mm),或者接缝黏结不牢,就易出现开口翘边,导致屋面渗漏。

(2)原因分析

1)采用热熔法铺贴高聚物改性沥青防水卷材时,未事先在找平层上弹出控制线,致使搭接缝宽窄不一。

2)热熔粘贴时未将搭接缝处的铝箔烧净,铝箔成了隔离层,使卷材搭接缝黏结不牢。

3)粘贴搭接缝时未进行认真的排气、碾压。

4)未按规范规定对每幅卷材的搭接缝口用密封材料封严。

(3)处理方法

当发现高聚物改性沥青卷材防水层的搭接缝未粘贴结实,已经张口,或用手就可轻轻沿搭接缝撕开,最简单的处理方法就是卷材条盖缝法。

具体做法是沿搭接缝每边 15cm 范围内,用喷灯等工具将卷材上面自带的保护层(铝箔、PE 膜等)烧尽,然后在上面粘贴一条宽 30cm 的同类卷材,分中压贴,如图 8-15 所示。每条盖缝卷材在一定长度内(约 20m),应在端头留出宽约 10cm 的缺口,以便由此口排出屋面上的积水。

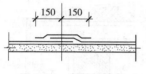

图 8-15 卷材盖缝条

15. 合成高分子防水卷材黏结不牢

(1)事故现象

合成高分子屋面防水层出现卷材与基层黏结不牢或没有黏结住,严重时可能被大风掀起。或者卷材与卷材的搭边部分出现脱胶开缝,成为渗水通道,导致屋面渗漏。

(2)原因分析

1)卷材与基层、卷材与卷材间的胶粘剂品种选材不当,材性不相容。

2)铺设卷材时的基层含水率过高。

3)找平层强度过低或表面有油污、浮皮或起砂。

4)卷材搭接缝未清洗干净。

5)胶粘剂涂刷过厚或未等溶剂挥发就进行了黏合。

6)未认真进行排气、辊压。

(3)处理方法

应针对不同的情况,选用不同的处理方法如下:

1)周边加固法

①适用范围:卷材与基层部分脱开,防水层四周与基层黏结较差。

②具体做法:将防水层四周 800mm 范围内及节点处的卷材掀起,清洗干净后,重新涂刷配套的胶粘剂黏合缝口,用密封材料封严,宽 10mm。

2)栽钉处理法

①适用范围:基层强度过低或表面起砂掉皮,有被大风掀起的可能。

②具体做法：除按上述方法处理外，每隔 500mm 用水泥钉加垫片由防水层上钉入找平层中，钉帽用材性相容的密封材料封严。

3）搭接缝密封法

①适用范围：防水层上的卷材搭接缝脱胶开口。

②具体做法：将脱开的卷材翻起，清洗干净，用配套的卷材与卷材胶粘剂重新涂刷，溶剂挥发后进行黏合、排气、辊压，并用材性相容的密封材料封边，宽度为 10mm。

16. 合成高分子卷材防水层破损

（1）事故现象

合成高分子防水卷材厚度均较薄，易被扎破形成孔洞，或被划破、撕裂、烧伤等人为的破坏。由于防水层局部破坏，雨水从破坏处渗入找平层及保温层中，导致屋面渗漏。

（2）原因分析

1）基层表面有残留砂浆、石屑等杂物未清理干净，铺上卷材后被脚踩踏，易将卷材扎破。

2）防水层完工后，又在上面进行其他施工作业，且不注意成品保护。

3）建筑物使用过程中，随意在屋面上增加设施，破坏了防水层。

4）非上人屋面随意上人玩耍或堆放杂物，或饲养家禽，将屋面损坏。

（3）处理方法

1）如为扎破的小孔洞，可将孔洞周围清洗干净，用相同种类的合成高分子卷材和配套胶粘剂粘贴修补，四周再用材性相容的密封材料封严。

2）如为划破或撕开，可沿撕裂部位重新涂刷胶粘剂与基层粘牢，缝口上面加铺一条宽 200mm 的相同种类卷材，四周用材性相容的密封材料封严，宽 10mm。

3）如为成片损坏时，则应按照损坏部位面积大小，清理干净后重新铺贴相同种类的卷材，并注意新旧卷材的接槎宽度不小于 100mm，且应顺水流方向，四周用材性相容的密封材料封严，宽 10mm。

二、涂膜防水屋面渗漏

1. 涂膜防水层气泡

（1）事故现象

涂膜防水层施工完后，在一些薄质防水层上出现气泡。尤其是当涂膜厚度小于 0.5mm，也就是小于气泡半径时，防水涂膜在干燥过程中，气泡在表面自行破裂，使涂膜层上形成一些孔眼，从而影响涂膜的封闭和完整性，导致渗漏。

（2）原因分析

一些水乳型防水涂料在倾倒、搅拌及涂刷过程中,常常会裹入一些微小气泡,当这些气泡随涂料涂布后,在干燥过程中会自行破裂,在防水层上形成无数的针眼,严重时就会出现屋面渗漏。

（3）处理方法

应根据所用涂料的品种,提前做好准备,待涂料中气泡消除后,在已有气泡的防水层上再涂刷一次涂料,要按单方向涂刷,不要来回涂刷,避免产生小气泡,总厚度要控制在 2mm 以上。

2. 涂膜防水层开裂

（1）事故现象

涂膜防水层施工完后,多见于在屋面板的支座上部开始出现沿轴线方向的细小裂缝,随着时间的延长,裂缝逐渐加大,涂膜防水层断裂,雨水沿裂缝渗入保温层而使屋面漏水。

（2）原因分析

屋面基层变形较大,特别是在南方沿海一带,由于软土地基不均匀下沉,引起屋面变形,防水层开裂。另外,涂膜防水层厚度较薄,所选用的防水涂料延伸率和抗裂性较差,也会因为气温变化、构件胀缩、找平层开裂而将涂料防水层拉裂。

（3）处理方法

对于在涂膜防水层上出现的轴向裂缝,可先用密封材料嵌填缝隙,再将裂缝两侧的涂膜表面清洗干净,干铺一层宽为 200mm 的胎体增强材料,在胎体增强材料上涂刷同类型的涂料两遍,然后再按原来涂膜防水层的做法进行涂刷（或加筋涂刷）,宽度以 300mm 为宜。在新加的这层涂膜条两侧搭接缝处,可用涂料进行多遍涂刷,将缝口封严（图 8-16）。

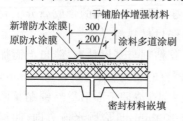

图 8-16 轴向裂缝处理

3. 涂膜防水层鼓泡

（1）事故现象

因基层或施工中滞留在涂膜防水层下的水分,在温度作用下蒸发膨胀,造成涂膜防水层鼓泡,这种鼓泡直径小的仅有十几毫米,大的可达几百毫米,鼓泡可随气温的降低而消失,由于鼓泡的往复变化,涂膜防水层被拉伸变薄,容易使涂膜老化,并使其破坏而出现屋面渗漏。

（2）原因分析

1)找平层含水率过高。尤其在夏季高温条件下施工时,涂层表面干燥结膜快,找平层中的水分受热蒸发,当涂膜与基层还没有黏结牢固时即造成鼓泡。

2)冬季低温施工,涂膜表干后没有实干就涂刷下一遍涂料,在高温季节就容易出现鼓泡。

3)每道涂料涂刷太厚,表层干燥结膜,而内部水分不能溢出,也容易出现鼓泡。

（3）处理方法

当涂膜防水层上的鼓泡较小,且数量很少,不会影响防水质量时可以不作处理。对于一些中、小型鼓泡,可用针刺法将鼓泡内的气体放出,再用防水涂料将针孔封严。如果鼓泡直径较大,则应将其切开,在找平层上重新涂刷涂料,新旧涂膜搭接处应增铺胎体增强材料,并用涂料多道涂刷封严(图8-17)。

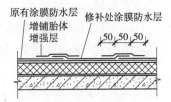

图 8-17　新旧涂膜搭接处处理

4. 涂膜防水层露筋

（1）事故现象

涂膜屋面露筋多发生于用玻璃丝布做胎体增强材料的涂膜防水层。露筋处涂膜中的玻璃丝布呈条带状突棱,露出白茬和网眼,雨水由网眼进入屋面保温层,使屋面出现渗漏。

（2）原因分析

1)用玻璃丝布做屋面的胎体增强材料,虽然抗拉强度高,但柔韧性较差,对温度的影响较敏感,不能适应季节和昼夜剧烈温差引起基层的变形。温度稍有变化,如曝晒后突然下雨,温度骤降,就常可看到明显的突棱,这些突棱部分,经常受拉伸、压缩的疲劳作用,防水涂膜老化、变脆、脱落而露出玻璃丝布的网眼。

2)涂膜屋面施工时,玻璃丝布未铺贴平整。

3)涂膜层厚度过薄。

（3）处理方法

对于露筋不严重,尚未造成渗漏的涂膜屋面,可在露筋部位多遍涂刷同类防水涂料,将外露的孔眼全部封闭,并形成一定的厚度即可。如露筋比较严重,并已造成渗漏时,应将露筋部分沿突棱剪开,在剪开部分重新铺贴聚酯胎的增强材料,再用同类防水涂料多遍涂刷至屋面涂膜防水层要求的厚度。

5. 屋面积水

（1）事故现象

涂膜屋面积水,对水乳型的防水涂料有"再乳化"的作用,涂膜浸水时间过长,虽然肉眼看不出明显的再乳化现象,但是会导致涂膜层原有的结构变松,空隙增大,当屋面承受外荷载或略有变形时,涂膜极容易产生微裂。尤其是排水沟长期受水冲刷,易使涂膜再乳化,增大吸水率,影响了防水涂料与玻璃丝布的黏结性,造成涂料部分剥落,而使屋面渗漏。

(2)原因分析

1)平屋面坡度过小。

2)找平层不平,局部低凹。

3)天沟排水纵坡过小,甚至出现反坡。

4)出水口过高,屋面雨水不能顺利地流入出水口。

5)水落管、水漏斗堵塞,排水系统不畅通。

(3)处理方法

首先要找出屋面积水的主要原因,如系天沟、水落管等排水系统堵塞,只需及时疏通排水系统即可。如系天沟纵坡过小或倒坡,可在天沟内拉线找好坡度,然后用沥青砂浆或聚合物砂浆铺填找坡,上面再作一道涂膜防水层。如系找平层局部低凹不平,可用聚合物砂浆找平后,上面再做一道涂膜防水层。

6. 屋面节点渗漏

(1)事故现象

用密封材料嵌填缝隙,是涂膜防水屋面的一道主要工序,也可视为是屋面的一道防水设防。有一些涂膜防水屋面,大面积的涂膜没有出质量问题,而往往由于屋面节点的各种接缝质量不好,下雨时雨水沿接缝处渗入室内,造成渗漏。

(2)原因分析

1)接缝侧壁基层酥松,强度过低,黏结不牢。

2)缝壁处理不干净,未涂刷基层处理剂,或涂刷基层处理剂后较长时间未嵌填密封材料,致使风沙尘土将缝壁基层污染,影响了密封材料与基层的黏结,而易剥离开缝。

3)密封材料的下部缝中未填背衬材料,上部未做保护层。

4)分次嵌填时,在填缝的密封材料中裹入空气,出现孔隙。

5)密封材料品种选用不当,质量不合格。

(3)处理方法

1)涂盖法。如节点接缝完好,仅个别地方有渗漏时,可在接缝上部铺设一条$100\sim150$mm 宽的胎体增强材料,用与屋面涂膜相同的防水涂料涂刷数遍即可。

2)更换法。如节点渗漏严重,接缝密封防水处理已失败,就应仔细将节点部位的涂膜防水层切开,将原来嵌缝的密封材料取出,并将缝内残留物清洗干净,干燥后再按照规范要求,在缝中填入背衬材料后,重新嵌填密封材料。

7. 涂膜收头脱开

(1)事故现象

无组织排水屋面的檐口部位,涂膜防水层张口脱开,雨水沿张口处进入檐口下部,造成渗漏(图 8-18)。在泛水立墙部分,涂膜收头张口,甚至脱落,尤其是加筋的高聚物改性沥青防水涂膜,更容易出现此问题,雨水沿开口处的女儿墙进入室内,造成渗漏(图 8-19)。

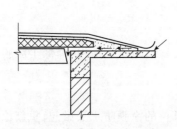

图 8-18　涂膜防水层张口脱开

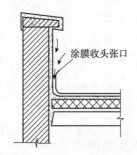

图 8-19　立墙与涂膜收头张口

(2)原因分析

1)使用了质量不合格的涂料,黏结力过低。

2)收头部位的基层处理不干净,或未涂刷基层处理剂。

3)基层含水率过大。

4)基层质量不好,酥松、起皮、起砂。

由于上述原因,涂膜防水层的收头与基层的黏结强度降低,在长期风吹日晒下,就会出现翘边、张口。

(3)处理方法

将翘边张口部分的涂膜撕开,将基层清理干净,涂刷基层处理剂,然后用同类材料将翘边部位的涂膜粘贴上,加压条用钉固定,然后再在压条上铺贴150~200mm 宽的胎体增强材料,多遍涂刷防水涂料,将收头部分封严(图 8-20 和图 8-21)。

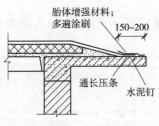

图 8-20　檐口涂膜张口处理

图 8-21　立墙上涂膜张口处理

8. 涂膜防水层黏结不牢

（1）事故现象

涂膜防水层完工后，与找平层黏结不牢，防水层与基层脱开，尤其是边沿部分黏结不牢。在风吹、日晒条件下张口、开缝，成为渗水通道，造成屋面渗漏。

（2）原因分析

1）合成高分子涂膜防水层施工时基层含水率过大，水分或溶剂蒸发缓慢，影响胶粒分子链的热运动，影响防水层成膜和黏结。

2）基层表面不清洁、不平整，或起砂、掉皮。

3）防水涂膜施工时突然遇雨。

4）在基层上过早涂刷涂料，破坏了水泥砂浆的原生结构，降低了涂膜与砂浆间的黏结力。

（3）处理方法

将屋面四周宽800mm范围内和节点部位的涂膜防水层掀起，重新涂刷相同种类的防水涂料，将防水层粘牢，每1000mm间距用水泥钉加垫片钉牢，钉帽处用密封材料封闭。

在大风地区，为避免防水层因黏结不牢而被风掀起，可在防水层上相距一定距离用水泥钉加垫片钉牢，钉帽用密封材料封闭后，再在原防水层上面涂刷一层相同种类的防水涂膜。

9. 涂膜防水层老化

（1）事故现象

涂膜防水层在使用后较短时间内就变脆，失去柔韧性，或者在防水层表面出现不规则的裂纹、粉化、脱落，使防水功能降低，出现屋面渗漏。

（2）原因分析

1）使用了已变质的防水涂料。

2）防水层涂膜厚度过薄。

3）防水涂料材质低劣，达不到国家规定的质量标准。

（3）处理方法

涂膜防水层老化，已失去了防水功能，因此应将其清除干净，重新涂刷涂膜防水层。

10. 涂膜防水层破损

（1）事故现象

涂膜防水层的厚度较薄，极容易被扎破，或在施工时被踩踏坏，造成屋面渗漏。

（2）原因分析

1）施工时涂膜尚未干燥，受到雨水冲刷，使防水层遭到破坏。

2）防水层做完后未很好保护，又上人去做其他工序的作业，而使防水层损坏。

3）非上人屋面在使用过程中，上人去玩耍，或堆放杂物、饲养家禽，使防水层遭到破坏。

（3）处理方法

1）局部损坏处理：在已破损的防水层上先清除浮砂杂物，同时裁剪玻璃丝布一块，周边比破损范围大出 80mm，用相同种类的涂料将玻璃丝布铺贴平整，最后在表面上再涂刷一层涂料，随涂随洒保护层材料。

2）如涂膜未干时遭到淋雨损坏，则需重新涂刷防水层。

三、刚性防水屋面渗漏

1. 细石混凝土防水层板面开裂

（1）事故现象

细石混凝土防水层在使用过程中板面出现裂缝，这些裂缝不一定都在结构层的支座和屋面板的接缝处。裂缝可随季节的变化而不断扩大和减小，雨水沿板面裂缝渗入室内，造成渗漏。

（2）原因分析

1）细石混凝土防水层未设分格缝，或是分格缝设置不合理，由于气温突然变化，如夏天太阳曝晒后突然下雨，使防水层混凝土膨胀、收缩而造成开裂。

2）细石混凝土防水层与结构层间未设置隔离层。

3）细石混凝土干缩变形。

（3）处理方法

对于细石混凝土防水层的非结构裂缝，一般可用以下方法进行修补处理。

1）嵌填法

①适用范围：裂缝宽度较大，且不规则时采用。

②具体做法：先沿裂缝部位进行修凿，使缝壁平整，并有 10mm 以上的宽度，将缝内及缝两侧 50mm 范围内的浮物、微粒、尘土清理干净，涂刷基层处理剂，沿缝嵌填密封材料，并高出防水层表面 2~3mm。

2）灌缝法

①适用范围：用于防水层上较小的裂缝。

②具体做法：先将细石混凝土防水层裂缝周围的酥松物、尘土及缝内杂物清理干净（缝内可用皮老虎吹净），然后用环氧树脂灌注入裂缝内进行密封。

3）嵌填盖缝法

①适用范围：裂缝宽度较大，且较规则时采用。

②具体做法：沿裂缝部位进行修凿，使缝壁平整，并有 10mm 以上的宽度，然后将缝内及沿裂缝 100mm 范围内的浮物、微粒、尘土清理干净，涂刷基层处理剂，再用密封材料嵌填平整，上面粘贴一层卷材覆盖。

4）卷材铺贴法

①适用范围：裂缝较多、宽窄不等、不规则，渗漏严重时采用。

②具体做法：将细石混凝土表面清扫干净，将裂缝用密封材料嵌填封严；然后在整个细石混凝土防水层上加铺一层高聚物改性沥青或合成高分子卷材。

2. 细石混凝土防水层结构裂缝

（1）事故现象

细石混凝土防水层屋面使用 2～3 年以后，在防水层板面上沿屋面板结构的支承端和接缝处，出现比较有规律的纵向或横向裂缝，形成渗水通道，造成屋面渗漏。

（2）原因分析

引起细石混凝土防水层结构裂缝的原因，是屋面承重结构在长期荷载作用下，发生了在允许范围内的挠曲变形，如果细石混凝土防水层与结构层之间未设隔离层，黏结在一起，则结构变形就会引起防水层变形开裂。由于结构变形的部位主要在屋面板的支座处和接缝部位，所以细石混凝土防水层也就在支座处和接缝部位产生裂缝。

（3）处理方法

细石混凝土防水层的分格缝，一般都设在楼板的支座和接缝等部位，所以，裂缝也常常出现在这些分格缝中。处理分格缝的方法是先将分格缝中已老化或损坏的嵌缝材料取出，并将缝内及两侧共 300mm 范围内的板面清刷干净，浇水湿润，重新在缝内浇灌 C20 的细石混凝土，混凝土中加入膨胀剂（如 UEA 等），灌缝混凝土上皮距板面 50mm 左右。然后在缝壁的两侧涂刷基层处理剂，缝内嵌入背衬材料，并嵌填密封材料，上面用 300mm 宽的防水卷材粘贴封盖（图 8-22）。

图 8-22　分格缝处理

3. 细石混凝土屋面泛水渗漏

（1）事故现象

有女儿墙的细石混凝土防水屋面，在防水层与山墙、女儿墙的交接处是防水的薄弱环节，最容易在此处产生裂缝，导致渗漏。

（2）原因分析

细石混凝土防水层因受气温冷热变化的影响，混凝土出现膨胀或收缩，如果细石混凝土防水层与女儿墙、山墙交接处未留一定宽度的缝隙，当混凝土膨胀时就会将山墙、女儿墙向外推开，使墙体沿防水层根部出现水平裂缝；当混凝土遇冷或本身干缩时，防水层与山墙、女儿墙离开，出现裂隙，雨水沿裂缝渗入室内，造成渗漏。

（3）处理方法

对此类防水层的裂缝处理，应采用刚柔结合的办法进行修补。应先沿山墙、女儿墙根部，将细石混凝土防水层凿开一条宽 30mm 的沟槽，清洗干净，涂刷基层处理剂，并在沟槽中嵌填柔性密封材料。在沿泛水部分的细石混凝土和女儿墙上，粘贴一层合成高分子防水卷材附加层，或用有胎体增强材料的防水涂料涂刷封严（图 8-23）。

图 8-23　泛水渗漏处理

4. 刚性屋面檐口爬水

（1）事故现象

对于无女儿墙的细石混凝土防水屋面，易出现下雨时在挑檐处产生爬水，雨水沿细石混凝土防水层下部流入室内，导致屋面渗漏。

（2）原因分析

1）檐口挑出太短，且未做出鹰嘴，雨水受毛细管作用和风压作用，沿墙体上部缝隙进入室内（图 8-24）。

2）结构变形，使细石混凝土防水层与墙体间的缝隙增大，而又未用密封材料进行密封。

3）细石混凝土防水层胀、缩变形时将檐口部分防水层损坏，造成裂缝而渗水（图 8-25）。

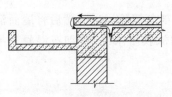

图 8-24　刚性屋面檐口爬水

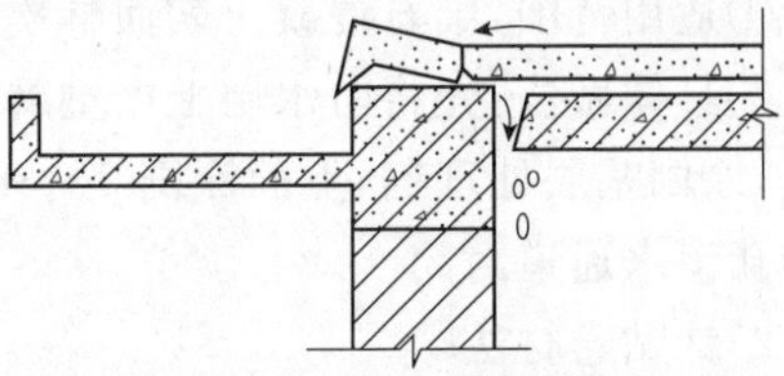

图 8-25　檐口防水层开裂

（3）处理方法

此类事故处理的原则，是阻止雨水由细石混凝土防水层与墙体上部的缝隙进入室内，因此在进行具体处理时，应采取排、堵结合的办法，可在沿细石混凝土

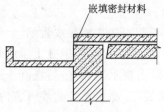

图 8-26　刚性屋面檐
口嵌填密封材料

防水层下部沿檐口部位剔凿出凹槽，清洗干净后，在槽内涂刷基层处理剂，嵌填密封材料截断檐口爬水的通路(图 8-26)。

5. 细石混凝土防水层表面起砂、脱皮

(1)事故现象

在细石混凝土防水层表面看不出明显裂缝，但外表观察可见细石混凝土质量粗糙，表面酥松、起砂、脱皮，雨后屋面上有大片浸湿痕迹，室内有渗水现象。

(2)原因分析

1)施工操作不严格，未用平板振捣器将细石混凝土振捣密实。

2)使用了质量不合格的水泥。

3)细石混凝土的配合比、水灰比、砂率、灰砂比等不符合规范规定。

4)混凝土强度等级低于 C20。

5)由于混凝土密实度差、强度低，受大自然的风化、碳化、冻融循环等影响而出现起砂、脱皮。

6)施工马虎，振捣后没有及时用滚筒进行表面滚压，混凝土收水后未进行二次压光。

7)压光时在细石混凝土表面撒干水泥或水泥砂混合物，使防水层表面形成一层薄薄的硬壳，由于硬壳与细石混凝土干缩不一致，而出现表面起壳、脱皮。

8)混凝土养护不及时，水泥水化不充分，而且因混凝土表面水分很快蒸发，形成毛细管渗水通道，降低了防水效果。

(3)处理方法

一般可按下列的方法进行处理：

1)涂膜封闭法

①适用范围：细石混凝土表面酥松、起砂。

②具体做法：先将防水层上严重酥松、起砂部分铲除、修补，然后将屋面清扫干净，涂刷基层处理剂，上面涂刷 2～3mm 厚的涂膜防水层，将细石混凝土中的毛细孔渗水通道封闭。

2)铺贴卷材法

①适用范围：细石混凝土防水层脱皮、空壳。

②具体做法：清除表面的脱皮部分，在细石混凝土防水层上空铺或条铺卷材。但屋面四周 800mm 范围内要满粘牢固。必要时可采用机械固定法进行卷材固定。

6. 屋面局部积水引起渗漏

（1）事故现象

细石混凝土防水层外观质量低劣，凸凹不平，坑凹积水，或是雨后屋面雨水排不出去，大面积积水造成渗漏。

（2）原因分析

一般细石混凝土防水层多用于平屋面上，积水的原因有：

1）细石混凝土防水层施工时操作不认真，未按设计要求和规范规定找坡。

2）铺筑细石混凝土防水层时，未用刮杠刮平、压实。

3）采用机械振捣时，局部振捣过度，使混凝土局部下洼。

4）水落管位置设置不当或堵塞，屋面雨水排不出去。

（3）处理方法

如果细石混凝土防水层的其他方面均无问题，仅是表面凸凹不平或排水坡度过小，而造成局部积水时，可在细石混凝土表面涂刷一层界面剂，然后用聚合物砂浆铺抹，进行找平和找坡。

7. 块体刚性防水屋面渗漏

（1）事故现象

块体刚性防水屋面是在基层上铺抹防水水泥砂浆，平铺砌砖后，再用防水水泥砂浆灌缝和抹面层。这种屋面发生渗漏的主要原因多见于防水面层龟裂、起壳。

（2）原因分析

1）用了质量不合格的冻坯砖、欠火砖或含有石灰颗粒的爆炸砖。

2）砖块冻融变酥，或石灰颗粒吸水后体积膨胀崩裂。

3）施工操作不认真，砖块未事先浇水浸泡。

4）铺砌初期上人踩踏，将砖踩活。

5）砖表面杂物未认真清理干净，抹完面层砂浆后未认真养护。

6）面层防水水泥砂浆铺抹过厚、强度过低，易导致龟裂。

7）施工时在冬季或酷热天气，使防水水泥砂浆早期受冻或夏季热胀过大，冬季冷缩而产生裂缝。

（3）处理方法

1）表面处理法

①适用范围：屋面整体面层龟裂。

②具体做法：将屋面清扫干净，涂刷基层处理剂，然后涂刷防水涂料。涂料可用氯丁橡胶改性沥青乳液多遍涂刷，也可采用有机硅等憎水性材料喷涂。

2）铲除重做法

①适用范围：屋面防水层起壳严重，裂缝多，宽度大。

②具体做法:将起壳严重的水泥砂浆面层铲除,清扫干净,浇水湿润后,重抹一层厚 15mm、掺防水剂的 1∶2 水泥砂浆。

3)嵌缝涂膜法

①适用范围:虽未起壳,但防水层开裂严重。

②具体做法:先将裂缝中的尘土、浮砂清理干净,在缝内涂刷基层处理剂,干后灌入聚氯乙烯胶泥,上面用聚氯乙烯涂膜防水层覆盖。

第二节 墙面防水工程的质量事故

一、墙面凸凹线槽爬水渗漏

1. 事故现象

在一些多雨地区的墙面上有凸凹的线槽,如较长时间的连续降雨,雨水沿墙面上的凸线或凹槽渗入墙体,出现渗漏。

2. 原因分析

(1)凸出墙面的装饰线条积水,横向装饰线条的抹面砂浆开裂,雨水沿裂缝处渗入室内(图 8-27)。

(2)墙面分格缝渗漏:在进行外墙饰面施工时,在分格缝部位镶入木分格条,饰面完成后取出分格条,在墙面上留出了凹槽,这部分凹槽不仅施工时未考虑防水要求,设计上也未采取防水措施,而饰面本身的胀缩裂缝,也大量集中在这些凹槽内,雨水沿凹槽中的缝隙渗入墙体,造成室内渗漏(图 8-28)。

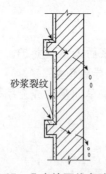

图 8-27 凸出墙面线条渗漏

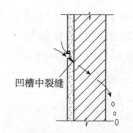

图 8-28 墙面分格缝渗漏

3. 处理方法

对墙面凸凹线槽的渗漏处理办法如下:

(1)铺抹斜坡法

1)适用范围:墙面上凸出的抹灰线条。

2)具体做法:可用聚合物砂浆在线条上沿抹出向外的斜坡,排除线条上的积水(图 8-29)。

(2)涂膜防水法

1)适用范围:凹进墙面的沟槽。

2)具体做法:可在墙面的凹槽内涂刷合成高分子防水涂膜,将凹槽中的缝隙封严,阻止雨水浸入墙体(图 8-30)。

图 8-29 铺抹斜坡法

图 8-30 涂膜防水法

二、阳台、雨篷倒坡渗漏

1. 事故现象

有些建筑物的阳台、雨篷倒坡,下雨后排不出水,雨水经墙体灰缝渗入室内,造成渗漏。

2. 原因分析

(1)阳台、雨篷设计构造不合理。

(2)阳台、雨篷施工时支模未找平,形成倒坡,雨水不流向室外方向而流向墙体,如图 8-31 所示。

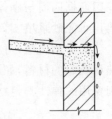

图 8-31 雨篷倒坡

3. 处理方法

用密封材料沿阳台、雨篷与墙面的交接缝封严,上面用水泥砂浆抹出向外的坡度,将雨水排出。

三、外墙门窗框渗漏

1. 事故现象

在建筑物的外门、外窗框与墙体接触的周围,由于密封处理不好,下大雨时,雨水沿门窗框与墙体间接触不严的缝隙渗入墙体和室内。室内可见在门窗框周围的墙体上出现大片湿痕,严重时可沿墙面滴水,影响使用。

2. 原因分析

(1)窗框四周嵌填不严密,尤其是窗口的上部窗楣和下部窗台部分,未嵌填封闭严密,雨水由窗框上、下部的缝隙中渗入墙体,流入室内(图8-32)。

(2)门窗框边的立梃部分与两侧墙体的缝隙,由于施工操作马虎,未用沥青麻刀和水泥砂浆嵌填,尤其是有装饰贴面的外墙,雨水可沿饰面的缝隙中渗入内部,再沿门窗侧面与墙体接触部分的缝隙渗入室内,造成渗漏(图8-33)。

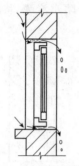

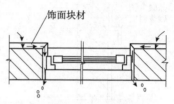

饰面块材

图8-32 窗框四周渗水   图8-33 门窗框安装不好

(3)当采用钢门窗时,由于墙体上的洞口留设过大,或钢门窗不规格、尺寸偏小,造成钢门窗框与洞口侧面的间隙过大,使用水泥砂浆填塞过厚,因振动或砂浆收缩而出现裂缝,雨水沿裂缝渗入室内,造成渗漏(图8-34)。

3. 处理方法

(1)嵌填密封法。适用于门窗框周围与洞口侧壁嵌填不密实。处理时应先将门窗框四周与砌体间酥松或不密实的砂浆凿去,在缝中填塞沥青麻丝等材料,再用水泥砂浆填实,勾缝抹严。

如为钢门窗,可在缝隙中嵌填不会产生永久变形、不吸水、不透气、不会因受热而隆起的材料,如聚氨酯泡沫或聚乙烯发泡材料等作为衬垫材料,再在外面用门窗用的弹性密封材料封严(图8-35)。

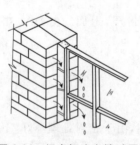

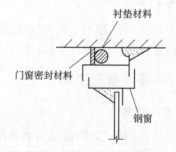

衬垫材料

门窗密封材料

钢窗

图8-34 门窗框边塞缝过厚   图8-35 钢门窗框缝隙嵌填

(2)防水涂膜法。适用于外墙有饰面块材的门窗框渗漏。处理时可在外墙门窗两侧装饰块材开裂的接缝中,涂刷合成高分子防水涂膜,防止雨水由缝内渗入门窗与墙体间的缝隙中。

（3）有机硅处理法。适用于门窗与洞口间的缝隙过大，填嵌的水泥砂浆已开裂。应先将门窗开裂部位的砂浆清除干净，用掺防水粉的水泥浆将裂缝腻平，表面涂刷有机硅等憎水性材料进行处理。

四、檐口、女儿墙处理不当

1. 事故现象

在一些多层建筑的最上一层，由于构造措施不当，在气温变化影响下，在墙体上沿屋面板的部位出现水平裂缝，或因女儿墙开裂造成竖向裂缝，雨水沿砌体中的这些裂缝渗入室内，使室内四周顶部出现明显的渗漏痕迹，尤其在西面或北面山墙上更为严重。

2. 原因分析

（1）墙体上沿屋面板部位的水平裂缝：主要是由于顶层钢筋混凝土圈梁的位置设置不当，因为钢筋混凝土与砖砌体的热胀变形不一致，圈梁在外界温度影响下会产生纵向和横向变形，在圈梁与砌体的结合面上形成一定的水平推力，而产生剪应力和拉应力。而在顶层圈梁上部女儿墙的压力很小，圈梁与砌体间的摩擦阻力相应减小，黏结面上的抗剪强度降低，当剪应力超过黏结面上的抗剪强度时，圈梁与砌体间就出现水平裂缝（图 8-36），雨水沿水平裂缝进入室内造成渗漏。

（2）女儿墙顶部开裂：主要是女儿墙压顶上抹的水泥砂浆，由于风吹日晒、温度变化影响，砂浆干缩等原因开裂，雨水沿裂缝渗入墙体的竖缝中（一般砖砌体的竖缝灰浆均不饱满），再经冻融循环，墙体上也产生了竖向裂缝，成为渗水通道，造成房屋渗漏（图 8-37）。

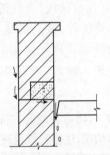

图 8-36　圈梁与砌体间水平裂缝　　　图 8-37　女儿墙顶部开裂

3. 处理方法

檐口、女儿墙处理不当的处理方法如下：

（1）拆除重砌法

1）适用范围：墙体上的水平裂缝十分严重，女儿墙已明显地向外推出，甚至出现错台，且裂缝宽度较大，不仅造成墙体严重渗漏，而且危及使用安全。

2）具体做法：将裂缝上部的女儿墙全部拆除，重新砌筑女儿墙。砌筑时应注意在混凝土圈梁与新砌筑的女儿墙间应留出一定宽度的空隙，并用柔性密封材料嵌填，使其有一定的活动余量，以防再次将其推裂。

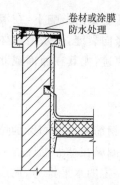

卷材或涂膜防水处理

图 8-38　压顶处理法

（2）涂刷防水法

1）适用范围：墙体上的水平裂缝较小，无明显的错动痕迹，且不影响正常使用。

2）具体做法：可用压力灌浆的方法将缝隙用膨胀水泥砂浆灌填密实，裂缝外部涂刷"万可涂"等憎水性材料。

（3）压顶处理法

1）适用范围：女儿墙压顶砂浆抹面层开裂。

2）具体做法：可在压顶上部铺贴高弹性卷材或涂刷防水涂料，将裂缝部位封闭、阻止雨水由顶部裂缝浸入墙体内，如图 8-38 所示。

五、施工孔洞、管线处渗漏

1. 事故现象

在外墙内侧局部出现渗漏，渗漏的面积大小不等，位置也无一定规律，或成条状，或联成片状。

2. 原因分析

建筑施工时，如龙门架等垂直运输设备留设的外墙进出口、起重设备的缆风绳和脚手架拉结铁丝的过墙孔、脚手架眼，各种水电及电话线、天线等安装时的管洞等，由于外墙最后修补时不重视这些孔洞的修补工作，或马虎从事，只追求外表美观，不要求内部嵌填严密。因此，雨水常常沿外墙皮流入这些填塞不严的灰缝中，形成流水的通道。下雨时，雨水沿这些通道进入室内，造成渗漏。

3. 处理方法

先按照外墙渗漏部位，观察渗漏原因。渗漏严重时，宜将后补的砖块拆下，重新补砌严实。如系外墙上的过墙管道、孔眼渗漏，可根据具体情况，用密封材料嵌填封严。

六、装配式大板建筑外墙渗漏

1. 事故现象

装配式大板建筑外墙板的水平及竖向接缝，是防水的薄弱环节，处理不当就容易发生渗漏,渗漏多见于外墙板的水平、垂直缝无构造防水或接缝施工粗糙的房屋,出现渗漏后,渗漏部位不容易找到,室内发生渗漏之处,进雨水的入口不一定在外墙的对应部位。所以,对此类建筑首先必须找到外墙进水部位,才能进行有效的处理。

2. 原因分析

装配式大板建筑外墙板接缝渗水的原因,主要是在接缝部位产生不同程度的开裂,致使雨水渗入缝中所引起。未做构造防水墙板渗漏的原因见表 8-2。

表 8-2 未做构造防水的外墙板渗漏原因

接缝开裂原因	渗水原因	图示
1. 接缝材料干缩; 2. 墙板的温度变形; 3. 地基不均匀深陷; 4. 加工制作和施工缺陷	1. 由于水的表面张力和毛细管吸力,所引起的延伸作用; 2. 风压加剧了毛细管的延伸作用; 3. 接缝材料本身的渗漏作用; 4. 墙板或接缝材料的施工缺陷	风压 勾缝砂浆 水平缝坐浆 雨水进入路线

如对外墙板的水平缝已经做了构造防水(图 8-39),如仍发现渗漏时,则大多因竖缝处理不好,雨水由竖缝流入水平缝中,再渗入室内。故遇到此种情况时,可先由竖缝上寻找渗漏原因。

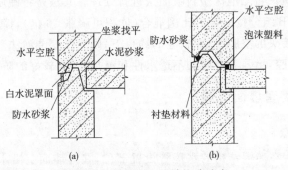

图 8-39 外墙板水平缝构造防水

3. 处理方法

对于装配式大板建筑接缝渗漏的处理,首先必须找出墙板外侧的渗漏缝隙,就是要找到雨水由何处进入墙板,然后将大板接缝渗漏部位的砂浆凿去,清洗干净,除去浮灰、杂物,嵌填衬垫材料后,用建筑防水沥青嵌缝油膏、CB 建筑密封膏等密封材料将接缝封严(图 8-40)。

图 8-40　外墙板接缝渗漏处理

七、大板建筑空腔渗漏

1. 事故现象

对于装配式大板建筑,虽然有的已在大板的接缝处设置了空腔,但是仍然避免不了在空腔部位出现渗漏,影响了用户的正常使用。

2. 原因分析

(1)由于温差变化、太阳辐射,导致接缝部位产生裂缝。

(2)施工质量不好,挡水条扭曲或搭接长度不够,或者混凝土浇灌不密实。

(3)受到雨水的浸泡。

3. 处理方法

可采用硬质聚氨酯泡沫塑料喷灌法进行处理。其法是将硬质聚氨酯泡沫塑料的 A 组分和 B 组分按一定的比例混合(体积可膨胀 16 倍),搅拌均匀,然后将其喷灌入大板接头的空腔中,在空腔的约束下,硬质聚氨酯泡沫塑料体积迅速膨胀,填满整个空腔,增强了空腔的不透水性和绝热性,有较好的防渗隔热效果。

八、沿水落管墙面渗漏

1. 事故现象

一般多发生在砖混结构的水落管设置部位,在外墙面上沿水落管部位有严重浸湿,逐渐发展到室内对应部分也出现渗漏痕迹,渗漏面积逐渐扩大。

2. 原因分析

(1)使用铁皮水落管,且水落管紧贴墙面,随着年代的增长,铁皮开始锈蚀,并逐渐腐烂破坏,雨水沿这些锈蚀破坏处流到墙体上,经过毛细管作用,该部分砖墙逐渐吸收水分,并向砖墙内部转移,形成渗漏。

(2)水落管承插口不严密,插入深度过小(小于 40mm)或者插倒,雨水沿承插口处溢出,浸湿墙面。

(3)水落口杯处防水处理不当;水漏斗与水落管连接不好,雨水沿水落口、水漏斗处流下,并把墙面浸湿而渗漏。

3. 处理方法

如系水落口杯与防水层处理不好时,应先将水落口杯处的防水层揭开,在水落口杯四周用密封材料嵌填严密,然后再用柔性防水材料或防水涂料铺至水落口杯内 50mm(图 8-41)。

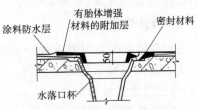

图 8-41　水落口接缝渗漏处理

如镀锌铁皮水落管已经锈蚀、腐烂,则应将其拆下,重新更换水落管。但新更换的水落管,必须与外墙皮间留出距离不小于 20mm 的间隙,且应用管卡子与墙面固定,接头的承插长度不应小于 40mm。

九、马赛克、陶土面砖饰面层渗水

1. 事故现象

有马赛克、陶土面砖等饰面的外墙,饰面块材出现裂纹或脱落,雨水由这些部位渗入墙体,造成渗漏。

2. 原因分析

(1)材质问题。目前很多贴面砖质地酥松,吸水率高达 18%～22%(一般应不大于 8%)。贴上墙面后,由于雨水冲刷和冻融交替,引起面砖开裂、爆皮、脱落。

(2)施工时勾缝不严,雨水从缝隙中进入饰面块材底部的墙面,经冻胀使块材脱落,此时墙面稍有细缝,水即沿缝渗入室内。

3. 处理方法

先将脱落、损坏的面砖更换、修补,遇有孔洞或裂缝处,应用水泥砂浆或密封材料嵌填修补。然后清除墙面上的浮灰、积垢、苔斑等杂物。

用"万可涂":水＝1∶(10～15)的比例拌匀,用农用喷雾器或刷子直接喷、刷在干燥的墙面上,连续重复两次,使墙面充分吸收乳液,应避免漏喷。瓷质饰面砖的喷涂重点是面砖间的缝隙,可先用毛刷沿纵、横缝普遍涂刷一遍,再按上述规定喷涂一遍。

十、外墙体裂缝渗漏

1. 事故现象

对于用滑升模板、大模板浇筑的混凝土外墙,经过1～2年后,在墙上开口部位的周围,应力比较集中,是特别容易发生裂缝的地方,当裂缝宽度超过1mm时,雨水就会在风压、毛细管作用下,由裂缝中渗入室内,造成渗漏。

2. 原因分析

(1)收缩裂缝是混凝土墙产生裂缝的主要原因。

(2)温度裂缝常见的有两类,一是墙体自身温度的变化导致裂缝;二是屋盖与墙体的温度差导致裂缝。

(3)地基不均匀沉降导致外墙裂缝。

有关混凝土墙裂缝原因的详细分析参见第四章相关内容。

3. 处理方法

混凝土墙体上的裂缝,除由结构上考虑采取补救措施外,由室内防渗角度出发,应进行必要的防水处理,防止雨水沿裂缝渗入室内,处理方法有下面几种。

(1)环氧树脂封闭法。是一种局部修理的方法,在裂缝宽度较小时使用。处理时用低压注入器具向裂缝中注入环氧树脂,使裂缝封闭,修补后无明显的痕迹。

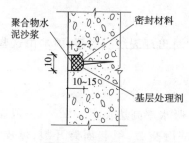

图 8-42　凹槽密封法

(2)凹槽密封法。是一种部分修补的方法,在裂缝宽度较大时使用。处理时先沿裂缝位置凿开一条U形凹槽,深10～15mm,宽10mm,然后将槽中清洗干净。涂刷基层处理剂,然后用合成高分子密封材料嵌填密封,表面抹聚合物水泥砂浆(图8-42)。

(3)混合处理法。在裂缝部位注入环氧树脂,或用凹槽密封法处理完后,再沿处理部分(或全面)喷涂丙烯酸类防水涂膜,也可喷涂有机硅等憎水性材料。

十一、高层建筑铝合金窗渗漏

1. 事故现象

高层建筑外墙上的铝合金窗渗漏,出现在铝合金窗框与墙体间的缝隙,以及铝合金窗下滑道等处,特别是在暴风雨时,在风压作用下雨水沿铝合金窗的侧面和下面的窗台流入室内,严重污染墙面装修,甚至由上层地面再流入下层顶棚,影响了正常的使用。

2. 原因分析

（1）铝合金窗制作和安装时，由于本身存在拼接缝隙，成为渗水的通道。

（2）窗外框与墙体的连接缝隙因填塞不密实，缝外侧未用密封胶封严，在风压作用下，雨水沿缝隙渗入室内。

（3）推拉窗下滑道内侧的挡水板偏低，风吹雨水倒灌。

（4）平开窗搭接不好，在风压作用下雨水倒灌。

（5）窗楣、窗台做法不当，未留鹰嘴、滴水槽和斜坡，而出现倒坡、爬水。

3. 处理方法

（1）在窗楣上做鹰嘴和滴水槽；在窗台上做出向外的流水斜坡，如图 8-43 所示。

（2）用矿棉毡条等将窗框和墙体间的缝隙填塞密实，外面再用优质密封材料封严。对贴有陶瓷马赛克的窗台，宜用聚硫类防水密封材料勾缝，做到黏结牢，密封好。

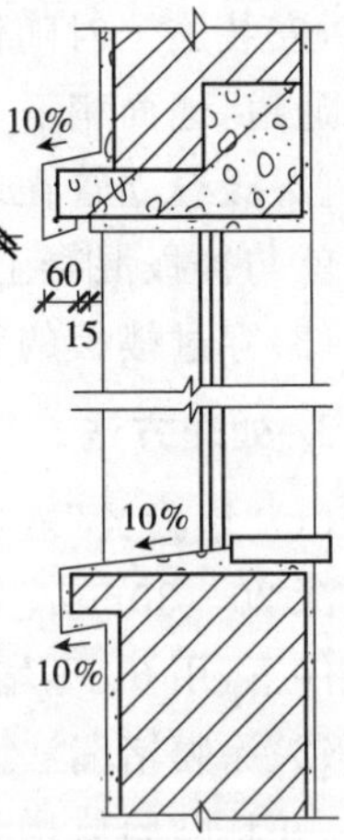

图 8-43　窗楣、窗台做法

（3）对铝合金窗框的榫接、铆接、企毛、滑撑、方槽、螺钉等部位的缝隙，均应用防水玻璃硅胶密封。

（4）将推拉窗下滑道的低边挡水板改换成高边挡水板的下滑道，如图 8-44 和图 8-45 所示。

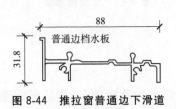

图 8-44　推拉窗普通边下滑道

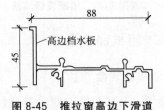

图 8-45　推拉窗高边下滑道

第三节　厨房、卫生间防水工程的质量事故

一、穿过楼板管道渗漏

1. 事故现象

在厨房、卫生间等室内，上下水管、暖气管、地漏等管道较多，大都要穿过楼板，各种管道因温度变化、振动等影响，在管道与楼板的接触面上就会产生裂缝，当厨房、卫生间清洗地面，地面积水或水管跑水，以及盥洗用水时，均会使地面上

的水沿管道根部流到下层房间中,尤其是安装淋浴器的卫生间,渗漏更为严重。

2. 原因分析

(1)厨房、卫生间的管道,一般都是土建完工后方进行安装,常因预留孔洞不合适,安装施工时随便开凿,安装完管道后,又没有用混凝土认真填补密实,形成渗水通道,地面稍一有水,就首先由这个薄弱环节渗漏。

(2)暖气立管在通过楼板处没有设置套管,当管子因冷热变化、胀缩变形时,管壁就与楼板混凝土脱开、开裂,形成渗水通道。

(3)穿过楼板的管道受到振动影响,也会使管壁与混凝土脱开,出现裂缝。

3. 处理方法

(1)"堵漏灵"嵌填法。先在渗漏的管道根部周围混凝土楼板上,用凿子剔凿一道深20～30mm、宽10～20mm的凹槽,清除槽内浮渣,并用水清洗干净,在潮湿条件下,用03型堵漏灵块料填入槽内砸实,再用砂浆抹平(图8-46)。

(2)涂膜堵漏法。将渗漏的管道根部楼板面清理干净,涂刷合成高分子防水涂料,并粘贴胎体增强材料(图8-47)。

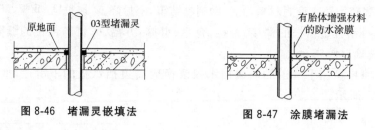

图 8-46　堵漏灵嵌填法　　　　图 8-47　涂膜堵漏法

二、墙根部渗漏

1. 事故现象

厨房、卫生间墙的四周与地面交接处,是防水的薄弱环节,最易在此处出现渗漏,常因上层室内的地面积水由墙根裂缝流入下层厨房、卫生间,而在下层顶板及四周墙体上出现渗漏。

2. 原因分析

(1)一些采用空心板等梁式板做楼板结构的房间,在长期荷载作用下,楼板出现挠曲变形,使板侧与立墙交接处出现裂缝,室内积水沿裂缝流入下层室内造成渗漏(图8-48)。

(2)地面坡度不合适,或者地漏高出地面,使室内地面上的水排不出去,致使墙根部位经常积水,在毛细管作用下,水由踢脚板、墙裙上的微小裂纹中进入墙体,墙体逐渐吸水饱和,造成渗漏。

3. 处理方法

（1）堵漏灵嵌填法。沿渗水部位的楼板和墙面交接处，用凿子凿出一条截面为倒梯形或矩形的沟槽，深 20mm 左右，宽 10～20mm，清除槽内浮渣，并用水清洗干净后，将 03 型堵漏灵块料砸入槽内，再用浆料抹平（图 8-49）。

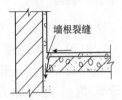
图 8-48 墙根部渗漏

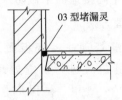
图 8-49 墙根渗漏用堵漏灵嵌填处理

（2）贴缝法。如墙根裂缝较小，渗水不严重时，可采用贴缝法进行处理。具体处理方法是在裂缝部位涂刷防水涂料，并加贴胎体增强材料将缝隙密封（图 8-50）。

（3）地面填补法。用于厨房、卫生间地面向地漏方向倒坡或地漏边沿高出地面，积水不能沿地面流入地漏。处理时最好将原地面拆除，并找好坡度重新铺抹。如倒坡轻微，地漏高出地面的高度也较小时，可在原有地面上找好坡度，加铺砂浆和铺贴地面材料，使地面水能流入地漏中（图 8-51）。

图 8-50 墙根渗漏用贴缝法处理

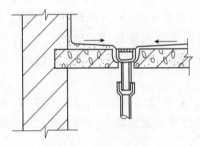
图 8-51 地面填衬法

三、楼地面渗漏

1. 事故现象

在厨房、卫生间清洗楼板或楼板上有积水时，水渗到楼板下面，对下层房间造成渗漏。尤其是在安装有淋浴设备的卫生间，因地面水较多，积水沿楼板面上的缝隙渗入下层室内，造成渗漏。

2. 原因分析

（1）混凝土、砂浆面层施工质量不好，内部不密实，有微孔，成为渗水通道，水在自重压力下顺这些通道渗入楼板，造成渗漏。

（2）楼板板面裂纹，如现浇混凝土出现干缩；预制空心板在长期荷载作用下发生挠曲变形，在两块板拼缝处出现裂纹。

（3）预制空心楼板板缝混凝土浇灌不认真，嵌填振捣不密实、不饱满、强度过低，以及混凝土中有砖块、木片等杂物。

（4）卫生间楼地面未做防水层，或防水层质量不好，局部损坏。

3. 处理方法

（1）填缝处理法。楼板面上有显著的裂缝时，宜用填缝处理法。处理时先沿裂缝位置进行扩缝处理，凿出 15mm×15mm 的凹槽，清除浮渣，用水冲洗干净，刮填"确保时"防水材料或其他无机盐类防水堵漏材料（图 8-52）。

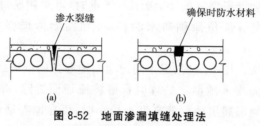

图 8-52 地面渗漏填缝处理法

（a）修理前；（b）修理后

（2）厨房、卫生间大面积地面渗漏，可先拆除地面的面砖，暴露漏水部位，然后重新涂刷防水涂料，除"确保时"涂料及聚氨酯防水涂料外，通常都要加铺胎体增强材料进行修补，防水层全部做完经试水不渗漏后，再在上面铺贴地面饰面材料。

（3）表面处理。厨房、卫生间渗漏，亦可不拆除贴面材料，直接在其表面刮涂透明或彩色聚氨酯防水涂料，进行表面处理。

四、卫生洁具渗漏

1. 事故现象

在卫生间中使用的一些卫生洁具及反水弯等管道，由于材料质量低劣或安装操作马虎，在卫生洁具或反水弯下部出现污水渗漏，影响正常使用。

2. 原因分析

（1）铸铁管、陶土管、卫生洁具等有砂眼、裂纹。

（2）管道安装前，接头部分未清除灰尘、杂物，影响黏结。

（3）下水管道接头打口不严密。

（4）大便器与冲洗管、存水弯、排水管接口安装时未填塞油麻丝，缝口灰嵌填不密实,不养护,使接口有缝隙,成为渗水通道。

(5)横管接口下部环状间隙过小;公共卫生间横管部分太长,均容易发生滴漏。

(6)大便器与冲洗管用胶皮管绑扎连接时,未用铜丝而用铁丝绑扎,年久铁丝锈蚀断开,污水沿皮管接口处流出,造成渗漏。

3. 处理方法

(1)重新更换法:如纯属管材与卫生洁具本身的质量问题,如本身的裂纹、砂眼等,最好是拆除,重新更换质量合格的材料制品。

(2)接头封闭法:对于非承压的下水管道,如因接口质量不好而渗漏时,可沿缝口凿出深10mm的槽口,然后将自黏性密封胶等防水密封材料嵌填入接头缝隙中,进行密封处理(图 8-53)。

(3)如属大便器的胶皮管接头绑扎铁丝锈断,可将其凿开后,重新用 14 号铜丝绑扎两道,试水无渗漏后,再行填料封闭(图 8-54)。

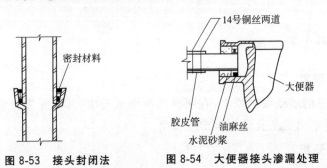

图 8-53　接头封闭法　　　　图 8-54　大便器接头渗漏处理

五、卫生间墙及地面大面积潮湿

1. 事故现象

在空气湿度较大的地区,卫生间的湿度较大,尤其是有淋浴设备时,在卫生间墙面、地面(以及下一层的顶板)上,出现大面积潮湿现象。

2. 原因分析

在进行淋浴时,水和水蒸气很多,房间又是封闭的,水蒸气等一时不能排出,在平面管作用后水和蒸汽逐渐被地面和墙体吸收,使其逐渐饱和,而出现大面积的潮湿。

3. 处理方法

出现楼板、墙体大面积浸湿,应首先查清浸湿的原因,如系楼板裂缝、墙根渗漏等原因所造成,则应按以上方法进行处理,如其他均无问题,就单纯因为湿度过大,毛细管渗水的原因所造成时,可用以下方法进行处理。

(1)墙或地面潮湿。可用 02 号堵漏灵 Ⅰ 号浆料,配比为:02 型堵漏灵:水＝1:(0.7～0.8),搅拌均匀,静置 30min 后即可使用;Ⅱ 号浆料的配比为:02 型堵漏灵:水＝1:(0.8～1),搅拌均匀,静置 30min 后即可使用。

处理时用 Ⅰ 号浆料和 Ⅱ 号浆料在墙面或地面上刮压或涂刷两层(Ⅰ 号一层,Ⅱ 号一层),每层 3～5 遍,待每层做完有硬感时,用水养护,以免裂缝。

(2)墙及地面有大面积缓慢出水时,可先用 03 型堵漏浆料:水＝1:(0.3～0.4)搅拌均匀,静置 20min 后使用。操作时先刮涂一遍止水,再用 02 型堵漏灵刮涂,可使墙面、地面干燥。

第四节 地下室防水工程的质量事故

一、混凝土孔眼渗漏

1. 事故现象

在地下室的墙壁或底板上,有明显的渗漏水孔眼,其孔眼有大有小,还有呈蜂窝状,地下水由这些孔眼中渗出或流出。

2. 原因分析

(1)在混凝土中有密集的钢筋或有大量预埋件处,混凝土振捣不密实,出现孔洞。

(2)混凝土浇灌时下料过高,产生离析,石子成堆,中间无水泥砂浆,出现成片的蜂窝,有的甚至贯通墙壁。

(3)混凝土浇筑时漏振,或一次下料过多,振捣器的作用范围达不到,而使混凝土出现蜂窝、孔洞。

(4)施工操作不认真,在混凝土中掺入了泥块、木块等较大的杂物。

3. 处理方法

常用的堵漏方法如下:

1)直接快速堵漏法

①适用范围:水压不大,一般在水位 2m 以下,漏水孔眼较小时采用。

②具体做法:在混凝土上以漏点为圆心,剔成直径 10～30mm、深 20～50mm 的圆孔,孔壁必须垂直基面,然后用水将圆孔冲洗干净,随即用快硬

水泥胶浆(水泥∶促凝剂＝1∶0.6)捻成与孔直径接近的圆锥体,待胶浆开始凝固时,迅速用拇指将胶浆用力堵塞入孔内,并向孔壁四周挤压严密,使胶浆与孔壁紧密结合,持续挤压1min即可。检查无渗漏后,再做防水面层,如图8-55所示。

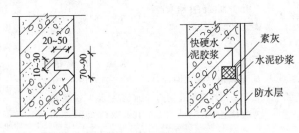

图 8-55　直接快速堵漏法

2)下管堵漏法

①适用范围:水压较大,水位为2～4m,且渗漏水孔洞较大时采用。

②具体做法:根据渗漏水处混凝土的具体情况,决定剔凿孔洞的大小和深度。可在孔底铺碎石一层。上面盖一层油毡或铁片,并用一胶管穿透油毡至碎石层内,然后用快硬水泥胶浆将孔洞四周填实、封严,表面低于基面10～20mm,经检查无漏后,拔出胶管,用快硬水泥胶浆将孔洞堵塞。如系地面孔洞漏水,在漏水处四周砌挡水墙,将漏水引出墙外,如图8-56所示。

3)木楔堵漏法

①适用范围:当水压很大,水位在5m以上,漏水孔不大时采用。

②具体做法:用水泥胶浆将一直径适当的铁管稳牢于漏水处已剔好的孔洞内,铁管外端应比基面低2～3mm,管口四周用素灰和砂浆抹好,待有强度后,将浸泡过沥青的木楔打入铁管内,并填入干硬性砂浆,表面再抹素灰及砂浆各一道,经24h后,再做防水面层,如图8-57所示。

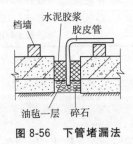

图 8-56　下管堵漏法　　　　图 8-57　木楔堵漏法

常用的快硬水泥胶浆及其配制和使用见表 8-3。

表 8-3　几种快硬水泥胶浆的配制和使用

快硬水泥胶浆名称	适用范围	配合比	操作要点
水玻璃水泥胶浆	用于直接快速堵塞混凝土的漏水孔洞	水玻璃∶水泥＝1∶(0.5～0.6)或1∶(0.8～0.9)	从拌制到操作完毕以 1～2min 为宜,故操作时应特别迅速,以免凝固结硬
水泥—快燥精胶浆	可以调整凝固时间,用于不同渗漏水孔洞的直接堵漏	水泥∶快燥精＝100∶50,凝固＜1min;水泥∶水∶快燥精＝100∶20∶30,＜5min;100∶35∶15,＜30min	浆水泥和已配制好的快燥精(或水)按配合比拌和均匀后,立即使用
801 堵漏剂	直接堵塞混凝土的漏水孔洞	801 堵漏剂∶水泥＝1∶(2～3)	用 42.5 级普通硅酸盐水泥与 801 堵漏剂拌和均匀后的水泥胶浆,可在 1min 内凝固,填漏效果较好
M131 快速止水剂	按需要时间确定配合比	M131∶水泥∶水＝1∶适量∶2,1min10s;1∶适量∶4,1min30s;1∶适量∶6,19min11s	根据孔眼大小,将拌和物揉成相应大小的料球待用,待手感发热时,迅速将料球填于已凿好并冲洗干净的孔中
硅酸钠五矾防水胶泥	用于直接快速堵塞混凝土的漏水孔洞	水泥∶五矾防水剂＝1∶(0.5～0.6)或1∶(0.8～0.9)	五矾防水胶泥的初凝时间为 1min30s 终凝时间为 2min,凝结时间与配合比、用水量、气温、水玻璃模数等有关,故应经试验确定配合比。堵漏应在胶泥即将凝固的瞬间进行,使堵完后的胶泥正好凝固

二、混凝土裂缝渗漏

1. 事故现象

在混凝土表面的裂缝,开始出现时极细小,以后逐渐扩大,裂缝的形状不规则,有竖向裂缝、水平裂缝、斜向裂缝等,地下水沿这些裂缝渗入室内,造成渗漏。

2. 原因分析

混凝土裂缝既有收缩裂缝，也有结构裂缝，主要原因有以下几个方面：

(1)施工时混凝土拌和不均匀或水泥品种混用，因其收缩不一而产生裂缝。

(2)所采用的水泥安定性不合格。

(3)设计考虑不周，建筑物发生不均匀下沉，使混凝土墙、板断裂，出现裂缝。

(4)混凝土结构缺乏足够的刚度，在土的侧压力及水压作用下发生变形，出现裂缝。

3. 处理方法

地下室混凝土结构裂缝的处理方法，一般常采用以下方法：

1)裂缝直接堵漏法

①适用范围：水压较小的混凝土裂缝渗漏。

②具体做法：沿裂缝剔出八字形边坡沟槽，用水冲洗干净。将快硬水泥胶浆搓成条形，待胶浆开始凝固时，迅速填入沟槽中，并向两侧用力挤压密实，使水泥胶浆与槽壁紧密结合；如果裂缝较长，可分段堵塞。经检查无渗漏后，用素灰和水泥砂浆将沟槽表面抹平，待有一定强度后，随其他部位一起作防水层，如图 8-58 所示。

2)下线堵漏法

①适用范围：用于水压较大，但裂缝长度较短时的裂缝漏水处理。

②具体做法：先沿裂缝剔凿凹槽，在槽底沿裂缝放置一根小绳，绳径视漏水量确定，长 200～300mm，按"裂缝直接堵漏法"在缝槽中填塞快硬水泥胶浆，堵塞后立即将小绳抽出，使漏水沿绳孔流出，最后堵塞绳孔，如图 8-59 所示。

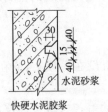

图 8-58　裂缝直接堵漏法

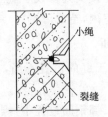

图 8-59　下线堵漏法

3)下钉堵漏法

①适用范围：适用于地下水压力较大，且裂缝长度较大时。

②具体做法：裂缝较长，可按下线法分段堵塞，每段长 100～150mm，中间留20mm 的间隙，然后用水泥胶浆裹上圆钉，待胶浆快凝固时插入间隙中，并迅速把胶浆向钉子的四周空隙中压实，同时转动钉子，并立即拨出，使水顺钉孔流出。然后沿槽抹素灰和水泥砂浆，压实抹平，待凝固后按以上方法封孔。如水流较大

时,可在孔中注入灌浆材料进行封孔,如图 8-60 所示。

4)下半圆铁片法

①适用范围:适用于水压较大的裂缝急流漏水。

②具体做法:先沿裂缝剔出凹槽和边坡,尺寸视漏水大小而定。在沟槽底部每隔 500～1000mm,扣上一带有圆孔的半圆铁片,并把软管插入铁片上的圆孔内,然后按裂缝直接堵漏法分段堵塞,漏水由软管流出,检查裂缝无渗漏后,沿沟槽抹素灰、水泥砂浆各一道,再拔管堵孔,如图 8-61 所示。

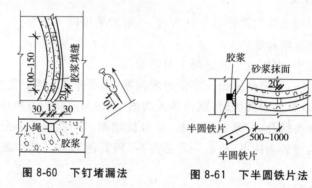

图 8-60　下钉堵漏法　　　　图 8-61　下半圆铁片法

三、地下室混凝土施工缝漏水

1. 事故现象

地下室工程的底板、墙体以及底板和墙体交接处,不是一次连续浇筑完毕,而在新旧混凝土接头处留设了施工缝,这些施工缝是防水的薄弱环节,地下水沿这些缝隙渗入室内,造成渗漏。

2. 原因分析

(1)留设施工缝的位置不当,如将施工缝留设在底板上,或在混凝土墙上留垂直施工缝。

(2)在支模、绑钢筋过程中,锯屑、铁钉、砖块等掉入接头部位,新浇筑混凝土时未将这些杂物清除,而在接头处形成夹心层。

(3)新浇筑混凝土时,未在接头处先铺一层水泥砂浆,造成新旧浇筑的混凝土不能紧密结合,或者在接头处出现蜂窝。

(4)钢筋过密,内外模板间距狭窄,混凝土未按要求振捣,尤其是新旧混凝土接头处不易振捣密实。

(5)下料方法不当,骨料集中于施工缝处。

(6)新旧混凝土接头部位产生收缩,使施工缝开裂。

3. 处理方法

(1)V形槽处理:适用于一般尚未渗漏的施工缝。在混凝土上沿缝剔成V形槽,遇有松散部位时应将松散石子剔除,清洗干净后用水泥素浆打底,用1：2.5水泥砂浆分层抹平压实,如图8-62所示。

(2)快硬水泥胶浆堵漏法:地下室混凝土施工缝已出现渗漏,如水压较小时,可参照"二、混凝土裂缝渗漏"用"直接堵漏法"封堵;如水压较大时,可用"下线堵漏法"或"下钉堵漏法"封堵;如为水压大的裂缝急流漏水,可采用"下半圆铁片法"进行封堵。

(3)氰凝灌浆堵漏法:当混凝土内部结构不密实,新旧混凝土施工缝结合不严,出现较大裂缝时,可用氰凝灌浆堵漏法修堵。处理时,先将混凝土接头缝隙处用压缩空气或钢丝刷清洗干净,用丙酮或二甲苯擦去表面油污,并沿缝隙凿出V形边坡沟槽,冲洗干净。然后将灌浆孔选择在漏水旺盛处或裂缝交叉处,凿出灌浆孔,孔深不小于50mm,孔距500～1000mm,清孔后用快硬水泥胶浆把注浆嘴牢固于孔洞内,将半圆形铁片沿缝通长放置,用快硬水泥胶浆将漏水部位封闭,待其达到一定强度后,用带颜色的水试灌,检查封闭是否严密,各孔是否通畅。无问题后开始灌注氰凝浆液,水平缝自一端向另一端灌;垂直缝先下后上顺序进行。先选其中一孔灌浆(一般选最低处或渗水量最大处),灌浆压力宜大于地下水压力0.05～0.1MPa,待邻近灌浆孔见浆后,立即关闭该孔,仍继续压浆,使浆液沿逆水通道向前推进,直至不进浆时,立即关闭注浆嘴阀门,再停止灌浆,逐个进行至结束。经检查无漏水现象后,剔注浆嘴,用水泥胶浆将孔堵塞封严。灌浆工艺如图8-63所示。

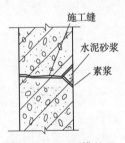

图8-62　V形槽处理

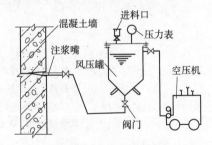

图8-63　灌浆工艺示意

四、地下室变形缝渗漏

1. 事故现象

地下室的变形缝(包括沉降缝、伸缩缝)是地下室防水工程的重要部位。由于变形缝的构造方法不同,渗漏特征也有所差别(表8-4)。

表 8-4　地下室变形缝渗漏形式特征

构造形式	埋入式止水带变形缝渗漏	后埋式止水带变形缝渗漏	粘贴式氯丁胶片变形缝渗漏	涂刷式氯丁胶片变开缝渗漏
事故现象	多发生于变形缝下部及止水带的转角处	沿后浇覆盖层混凝土的两侧产生裂缝渗漏水	表面覆盖层空鼓、收缩，出现裂缝漏水	表面覆盖层空鼓、收缩，出现裂缝漏水

2. 原因分析

由于变形缝的构造做法不一样，造成渗漏水的原因有相同之处，但也有不同之处（表 8-5）。

表 8-5　地下室变形缝渗漏原因

变形缝构造	渗漏原因分析	图　示
埋入止水带变形缝	（1）止水带未采取固定措施，浇筑混凝土时被挤偏； （2）止水带两翼的混凝土包裹不严，振捣不密实； （3）钢筋过密，混凝土浇筑方法不当，骨料集中下部； （4）浇筑混凝土时马虎，止水带周围的灰垢，杂物未清除干净，或止水带被破坏	混凝土包裹不严　骨料集中
后埋式止水带变形缝	（1）预留凹槽位置不准，止水带在两侧宽度不一； （2）凹槽表面不平，过分干燥，素浆层过薄，防水层下有残存空气； （3）铺止水带与覆盖层施工间隔过长，素灰层干缩或混凝土收缩； （4）止水带未按有关规定进行预处理，与混凝土衔接不良	覆盖层 素浆层 止水带 素浆层 防水层 混凝土结构 100~150 350

（续）

变形缝构造	渗漏原因分析	图　示
粘贴式氯丁胶片变形缝	（1）粘贴胶片的基层表面不平整、不坚实、不干燥； （2）胶粘剂不符合要求，粘贴时局部有气泡； （3）覆盖层过薄，胶片在水压力下剥离，使覆盖层开裂破坏； （4）胶片搭接长度不够，粘结不严； （5）当用水泥砂浆作覆盖层时，过厚开裂	
涂刷式氯丁胶片变形缝	（1）变形缝两侧基面粗糙，胶层涂刷厚薄不均匀，或胶层被割破； （2）转角部位及半圆沟槽上的玻璃布粘贴不实，局部出现气炮； （3）缝隙处的半圆凹槽被覆盖层不填实，不能伸缩变形； （4）覆盖层过薄或过厚，产生空鼓或干缩裂缝	

3. 处理方法

由于变形缝的构造不同，造成渗漏的原因也不完全一样，因此在进行渗漏处理时，应针对工程具体情况进行补漏。

（1）埋入式止水带渗水。可按前述"裂缝漏水处理方法"进行修补堵漏。

（2）后埋式止水带变形缝漏水。须全部剔出，按照"裂缝漏水处理方法"进行修补堵漏。

（3）粘贴式氯丁胶片变形缝渗漏。应剔出覆盖层，重新进行氯丁胶片粘贴。

（4）涂刷式氯丁胶片变形缝渗漏。应剔除覆盖层，按上述"裂缝漏水处理方法"堵漏后，重新涂刷氯丁胶片处理。

（5）粘贴橡胶板处理法。对于地下水压力较小，渗漏不太严重的变形缝，可采用粘贴橡胶板进行处理。将变形缝两侧轻微拉毛，宽约200mm，使其表面平整、干燥、清洁，再将橡胶板锉成毛面，搭接部分锉成斜坡，在基层和橡胶板上同时涂刷 xy－401 胶，待表面呈弹性时迅速粘贴，用工具压实，最后在胶板四周用密封材料封严。

五、地下室穿墙管道部位渗漏

1. 事故现象

在地下室工程中,穿墙管道部位渗漏水的事故比较常见,尤其是在地下水位较高,在一定水压力作用下,地下水沿穿墙管道与地下室混凝土墙的接触部位渗入室内,严重影响地下室的使用。

2. 原因分析

在地下室墙壁上的穿墙管道,一般均为钢管或铸铁管,外壁比较光滑,与混凝土、砖砌体很难牢固、紧密地结合,管道与地下室墙壁的接缝部位,就成为渗水的主要通道,导致渗水的主要原因有以下方面:

(1)地下室墙壁上穿墙管道的位置,在土建施工时没有留出,安装管道时才在地下室墙上凿孔打洞,破坏了墙壁的整体防水性能,埋设管道后,填缝的细石混凝土、水泥砂浆等嵌填不密实,成为渗水的主要通道。

(2)在进行地下室混凝土墙体施工时,虽预先埋入套管,在管套直径较大时,管底部的墙体混凝土振捣操作较为困难,不易振捣密实,在此部分容易出现蜂窝、狗洞,成为渗水的通道。

(3)穿墙管道的安装位置,未设置止水法兰盘。

(4)将止水法兰盘直接焊在穿墙管道上,位置固定后就灌筑混凝土,将混凝土墙体与穿墙管道固结于一体,使穿墙管道没有丝毫的变形能力,一旦发生不均匀沉降,容易在此处损坏而出现渗漏。

(5)穿墙的热力管道由于处理不当,或只按常温穿墙管道处理,在温差作用下管道发生胀缩变形,在墙体内进行往复活动,造成管道周边防水层破坏,产生裂隙而漏水。

3. 处理方法

由于穿墙管道穿过完整的混凝土、卷材防水层,出现渗漏水后处理较为困难,只有方法得当,操作认真,才能达到防止渗漏的效果,常用的处理方法有以下方面:

(1)快硬水泥胶浆堵漏法。这是一种传统的堵漏做法,先在地下室混凝土墙的外侧沿管道四周凿一条宽 30～40mm、深 40mm 左右的凹槽,用清水清洗干净,直至无渣、无尘为止;若穿墙管道外部有锈蚀,需用砂纸打磨,除去锈斑浮皮,然后用溶剂清洗干净。在集中漏水点的位置处继续凿深至 70mm 左右,用一根直径 10mm 的塑料管对准漏水点,再用快硬水泥胶浆将其固结,观察漏水是否从塑料管中流出,若不能流出则需凿开重做,直至漏水能由塑料管中流出为止;用快硬水泥胶浆对漏水部位逐点进行封堵,直至全部封堵完毕。再在快硬水泥胶浆表面涂抹水泥素浆和水泥砂浆各一道,厚约 6~7mm,待砂浆具有一定强度后,在上面涂刷两道聚氨酯防水涂料或其他柔性防水涂料,厚约 2mm,再用无机铝盐防水砂浆做保护层,分两道进行,厚度约 15~20mm,并抹平压光,湿润养护 7d。在确认除引水软管外,在穿墙管四周已无渗漏时,将软管拔出,然后在孔中注入丙烯酰胺浆材,进行堵水,注浆压力为 0.32MPa,漏点封住后,用快硬水泥封孔(图 8-64)。

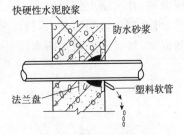

图 8-64 快硬水泥堵漏法

(2)遇水膨胀橡胶堵漏法。先沿穿墙管道的周围混凝土墙上凿出宽 30~40mm、深约 40mm 左右的凹槽,清洗缝隙,除去杂物;然后剪一条宽 30mm、厚 30mm 的遇水膨胀橡胶条,长度以绕管一周为准,在接头处插入一根直径 10mm 的引水管,并使其对准漏水点,经过一昼夜后,遇水膨胀橡胶已充分膨胀,主要的渗水点已被封住,然后喷涂水玻璃浆液,喷涂厚度为 1~1.5mm。然后沿橡胶条与穿墙管道混凝土的接缝涂刷两遍聚氨酯或硅橡胶防水涂料,厚 3~5mm,随即洒上热干砂。再用阳离子氯丁胶乳水泥砂浆涂抹,厚 15mm(配合比为:水泥:中砂:胶乳:水=1:2:0.4:0.2)的刚性防水层,待这层防水层达到强度后,拔出引水胶管,用堵漏浆液注浆堵水。

六、地下室预埋件部位渗漏

1. 事故现象

对于卷材防水层或刚性防水层的地下室,在穿透防水层的预埋件周边,出现洇湿或不同程度的渗漏。

2. 原因分析

(1)施工操作不严格,在预埋件周边未压实,或未按要求进行防水处理。

(2)预埋件上的锈皮、油污等杂物未很好清除,打入混凝土中后成为进水通道。

(3)预埋件受热、受振,与周边的防水层接触处产生微裂,造成渗漏。

3. 处理方法

对预埋铁件部位的渗漏水,要针对预埋件的具体情况和渗漏原因,有针对性地进行处理。一般的处理方法有以下方面。

(1)直接堵漏法。先沿预埋件周边剔凿出环形沟槽,将沟槽清洗干净,嵌填入快硬水泥胶浆堵漏,然后再做好面层防水层(图8-65)。

(2)预制块堵漏法。对于因受振动而渗漏的预埋件,处理时先将铁件拆出,制成预制块,并进行预制块的防水处理,在基层上凿出坑槽,供埋设预制块用。埋设时,在坑槽中先填入水泥:砂=1:1和水:促凝剂=1:1的快硬水泥砂浆,再迅速将预制块填入,待砂浆具有一定强度后,周边用水泥胶浆填塞,并用素浆嵌实,然后在上面作防水层(图8-66)。

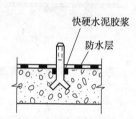

图8-65 预埋件渗漏直接堵漏法

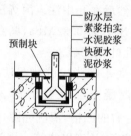

图8-66 预埋件渗漏预制块堵漏

(3)灌浆堵漏法。如预埋件较密,且此部分混凝土不密实,则可先进行灌浆堵漏,水止后,再按上述(1)、(2)的方法进行处理。

七、墙面大面积渗漏

1. 事故现象

地下室完工后,在墙面上出现大面积渗漏,如地下室墙为砖砌体,渗漏更为严重。

2. 原因分析

(1)混凝土或砖砌体施工质量不好,内部不密实,有微小孔隙,形成很多渗水通道,地下水在压力作用下进入这些孔道,造成墙体大面积渗漏。

(2)地下室未做防水处理,或虽做了防水处理,但质量低劣。

(3)地下水位发生变化,压力增大。

3. 处理方法

处理地下室大面积渗漏时,宜先将地下水位降低,尽量在无水状况下进行操作,常用的处理方法有以下几种。

(1)氯化铁防水砂浆抹面处理。氯化铁防水砂浆的配合比为:水泥:砂:氯化铁:水=1:2.5:0.03:0.5;氯化铁水泥浆的配合比为:水泥:氯化铁:水=1:0.03:0.5。修堵时,先将原抹灰面凿毛,空鼓处剔除补平,刷洗干净,抹2~3mm厚的氯化铁水泥浆一遍,再抹4~5mm厚的氯化铁水泥砂浆一道,用木抹搓平。24h后,用同样方法再抹氯化铁水泥浆和氯化铁水泥砂浆各一道,最后压光,12h后洒水养护7d。

(2)环氧粘贴玻璃布法。一般适用于修补片漏,并做在迎水面上,可在干燥或潮湿的基层上施工,但不宜用于有渗水的情况下操作。环氧粘贴材料的配合比见表8-6。

表8-6　环氧粘贴材料配合比

材料名称	Ⅰ(干燥面上)		Ⅱ(潮湿面上)	
	底　胶	面　胶	底　胶	面　胶
环氧树脂	100	100	100	100
煤沥表(70℃软化点)			50～70	30～50
甲苯(稀释剂)	50	20		
苯二甲酸二丁酯(增塑剂)	8	8	8	8
乙二胺(固化剂)	10	10	12	12
水泥(填料,32.5级硅酸盐水泥)	50	100	50	100

处理时先将基层上的孔洞及不实处修凿去掉,用1:2水泥砂浆补抹平整,然后在基层上涂刷底胶,立即粘贴上玻璃丝布,并向四周抹压,排出空气。待底胶初凝,并经检查无鼓泡后,在已粘贴的玻璃布上再涂刷面胶两道,厚度一般为1.5～2.0mm。

(3)"防水宝"处理。在大面积渗水的地下室工程上,为了达到快速止水的效果,可采用Ⅱ型防水宝加水调和后涂抹在渗漏的墙面上,很快凝固堵漏。还可加入3%～6%的速凝剂,调节凝固时间。

八、地下室墙面潮湿

1. 事故现象

一般多出现在砖砌体水泥砂浆刚性防水层的地下室墙面上,先是在墙面上出现一块块潮湿痕迹,在通风不良、水分蒸发缓慢的情况下,潮湿面积逐渐扩大,或形成渗漏。

2. 原因分析

(1)施工操作不认真,没有严格按照防水层的要求进行操作,忽视防水层的整体连续性。

(2)刚性防水层厚薄不均匀,抹压不密实或漏抹。

(3)砖砌体密实性不好,砌筑质量差,灰浆不饱满。

(4)抹刚性防水层的防水剂质量不合格,防水性能不好。

(5)刚性防水层抹完后未充分养护,砂浆早期脱水,水分过早蒸发,使防水层中形成微小毛细孔。

3. 处理方法

(1)环氧立得粉处理法。用等量乙二胺和丙酮反应,制成半酮亚胺,加入环氧树脂和二丁酯混合液中,掺量为环氧树脂的 16%,并加入一定量的立得粉,在干净、干燥的墙面上涂刷。如果墙面有碱性物质,应先用含酸水洗刷,然后用清水冲洗干净。一般涂刷两次,厚度约为 0.3~0.5mm。

(2)氰凝剂处理法。配合比是预聚体氨基甲酸酯 100%,催化剂三乙醇胺 1%,稀释剂丙酮 10%,填料水泥 40%。操作方法是先将预聚体倒入容器中,用丙酮稀释,加入三乙醇胺,凋成氰凝浆液,最后加入水泥,搅拌均匀即可涂刷。如果涂刷后仍有微渗,可再涂刷一次,涂刷后撒一层干水泥面压光。

(3)"防水宝"处理法。可用 Ⅰ 型"防水宝",掺入各种颜料调成需要的颜色,涂抹在潮湿的墙面上,不仅可防止渗漏,而且可兼做室内装饰。

九、卷材防水层转角部位渗漏

1. 事故现象

地下室采用卷材防水层时,当地下室主体工程施工完后,在转角部位出现渗漏。

2. 原因分析

(1)在地下室结构的墙面与底板转角部位,卷材未能按转角轮廓铺贴严实,后浇或后砌主体结构时,此处卷材遭到破坏。

(2)所使用的卷材韧性不好,转角包贴时出现裂纹,不能保证防水层的整体严密性。

(3)拐角处未按有关要求增设附加层。

3. 处理方法

应针对具体情况,将拐角部位粘贴不实或遭到破坏的卷材撕开,灌入热玛脂,用喷灯烘烤后,将卷材逐层搭接补好。

小 结 一 下

本章主要介绍屋面、墙面及厨、卫间和地下防水工程质量事故等内容,分别介绍了分析、处理屋面、墙面及厨、卫间和地下防水工程质量事故的知识和国家现有政策法规对防水工程的基本要求。本章是防水工程施工和管理的必不可少的基本知识,学生毕业后投入工作中都会遇到这些问题的,都要牢牢掌握。

【知识小课堂】

神奇的拒水粉

建筑拒水粉是以脂肪酸钙与氢氧化钙通过特定结构形式组成的复合型防水材料,为松散的白色粉状物,密度为 $530kg/m^3$。它有极强的憎水性,并能承受一定的水压,如 3mm 厚的拒水粉可在 150cm 水柱高的水压下不透水。同时,拒水粉能将太阳的辐射热反射 80%。

建筑屋面渗漏是建筑渗漏中的"多发病",国内多用柔性的防水卷材等处理,但由于屋面所处环境恶劣,材料易于老化破坏,防水材料很难与屋面同寿命,一般仅使用几年就必须修补,甚至全部翻修。我国为此每年消耗数亿元资金。而随着这种松散型的防水材料——建筑拒水粉的诞生,这个问题就迎刃而解了。

良好的松散性,使拒水有很强的适应性。它可以在震动的条件下使用,而且不受基层潮湿或开裂的影响。由于它以石灰为基料,与水泥混凝土等材料"相容性"良好,故其憎水性能不受到这些建材的干扰破坏。拒水粉无臭、无毒、无放射性、耐盐、耐碱、耐弱酸、不燃、耐热、耐低温、杀菌、消毒、不霉变,这一系列的优点,使它成为中外专家公认的、一建多用的、可与屋面同寿命的"神奇粉末"。

"以松克刚"是建筑防水中的一种新构思、新观念。而造价低廉、施工方便、生产技术和施工技术容易掌握又是拒水粉备受青睐、前景看好的重要原因。拒水粉主要原料为生石灰,各地都极易解决,配上研制单位提供的防水料,就能制得拒水粉。施工时,只要在基层上铺上 5～7cm 厚的拒水粉,再铺上纸张作隔离层,纸张上洗水泥砂浆或细石混凝土或铺顶制板作保护层。施工过程中不需用火加热。

拒水粉已在十多个省市的数千个工程、60 多万平方米的新、旧建筑屋面上应用,可以说效果相当好。神奇的拒水粉,神奇的科技,就让神奇缔造处更多的神奇吧。

第九章 爆破拆除工程

第一节 瞎炮(拒爆)

1. 事故现象

爆破工程点火或通电引爆炸药后,药包出现不爆炸的现象。

2. 原因分析

(1)爆破器材制造品质不优。如火雷管中加强帽装反,容易产生半爆;或制造导火索时药芯细、断药,油类或沥青浸入药芯,均会造成断火现象,产生瞎炮。又如导火索燃速不稳定,易出现后点火的先爆,致使打断或拉出先点火的导火索而产生瞎炮。又如电雷管制造中引火剂和桥线接触不良,致使雷管不能发火;延期雷管中由于装配不良,硫磺流入管内,使引火剂与导火索隔离,不能点燃导火索等。

(2)保管方法不当,或储存期限过长,致使雷管、导火索、导爆索或炸药过期,受潮变质失效。

(3)水眼装药,在水中或潮湿环境下爆破,炸药包未采取防水或防潮措施,使炸药浸水,受潮失效。

(4)操作方法不当。装药密度过大,爆药的敏感度不够,或雷管导火索连接不牢,装药时将导火索拉出;点火时忙乱,将点炮次序搞错或漏点;导火索切取长短不一致,难以控制起爆顺序,使后爆的提前,而产生"带炮"。

(5)电爆网路敷设质量差,连接方法错误,漏接、连接不牢、输电线或接触电阻太大;线路绝缘不好,产生输电线或接地局部漏电、短路;操作不慎,个别雷管脚线未接上,装填不慎折断脚线;或导火索、导爆索、电爆线路损伤、折断。

(6)在炮孔装药或回填堵塞过程中,损坏了起爆线路,造成断路、短路或接地,炸药与雷管分离未被发现。

(7)起爆网路设计错误,电容量不够,电源不可靠,起爆电流不足或电压不稳;网路计算有错误,每组支线的电阻不平衡,其中一支路未达到所需的最小起爆电流。

(8)在同一网路中采用了不同厂、不同批、不同品种的雷管,电阻差过大,由于雷管敏感度不一,造成部分拒爆。

(9)炮孔穿过很湿的岩层,或岩石内部有较大的裂隙,药包和雷管受潮或引爆后漏气。

3. 处理方法

(1)瞎炮如系由开炮孔外的电线、电阻、导火索或电爆网络不合要求造成,经检查可燃性和导电性能完好,纠正后,可以重新接线起爆。

(2)当炮孔不深(在50cm以内),可用裸露爆破法炸毁;当炮孔较深(在50cm以上)时,可在距炮孔近旁60cm处,钻(打)一与原炮孔平行的新炮孔,再重新装药起爆,将原瞎炮销毁。钻平行炮孔时应将瞎炮的堵塞物掏出,插入一木桩作为钻(打)孔的导向标志。

(3)当打孔困难,亦可采取将盐水注入炮孔中,使炸药雷管失效,再用高压水冲掉炸药,重新装药引爆。

(4)对于较深炮孔亦可采用聚能诱爆法,用聚能装药,如图9-1所示,取铵锑炸药一管,圆锥高 h 与底径 d 的比值为 1.5～2.0 的聚能药卷一个,以提高诱爆度及穿透介质的力量,装入瞎炮孔内爆炸,它能在 50cm 长的炮泥(堵塞物)之外诱爆其中的瞎炮。

(5)在处理瞎炮时,严禁把带有雷管的药包从炮孔内拉出来,或者拉动电雷管上的导火索或雷管脚线,把电雷管从药包内拔出来,或掏动药包内的雷管。

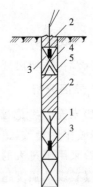

图 9-1　瞎炮聚能诱爆法
1-瞎炮药包;2-炮泥;
3-雷管;4-聚能药包;
5-圆锥形纸板

第二节　爆炸块过大

1. 事故现象

爆炸后,爆炸块尺寸过大。

2. 原因分析

(1)没有考虑破碎块尺寸的要求,炮孔间距过大,临空面太少,抵抗线长度过长,致使各炮孔单独向的自由面爆成漏斗,留下未爆破的硬块,而使爆落的爆渣块过大。

(2)炸药用量过小,破碎力度不够,不能使被爆破体都粉碎成碎块,而使部分爆渣过大。

(3)采用集中药包焊破,各部分受力不匀,使爆渣块度大小不匀,产生部分大块。

(4)在长条形爆破体上进行单排布孔,炮孔过小时,爆炸能主要消耗于相邻炮孔间的破裂上,从而减弱了向自由面方向推移介质的能量,也会产生爆渣过大的现象。

3. 处理方法

将大块爆渣根据破碎块尺寸的要求钻孔、装药，或采取裸露爆破法进行二次破碎解体，使其达到要求的块度。

第三节 边 坡 失 稳

1. 事故现象

爆破后，边坡出现裂缝、松动、滑移等现象，严重影响边坡的稳定性。

2. 原因分析

（1）未充分考虑爆破体的地质条件，采用了不当的爆破技术参数，如采用过大的爆破作用指数，造成边坡超爆、开裂、松动。

（2）采用了过大的爆破岩土单位体积消耗量系数 q 值，使一次爆破药量过大，使爆破震动强度超过了允许值。

（3）没有预留足够的边坡保护层厚度，将边坡面破坏。

（4）不适于采用竖井、大爆破的地区，采用了大爆破，使边坡受扰动，给边坡稳定带来严重损坏。

（5）开坡放炮将边脚松动破坏，或在坡脚坡面开成爆破漏斗坑，破坏了边坡土体的内力平衡，使上部土体（或岩体）失去稳定。

（6）边坡部位岩土体本身存在倾向相近，层理发达，风化破碎严重的软弱夹层或裂隙，内部夹有软泥；或岩层中夹有易滑动的岩层；或存在老滑坡体、岩堆体，受爆破振动，使边坡松动、位移失稳。

3. 处理方法

（1）对坡脚松动可用设挡土墙与岩石锚杆，或挡土板、柱与土层锚杆相结合的办法来整治。锚桩、锚杆均应设在边坡松动层以外的稳定岩（土）层内。

（2）对坡面因振动出现较大的裂隙，可用砌石或砂浆封闭；对裂缝的悬石采用岩石锚杆与稳定岩层拉结。

（3）如坡面局部出现凹坑，岩石边坡可用浆砌块石填砌；土坡用 3∶7 灰土夯补；与原岩土坡接触部位应做成台阶接槎，使牢固结合。

第四节 地基产生过大裂缝

1. 事故现象

爆破后，地基受挤压、振动产生过大的裂隙，降低地基的抗渗性和承载能力。

2. 原因分析

(1)爆破时,基底以上未预留保护层,基底处于爆破压碎圈范围内,使地基受到扰动破坏,出现大量裂隙。

(2)爆破用药量过大,使地基受过大爆轰力,造成松动,出现较多过大的裂隙。

(3)地基本身存在很多裂隙,受爆破振动后使裂隙扩大加剧,没有采用非爆破方法进行土石方开挖。

3. 处理方法

对有抗渗漏要求的地基,较大裂隙用砂浆或细石混凝土填补;较小裂隙采用水泥压力灌浆处理;对无抗渗要求的地基,清除松散碎块后,用混凝土垫层找平即可;对原土地基清除松土后,用3:7灰土夯实找平。

小 结 一 下

本章主要介绍爆破工程经常遇见的问题,比如瞎爆、爆炸引起的一系列问题:边坡失稳、地基产生过大裂缝等。对于爆破工程来说,不仅要保证爆破成功还要保证相对安全。由于爆炸力太大,不出事则好,一出事就是大事。所以要做足一切准备,让安全事故为零,爆破工程成功。

【知识小课堂】

鲁 班 奖

中国建筑工程鲁班奖(国家优质工程),简称"鲁班奖",原名"建筑工程鲁班奖",鲁班奖是原中国建筑业联合会为贯彻执行"百年大计、质量第一"的方针,促进我国建筑工程质量的全面提高,争创国际先进水平,在建设部的支持下,于1987年设立。鲁班奖作为全国建筑行业工程质量的最高荣誉奖,每年颁奖一次,(自2010—2011年度开始,每年评审一次,两年颁奖一次)授予创建出一流工程的企业。

"鲁班奖"金像和荣誉证书

  1993 年 12 月，中国建筑业联合会改组为中国建筑业协会后，继续组织开展这一评优活动。1996 年 7 月，根据住房和城乡建设部的决定，将 1981 年政府设立并组织实施的国家优质工程奖与建筑工程鲁班奖合并，奖名定为中国建筑工程鲁班奖（国家优质工程），每年评选一次。该奖是我国建筑行业工程质量方面的最高荣誉奖（国家级工程质量奖），由建设部、中国建筑业协会颁发。住房和城乡建设部、中国建筑业协会对荣获"鲁班奖"的单位，授予，对主要参建单位颁发奖状，并通报表彰。获奖企业在获奖工程上镶嵌统一荣誉标志。中国建筑业协会还将编幕专辑，将其载入史册。20 年来，在建筑行业开展的创鲁班奖工程活动，以其"标准高、质量优、信誉好"的特点，赢得了社会上的广泛关注。